Elmar Buschlinger/Frank Staab
UNIX für Software-Entwickler

UNIX
für Software-Entwickler

Konzepte, Werkzeuge und Ideen

Von Dipl.-Wi.-Ing. Elmar Buschlinger
nova data Computersysteme AG, Karlsbad-Ittersbach
und Prof. Dr. Frank Staab
Berufsakademie Villingen-Schwenningen

 B. G. Teubner Stuttgart 1993

Elmar Buschlinger

1958 geboren in Esthal in der Pfalz. Studium des Wirtschaftsingenieurwesens an der Universität Fridericiana Karlsruhe (TH), 1984 Diplom-Wirtschaftsingenieur. Ab 1981 Systemanalytiker, Projektleiter und Berater bei der nova data Computersysteme AG, Karlsbad, mit Schwerpunkt bei dezentralen, verteilten Anwendungs- und Kommunikationslösungen. Seit 1986 Mitglied des Vorstandes bei der nova data Computersysteme AG.

Prof. Dr. Frank Staab

1958 geboren in Freiburg im Breisgau. Studium des Wirtschaftsingenieurwesens, Fachrichtung Informatik/Operations Research an der Universität Fridericiana Karlsruhe (TH), 1986 Diplom-Wirtschaftsingenieur. Von 1986 bis 1990 tätig als Systemanalytiker und Softwareentwickler in der Industrie, wissenschaftlicher Mitarbeiter am Institut für Angewandte Informatik und Formale Beschreibungsverfahren der Universität Karlsruhe (TH) sowie Lehrbeauftragter der Universität Karlsruhe. 1992 Promotion bei W. Stucky. Seit 1990 Dozent und seit 1991 Professor für Informatik an der Berufsakademie Villingen-Schwenningen.

Die Deutsche Bibliothek – CIP-Einheitsaufnahme

Buschlinger, Elmar:
UNIX für Software-Entwickler : Konzepte, Werkzeuge und
Ideen / von Elmar Buschlinger und Frank Staab. – Stuttgart :
Teubner, 1993
   ISBN 978-3-519-02290-9   ISBN 978-3-322-96669-8 (eBook)
   DOI 10.1007/978-3-322-96669-8
NE: Staab, Frank:

Vorwort

Es gibt kaum ein Betriebssystem, das wie UNIX über viele Jahre hinweg so kontrovers diskutiert worden ist. Gerade in den letzten Jahren hat es kontinuierlich an Marktbedeutung gewonnen, zunächst im wissenschaftlichen Umfeld, dann in der Anwendung durch Ingenieure im technischen Bereich und in den letzten Jahren auch in betriebswirtschaftlichen-kommerziellen Lösungen als tragendes Element moderner Client-Server-Architekturen.

Man kann mit UNIX auf verschiedene Arten Software-Entwicklung betreiben. Neben den eingefleischten UNIX-Verfechtern haben auch viele professionelle Software-Entwickler erkannt, daß UNIX mehr als ein Betriebssystem ist und eine Entwicklungsphilosophie fördert, die zu einer sehr hohen Produktivität führt. Dazu ist es allerdings notwendig, UNIX richtig verstehen zu lernen. Das vorliegende Werk erläutert zunächst die dafür wesentlichen Konzepte, Leistungen und Funktionen von UNIX. Darauf aufbauend werden die Besonderheiten der Software-Entwicklung mit UNIX aus der Blickrichtung des Software Engineering und anhand typischer Aufgabenstellungen aus der Praxis des Software-Entwicklers dargestellt.

Das Buch wendet sich in erster Linie an Software-Entwickler, die mit UNIX effektiver arbeiten wollen und an Software-Projektleiter, die wichtige Hinweise und Ideen für Planung und Steuerung von UNIX-Projekten suchen. Führungskräfte und Berater aus dem Informatikbereich können ebenfalls eine Fülle von nützlichen Aspekten zum Thema finden.

Kapitel 1 geht - neben einem kurzen Abriß der historischen Entwicklung von UNIX - auf die aktuelle Bedeutung von UNIX für die Softwareentwicklung ein.

Kapitel 2 beschreibt die wichtigsten Konzepte von UNIX, deren Verständnis für den Umgang mit UNIX unerläßlich ist. Die Funktionen und Leistungen des Betriebssystems UNIX werden erläutert, insbesondere die im Rahmen der Software-Entwicklung wesentlichen Kommandos.

Der Schwerpunkt des Buches liegt auf Kapitel 3. Dieses Kapitel befaßt sich mit der Praxis der Software-Entwicklung unter UNIX. Die Bearbeitung typischer Aufgabenstellungen aus der Software-Entwicklung mit UNIX-Werkzeugen wird gezeigt und mit Beispielen illustriert. Besondere Leistungen von UNIX werden anhand von Szenarios demonstriert.

Das letzte Kapitel stellt eine übersichtliche Zusammenfassung der Ergebnisse - insbesondere der Vor- und Nachteile von UNIX im Rahmen der Software-Entwicklung - und den Versuch einer abschließenden Wertung dar. Es kann, gewissermaßen als "Checkliste", dazu dienen, zu ermitteln, welche Softwareprojekte für die Abwicklung unter UNIX geeignet und welche Voraussetzungen und Rahmenbedingungen hierbei zu beachten bzw. zu schaffen sind.

Herrn Dr. H.-G. Stork danken wir für fruchtbare Diskussionen und wertvolle Hinweise, welche zur ersten Auflage dieses Buches führten. Herrn Prof. Dr. W. Stucky danken wir für die Anregung zu dieser komplett überarbeiteten Neuauflage. Unser besonderer Dank gilt Miriam Peghini für das sorgfältige Redigieren des Manuskriptes und die dafür geopferte Zeit.

Karlsbad und Villingen-Schwenningen, den 25.03.93

Elmar Buschlinger   Frank Staab

Inhaltsverzeichnis

1. Einleitung

1.1. Warum Softwareentwicklung unter UNIX

1.1.1. Die Bedeutung von UNIX

Unter allen zur Zeit verbreiteten Betriebssystemen nimmt UNIX heute eine herausragende Stellung ein. Hierfür sind vor allem die folgenden Gründe verantwortlich:

- UNIX ist in großen Teilen standardisiert, leicht portierbar und fördert damit den Trend zu herstellerunabhängigen, offenen Systemen.

- UNIX ist in der Lage, die Leistungsfähigkeit moderner Prozessoren (RISC- und CISC-Prozessoren) auszunutzen.

- Als Multiuser- und Multitasking-Betriebssystem kann UNIX vom Personal Computer bis zum Großrechner durchgängig eingesetzt werden.

- Und vor allem: UNIX ist durch eine lange Entwicklungsgeschichte (im Gegensatz zu neueren Betriebssystementwicklungen) relativ ausgereift!

Es gibt zur Zeit kein weiteres Betriebssystem am Markt, welches die vier o.g. Punkte für sich in Anspruch nehmen könnte.

Gründe, die vor einigen Jahren noch gegen den Einsatz von UNIX sprachen, besitzen heute keine Gültigkeit mehr. So war in den Anfangszeiten der Entwicklung von Personal-Computern, aufgrund der relativ bescheidenen

Ausstattung solcher Rechner, der Einsatz des Betriebssystems UNIX nicht möglich. Dies begünstigte die Entwicklung spezieller Betriebssysteme für Personal-Computer und begründete letztendlich den Erfolg von MS-DOS als "Industriestandard". Heute hingegen stellt sich MS-DOS weitgehend als Hemmschuh in der Ausnutzung der tatsächlichen Leistung moderner Prozessoren und Rechnerperipherie dar. Führende Hard- und Softwarehersteller arbeiten an den designierten Nachfolgesystemen, in welche Eigenschaften eingebaut werden, über die UNIX schon lange verfügt, so vor allem die Multitasking-Eigenschaft, virtuelle Speicherverwaltung und die Verwaltung großer Festplattenkapazitäten. Nachfolgesysteme für MS-DOS zeichnen sich in Form der Betriebssysteme OS/2 und Windows NT ab. Allerdings benötigen diese Betriebssysteme eine Hardwareausstattung, welche ebenfalls den Einsatz von UNIX ermöglicht.

Die "unkomfortable Benutzeroberfläche", lange ein Argument gegen UNIX, wird mittlerweile durch graphische Benutzeroberflächen wie OSF/Motif oder Open Look für den Endbenutzer komfortabel gestaltet. Allerdings war UNIX ohne grafische Benutzeroberfläche nie unkomfortabler als z.B. MS-DOS im PC-Bereich und schon immer komfortabler als Großrechnerbetriebssysteme wie z.B. MVS oder VM/CMS.

Die oben genannten Gründe bewirkten ein kontinuierliches Wachstum der Installationszahlen von UNIX seit seiner Entstehung im Jahre 1969 bis heute. Im Bereich der Workstations und Minirechner hat sich UNIX als Betriebssystemstandard weitgehend etabliert. Jüngste Entwicklungen zeigen jedoch auch, daß UNIX zunehmend als Betriebssystem für Personal-Computer und sogar im Großrechnerbereich an Bedeutung gewinnt. Die Entscheidung für UNIX als Grundlage für die Softwareentwicklung fällt somit leicht. Es ist eine Entscheidung für das Betriebssystem, welches zur Zeit das größte Wachstum verzeichnet.

1.1.2. Charakteristik von UNIX als Betriebssystem

Die Aufgaben eines Betriebssystems werden aus der folgenden Beschreibung von Rebecca Thomas und Jean Yates <ThY82> deutlich:

"Ein Betriebssystem-Programm kontrolliert die Vorgänge auf der untersten Ebene eines Computers und vermittelt zwischen dem Anwendungsprogramm und der Computer-Hardware. Das Betriebssystem organisiert und kontrolliert die Benutzung der Hardware-Ressourcen. Diese Hardware-Ressourcen schließen beispielsweise Hauptspeicher, Plattenspeicher, Drucker und Datensichtgeräte (Bildschirme) .... ein. Das Ziel eines jeden guten Betriebssystems ist, die Benutzung des Computers zu vereinfachen, indem es eine Reihe von praktischen, einfach zu handhabenden Befehlen zur Verfügung stellt, welche die Lücke zwischen den Anwendungsprogrammen und der physischen Ebene des Computers füllen. ... Ein Betriebssystem steuert auch den Datenfluß. Es sagt den Datenströmen, welche von einer Terminal-Tastatur generiert wurden, wohin sie zu verschiedenen Stellen zu verschiedenen Zeiten fließen sollen. Es funktioniert wie ein fleißiger Verkehrspolizist, der sicherstellt, daß die richtige Information an der richtigen Stelle ankommt. ..... ".

All diese Angaben treffen für das UNIX Betriebssystem zu, es läßt sich sogar noch etwas genauer charakterisieren.

UNIX ist ein interaktives Betriebssystem:

> d.h. die Kommunikation zwischen System und Benutzer(n) erfolgt interaktiv. Dadurch wird der Einsatz des Computers wesentlich flexibler, da nicht schon im voraus alle Aktivitäten und deren Reihenfolge genau festgelegt werden müssen (im Gegensatz hierzu handeln sogenannte Batch-Systeme einen Befehl nach dem anderen scquentiell ab, ohne mit dem Benutzer zu kommunizieren).

UNIX ist ein Multi-Tasking Betriebssystem:

> d.h. das System arbeitet gleichzeitig mehrere Programme ab; ein einzelner Benutzer kann zum Beispiel zur gleichen Zeit mehrere Programme laufen lassen. Dies geschieht allerdings nur scheinbar. Der menschliche Beobachter kann wegen der Schnelligkeit der Ausführung nicht erkennen, daß die Programme tatsächlich abwechselnd und nacheinander bearbeitet werden.

UNIX ist ein Mehrplatz-Betriebssystem:

> d.h. es können mehr als ein Benutzer gleichzeitig mit dem gleichen Computersystem arbeiten (im Gegensatz zu einem Einplatz-Betriebssystem, an dem jeweils nur ein Benutzer arbeiten kann).

UNIX ist ein portables Betriebssystem:

> d.h. es wurde nicht für einen ganz bestimmten Rechnertyp geschrieben. Rechnerspezifische Eigenschaften haben in relativ geringem Maße den Entwurf und die Implementierung von UNIX beeinflußt. Im Vergleich zu anderen Betriebssystemen läßt es sich daher relativ leicht, also ohne größere Anpassungen, auch auf andere und neue Hardware übertragen. Als einziges Betriebssystem überhaupt läuft es auf Personalcomputern, Minirechnern und Großrechnern.

Außerdem beinhaltet UNIX noch eine ganze Menge von Hilfsprogrammen und Software-Werkzeugen, auf die in den Kapiteln 2 und 3 näher eingegangen wird.

1.1.3. Software-Entwicklung

"Ein Programm für einen einmaligen Zweck, oder eines, das von jemand anders nur für sich selbst geschrieben wird, ist nicht unbedingt Software. Ebensowenig ist jeder, der programmiert, ein Software-Entwickler" <Sne80>.

Obwohl keine eindeutige Abgrenzung für den Begriff "Software" gegenüber dem Begriff "Programm" bzw. "Programme" existiert, so wird er dennoch meist in Zusammenhängen gebraucht, wo es sich um große Systeme von einzelnen Programmen dreht, die für viele Benutzer geschaffen wurden und die gewissen Zuverlässigkeits-, Effizienz- und Bedienungskriterien genügen.

Unter der Software-Entwicklung kann die organisierte und koordinierte Herstellung von Software nach der Vorgabe einer qualitativ komplexen und quantitativ umfangreichen Problemstellung unter wirtschaftlichen Rahmenbedingungen verstanden werden.

Im Gegensatz zur Programmierung, die ein überschaubares Problem in ein Programm umsetzt, ist die Software-Entwicklung insbesondere dadurch charakterisiert, daß

- das Software-Produkt von ganzen Projektteams erstellt wird,
- zeitliche Rahmenbedingungen vorgegeben,
- finanzielle Rahmenbedingungen abgesteckt und
- komplexe und umfangreiche Aufgaben definiert sind.

Bei der entwickelten Software unterscheidet man meist die Systemsoftware, zu der Betriebssysteme, Compiler und ähnliche Software zusammengefaßt werden und die Anwendungssoftware für den kaufmännischen oder technischen Bereich von Unternehmen bzw. anderen Organisationen.

Dieses Buch befaßt sich mit der Entwicklung von Software im allgemeinen, wobei öfter auf Anwendungssoftware für den kaufmännischen Bereich eingegangen wird. Der Begriff "Kommerzielle Anwendungssoftware" wird dabei als Oberbegriff für Software im kaufmännischen Bereich verwendet.

Typische Beispiele für kommerzielle Anwendungssoftware sind

- Finanzbuchhaltung
- Lohnabrechnung
- Auftragsabwicklung
- Lagerverwaltung

- Kalkulationsprogramme

und viele andere mehr.

Von Bedeutung ist die Unterscheidung zwischen Standard-Softwareprodukten und individuellen Softwarelösungen. Im Gegensatz zu individuellen Softwarelösungen, welche für spezielle Bedürfnisse einzelner Anwender oder eines Unternehmens erstellt werden, werden Standardprodukte für eine ganze Zielgruppe von Anwendern oder Unternehmen entwickelt.

Dies läßt sich in etwa vergleichen mit dem Unterschied zwischen der Spezialentwicklung einer Maschine für ein bestimmtes Projekt in einem Unternehmen und einer einfachen Maschine, welche zum Beispiel in vielen Büros oder privaten Haushalten verwendet werden kann.

Dies äußert sich zum einen im Preis, denn Standardprodukte liegen wegen des größeren Kundenkreises in den Anschaffungskosten immer wesentlich niedriger als individuelle Lösungen.

Andererseits müssen Standardprodukte wesentlich flexibler und weniger spezialisiert sein, damit sie den Bedürfnissen vieler Benutzer gerecht werden können. Daraus folgen im Fall von Standardsoftware viel größere Anforderungen an die System-Analytiker bzw. die Software-Entwickler.

Standard-Software spielt im Bereich der kommerziellen Anwendungssoftware eine wesentliche Rolle, da der potentielle Kundenkreis häufig aus kleinen Unternehmen besteht, die die notwendige Software nur zu einem - im Vergleich zu den Entwicklungskosten - relativ niedrigen Preis erwerben können.

1.1.4. Die Praxis der Software-Entwicklung

Wenn von Software-Entwicklung gesprochen oder geschrieben wird, dann geht es meistens um den kreativen Prozeß der Erstellung einer Software zur Lösung einer gegebenen Aufgabe, oder es werden sogenannte Entwicklungsmethoden und -techniken diskutiert.

Neben diesen Themen und Aktivitäten spielen jedoch eine Reihe einzelner Tätigkeiten eine wichtige Rolle für die Praxis der Software-Entwicklung.
Dazu zählen unter anderem

- die Ausarbeitung von Dokumenten verschiedenster Art, wie Besprechungsprotokolle, Zeitschätzungen, Versionsbeschreibungen, Dokumentation etc.;

- die Durchführung von Änderungen in bereits entwickelter Software:
  Dazu gehören die Lokalisierung und Behebung von Programmfehlern, die
  Portierung der Software auf andere Computer oder die Integration neuer
  Funktionen;
  - die Verwaltung verschiedener Software-Versionen;
  - die Produktion eines Software-Pakets zur Auslieferung an Kunden;
  - die Kommunikation mit den anderen Software-Entwicklern, mit den
    Auftraggebern und dem Management

und vieles andere mehr.

In vielen Fällen handelt es sich dabei um aufwendige und zeitraubende, aber
immer wiederkehrende Routinearbeiten.

1.2. Historische Entwicklung von UNIX

1.2.1. Anfänge von UNIX

Die Geschichte von UNIX beginnt im Jahre 1968 bei den Bell Laboratories in
Murray Hill, New Jersey/U.S.A.. Die Bell Laboratories waren und sind eine
gemeinschaftliche Forschungseinrichtung der in der Fernmeldebranche tätigen
Unternehmen Western Electric und American Telephone & Telegraph Company
(AT&T). Die Entwicklung von UNIX wurde weitgehend von Ken Thompson und
Dennis Ritchie geprägt, welche damals beide bei den Bell Laboratories
arbeiteten.

Im Jahr 1969 wurde dort eine Großrechenanlage von General Electric mit dem
Betriebssystem "Multics" <Org72> eingeführt. Dieses war eines der ersten
interaktiven Betriebssysteme, welches gleichzeitig mehrere Benutzer bedienen
konnte (Mehrplatzsystem). Multics war eine gemeinsame Entwicklung von
General Electric, dem Massachusetts Institute of Technology (MIT) und den Bell
Labs (Laboratories) und löste die vorher benutzen Batch-Betriebssysteme ab.

Resultierend aus den Erfahrungen mit seinen Vorgängern war Multics darauf
ausgerichtet, die Daten eines jeden Benutzers vor absichtlichen oder
versehentlichen Manipulationen von Seiten anderer Systembenutzer zu schützen.
Dies erwies sich jedoch als ein großes Hindernis für die organisierte Teamarbeit
bei Software-Entwicklungsprojekten.

Aufgrund der Unzufriedenheit mit den Kosten und den Antwortzeiten dieses Systems schlug Ken Thompson vor, bestimmte Programme lieber auf damals schon vergleichsweise preisgünstigen Minicomputern laufen zu lassen.

So begann er auf einem ausrangierten Minicomputer PDP-7 der Digital Equipment Corporation mit der Entwicklung eines Assemblers, einiger Dienstprogramme und eines Betriebssystems, welches man in Anspielung auf Multics (lat. multi = viele) UNIX (lat. uni = einzig) nannte. Viele der wesentlichen Konzepte von UNIX wurden von Multics und dem CTSS-System des MIT <Cri65> übernommen.

Da alle Programme zunächst in PDP-7 Assemblersprache zu schreiben waren, entwickelte Thompson nach Vorlage von BCPL (Basic Combined Programming Language) die Programmiersprache "B".

1.2.2. Die Entwicklung von UNIX in den 70er Jahren

Die von Dennis Ritchie durchgeführte Überarbeitung von "B" mündete schließlich in der Programmiersprache "C", deren Entstehung somit untrennbar mit UNIX verbunden ist und die auch heute eine wesentliche Rolle auf UNIX-Systemen, und weit darüber hinaus, spielt.

Das komplette Betriebssystem wurde dann völlig neu geschrieben, davon 90% der Programme in "C". Dieser Eigenschaft verdankt UNIX sein hohes Maß an Portabilität.

1973 kam eine weitere UNIX-Version für einen PDP-11/20-Computer und ab der Version 3 verfügt UNIX über die Multi-Tasking-Eigenschaft. In der Zeit von 1973 bis 1976 wurde das Betriebssystem stetig verbessert und erweitert, sowie auf eine ganze Reihe verschiedener Computer bei den Bell Labs portiert, bis dann 1976 die Version 6 fertiggestellt war.

Diese Version wurde dann erstmals von Western Electric vertrieben, allerdings nur in Form des Programm-Quellcodes, ohne Unterstützung und zu einer relativ hohen Lizenzgebühr. Universitäten und andere Forschungseinrichtungen konnten jedoch das UNIX-System in dieser Form wesentlich günstiger erstehen. Universitäten in aller Welt, aber hauptsächlich in den USA, machten regen Gebrauch davon und mit Sicherheit ist diese Tatsache auch ein Grund für die heutige Popularität des Systems, denn die Studenten von damals tragen heute viel zur Entscheidung über einen neuen Computer bei.

1.2.3. Die Weiterentwicklung von UNIX und UNIX heute

Erst 3 Jahre später, zu Beginn des Jahres 1979, wurde dann die Version 7 von UNIX vorgestellt. Wesentlich geringere Lizenzgebühren und die Menge der interessierten Forschungsinstitute sorgten für eine schnelle Verbreitung.

Viele dem UNIX Betriebssystem ähnliche Systeme wurden nach und nach angeboten. Die meisten davon hatten ihren Ursprung in der Version 7 und wurden von den jeweiligen Anbieterfirmen mehr oder weniger modifiziert. So entstand z.B. auch das Betriebssystem "Xenix" von der Firma Microsoft, später SCO-UNIX von der Santa Cruz Operation (SCO).

Ebenfalls auf Basis der UNIX Version 7 begannen Institute der University of California in Berkeley (UCB) mit UNIX zu arbeiten. Dort wurden wesentliche Erweiterungen und Veränderungen an UNIX vorgenommen. So entwickelten sich die Berkeley Varianten BSD 4.1 bis 4.3. Gleichzeitig war Version 7 auch der Ursprung für die meisten UNIX-Derivate anderer Hersteller.

Aufgrund der Aufteilung des AT&T-Konzerns nach einem Anti-Trust-Verfahren wurde innerhalb des verbleibenden AT&T-Unternehmens umorganisiert, so daß sich selbst die Namensgebung der UNIX-Versionen änderte.

Die auf Version 7 folgende Version von Bell Labs selbst hieß daher System III und wurde 1981 vorgestellt. Das System III vereinigt im wesentlichen die Eigenschaften der Version 7 und der als "Programmers's Workbench" bekannten UNIX-Erweiterung, sowie einige vom Berkeley-UNIX abstammenden Funktionen in sich. Lange Zeit waren die Version 7 und System III die am weitesten verbreiteten UNIX-Systeme. Die meisten von anderen Anbietern vertriebenen UNIX-Systeme stammten von diesen beiden Versionen ab, wie etwa AIX von IBM, HP-UX von Hewlett-Packard, SINIX von Siemes, Ultrix von DEC, und das oben schon erwähnte Xenix von Microsoft.

Die Weiterentwicklung von System III führte über eine interne Version (System IV) zur Anfang der 90er Jahre aktuellen Version von AT&T, dem System V. Von System V werden verschiedene Versionen/Releases unterschieden, wobei die neueste Version Release 4 darstellt, also System V Release 4 oder kurz SVR4. Die Kommandos, Beispiele und Shell-Prozeduren in diesem Buch wurden auf der immer noch sehr weit verbreiteten UNIX Version V Release 3.2 ausgetestet.

Der Stammbaum der UNIX-Varianten ist in der folgenden Grafik zusammengefaßt.

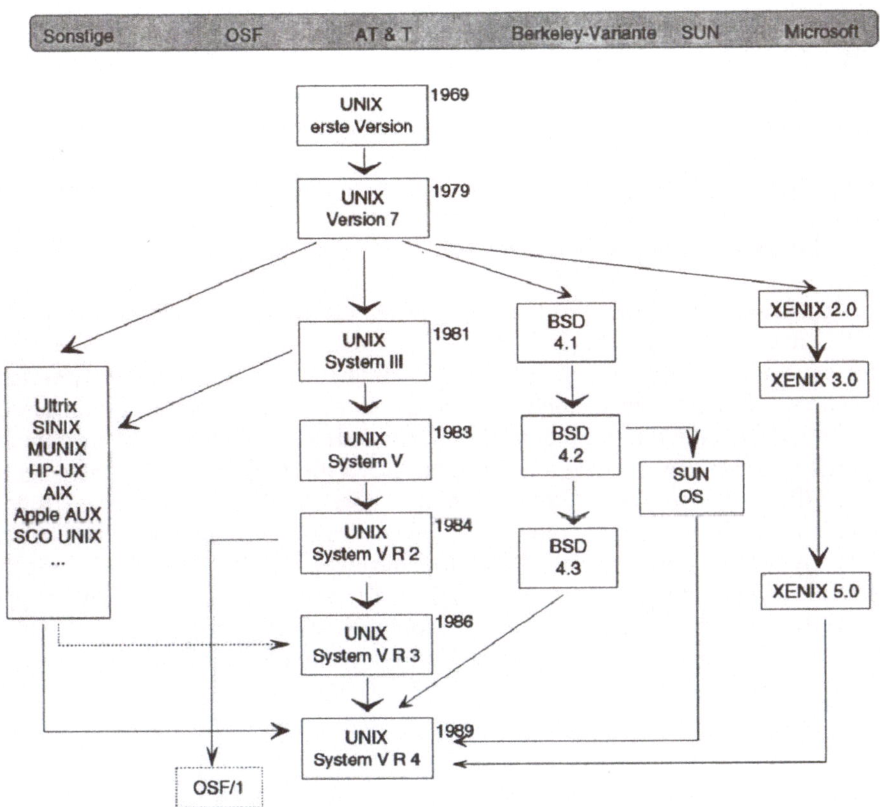

1.2.4. Standardisierungsgremien um UNIX

Im Zusammenhang mit UNIX gibt es im wesentlichen zwei Standardisierungsgremien, beide mit der Intention gegründet, die in der vorangegangenen Grafik sichtbare Vielfalt von UNIX-Systemen wieder zusammenzuführen.

Die 1988 gegründete *Open Software Foundation (OSF)* hat sich zum Ziel gesetzt, eine von AT&T (bzw. der zum Gründungszeitpunkt erkennbaren engen Verflechtung von SUN und AT&T) unabhängige offene Software-Umgebung zu entwickeln. Gründungsmitglieder dieser Vereinigung waren die Firmen IBM, DEC, Apollo (heute HP), Bull und Nixdorf (heute SNI). Die UNIX-Produkte der OSF sind das Betriebssystem *OSF/1* (basiert zum Teil auf IBMs UNIX-Variante AIX) und die grafische Benutzeroberfläche *OSF/Motif*.

Gewissermaßen als Antwort auf die o.g. Vereinigung kann die Gründung der *UNIX International (UI)* angesehen werden. Gründungsmitglieder waren hierbei die Firmen Amdahl, Control Data, Fujitsu, Motorola, NCR, Olivetti, SUN,

Toshiba, Unisys und andere. Ziel dieses Konsortiums ist die Fortschreibung der AT&T-UNIX-Schiene. Hierzu wurden eigens die *UNIX-System-Laboratories (USL)* als eigenständige Firma gegründet. An diese wurden von AT&T die Rechte zur Weiterentwicklung von System V vergeben. Die Vorgaben zur Weiterentwicklung von UNIX werden von den Mitgliedern der UI im sog. UI-Atlas (Roadmap) festgeschrieben, welcher für die USL bindend für die zukünftige Entwicklung ist. Die UI vertritt neben der aktuellen Version *SVR4* als grafische Benutzeroberfläche *Open Look*.

Für den Anwender ist diese Entwicklung - was die weitere Standardisierung von UNIX angeht - jedoch weniger dramatisch, als dies zunächst erscheint. Seit 1989 sind sowohl die Unix International als auch die OSF dem X/Open-Gremium beigetreten. Bei X/Open handelt es sich um einen Zusammenschluß von Hard- und Softwareherstellern (Gründung 1984) mit dem Ziel, "Offene Systeme" in die Realität umzusetzten. Dies geschieht nicht durch die Entwicklung eigener neuer Standards, sondern durch einen Konsens über die Standardisierung schon existierender, bewährter Produkte. Produkte, welche die hierzu entwickelten Tests bestehen, erhalten das X/Open-Gütesiegel, werden in den X/Open-Portability-Guide aufgenommen und sind somit zu der von der X/Open Gruppe definierten *Common Application Environment* (CAE) kompatibel. X/Open arbeitet selbst wieder eng mit anderen Normungs- und Standardisierungsgremien wie ISO oder IEEE zusammen.

1.3. Stellung von UNIX auf dem Computermarkt

1.3.1. Rechnerkategorien und Leistungsdaten

An dieser Stelle soll eine grobe Einteilung der verschiedenartigen Computer vorgenommen werden, um darauf basierend das für UNIX relevante Marktsegment zu lokalisieren.

Natürlich läßt sich für die einzelnen Bereiche keine genaue Abgrenzung angeben, meistens unterscheidet man jedoch fünf verschiedenartige Märkte bzw. zu diesen Märkten gehörende Computerkategorien, deren Übergänge fließend sind.

1)   Heim- und Hobbycomputer:

Diese Klasse von Computern existiert eigentlich nur noch dem Namen nach. Ursprünglich waren hiermit leistungsschwache und damit kostengünstige Computer gemeint, welche zur Unterhaltung (Hobbies, Spiele) oder für Lernzwecke verwendet werden sollten. Klassische Vertreter dieser Kategorie verfügten über eine 8bit-CPU und ein Diskettenlaufwerk als Massenspeicher. Heute werden von den Herstellern dieser Computer (insbesondere im Grafik-Bereich) zum Teil Leistungen erbracht, welche einem Personal-Computer, also der nächsten hier erwähnten Klasse, gut zu Gesicht stehen würden. Ausschließlich die geringe Verbreitung mancher Vertreter dieser Klasse, das fehlende Softwareangebot für den professionellen Einsatz oder die Verwendung herstellereigener Betriebssysteme rechtfertigen in einigen Fällen noch die Bezeichnung "Home-Computer". Manche Vertreter dieser Klasse ermöglichen sogar den Einsatz des Betriebssystems UNIX.

2)   Personal-Computer:

Namensgeber dieser Klasse war der IBM-PC, welcher zusammen mit dem Betriebssystem PC-DOS auf Basis eines Intel 8088/8086 Prozessors auf den Markt gebracht wurde. Kennzeichnend für diese Rechnerklasse war, daß erstmalig ein relativ preisgünstiger Universalrechner für professionelle Einsatzmöglichkeiten am Markt war. Die bald hohe Verbreitung dieses Rechnertyps erlaubte Softwarehäusern, ihre Produkte in großen Stückzahlen abzusetzen und damit die Kalkulation günstiger Verkaufspreise. Standard-Softwarepakete wie Textverarbeitung, Tabellenkalkulation, Grafikprogramme, einfache Datenbanksysteme aber auch spezielle Branchensoftwareprodukte konnten von unterschiedlichen Softwarelieferanten erworben werden. Das Betriebssystem MS-DOS/PC-DOS wurde von der ersten Version bis zur heutigen Version 5.0 zwar ständig weiterentwickelt. Grundlegende - zum Teil aus der zugrundegelegten Prozessorarchitektur resultierende - Mängel blieben jedoch erhalten, so vor allem

- die Begrenzung des adressierbaren Speichers auf 640 KB,
- die single-user- /single-tasking-Eigenschaft.

Dies ist der Grund, warum die reale Leistungsfähigkeit der neueren Prozessoren der Firma Intel durch MS-DOS nur unzureichend genutzt wird.

3)   Workstations:

Unter dem Begriff "Workstation" wird heute ein hochleistungsfähiger Microrechner für unterschiedliche Einsatzzwecke bezeichnet. "Hochleistungsfähig" bezieht sich hierbei zum einen auf die Standardleistungskriterien wie interne und externe Busbreite der CPU, Taktrate, Kapazität des Hauptspeichers und der Festplatte, insbesondere jedoch auch auf die Leistungsfähigkeit im Grafikbereich. So kann der Ursprung der Workstation zum Großteil im CAD-Bereich (Computer Aided Design) gesehen werden: Hier wurden lange vor der Realisierung grafischer Benutzeroberflächen auf PCs besondere Rechenleistungen für die Darstellung vektorisierter Bilder oder zur Farbdarstellung benötigt, welche ein Standard-PC (damals) nicht erbringen konnte.

Neben Mikroprozessoren, die auch im PC-Bereich Verwendung finden (80x86 von Intel), kommen hier vor allem die 680xx der Firma Motorola und zunehmend RISC-Prozessoren (Reduced Instruction Set Computing) zum Einsatz. Im Rahmen dieses Buches ist von Bedeutung, daß sich UNIX mittlerweile als Standardbetriebssystem dieser Rechnerkategorie herauskristallisiert hat.

4)   Minirechner:

Unter Minirechnern versteht man heute kleinere Mehrplatzcomputersysteme (ca. 5 bis 30 Terminals), welche als einziges Computersystem in Klein- oder Mittelbetrieben oder als (vernetzte) Abteilungsrechner in Großunternehmen eingesetzt werden. Von den Leistungsdaten entspricht diese Kategorie nahezu der Klasse der Workstations. Sehr oft bieten Hersteller sogar ein und dasselbe Rechnermodell sowohl als Einzelplatz-Workstation als auch, mit geringfügig anderer Ausstattung, als Minirechner, d.h. als Mehrplatzsystem, an. Das Betriebssystem UNIX ist in dieser Klasse absolut vorherrschend.

5)   Mainframes:

Hierunter versteht man Großrechner mit Mehrprozessor-CPUs, wie sie typischerweise in Rechenzentren von Wirtschaftsunternehmen, Verwaltungen oder Großforschungseinrichtungen (Vektorrechner) stehen. In den Anfangszeiten der Datenverarbeitung wäre es undenkbar gewesen, die damals sehr teure Hardware (CPU, Plattenspeicher etc.) nur durch einen Benutzer auszulasten. Die Forderung nach Multiuser- und Multitaskingbetriebssystemen lag - trotz der an heutigen Standards gemessenen relativ bescheidenen Leistungen damaliger "Großrechner" - klar auf der Hand. So dominieren - im Gegensatz zu den bisher behandelten Rechnerkategorien - in dieser Klasse herstellereigene Betriebssysteme vor allem der Firmen IBM (MVS, VM/SP, CMS) und Siemens (BS2000). Ein Einsatz von UNIX auf dieser Rechnerkategorie ist jedoch möglich und zum Teil auch realisiert. Ein signifikanter Trend zu UNIX ist zur Zeit jedoch nicht abzusehen.

1.3.2. UNIX im Wettbewerb mit anderen Betriebssystemen

Neben UNIX gibt es im Bereich der Personalcomputer im wesentlichen drei Konkurrenten, welche im folgenden kurz vorgestellt werden sollen.

1. Das Betriebssystem von Apple
2. MS-DOS bzw. die Kombination MS-DOS/Windows
3. OS/2

1. Das Betriebssystem von Apple

Die Firma Apple aus Kalifornien wurde zwar schon 1978 mit der Markteinführung des Personal-Computers Apple II bekannt, entscheidend für den zukünftigen Erfolg war jedoch die zusammen mit den Apple-Macintosh-Computern entwickelte völlig neue Art der Benutzerschnittstelle. Es handelt sich hierbei um eine grafische Benutzeroberfläche, welche Symbole aus dem Büroalltag auf dem Bildschirm darstellt, die mit Hilfe einer Maus bedient und manipuliert werden können. Programme und Dateien werden als grafische Objekte (Ikonen, Icons) am Bildschirm dargestellt, so z.B. eine Textdatei als Papierblatt oder ein Unterverzeichnis als Ordner, in welchem sich wieder weitere Ordner oder Dateien befinden können. Betriebssystembefehle wie Kopieren, Verschieben oder Löschen von Dateien erfolgen auf intuitive Art und Weise durch Manipulation der entsprechenden Objekte mit der Maus. So erfolgt das Löschen einer Datei, indem sie mit der Maus auf das Symbol eines Papierkorbs gelegt wird.

Die oben angesprochene Art der Benutzerführung setzte sich konsequent in allen zur Apple-Macintosh-Familie angebotenen Softwareprodukten durch: Auch hier erfolgt die Bedienung weitgehend mit der Maus, mit welcher Befehle aus sog. "Pull-Down-Menüs" ausgewählt, Texte oder Grafiken markiert, kopiert oder gelöscht werden können. Kennzeichnend für Macintosh-Software ist demzufolge, auch wenn sie von unterschiedlichen Herstellern geliefert wird (so z.B. auch von der Firma Microsoft), eine über alle Softwareprodukte weitgehend ähnliche Benutzeroberfläche. Dieser Sachverhalt erleichtert dem Benutzer das Erlernen neuer Programme ungemein.

Weitere Features des Apple-Macintosh-Betriebssystems sind die Möglichkeit, mehrere Programme in verschiedenen Bildschirmausschnitten gleichzeitig bearbeiten zu können, sowie das WYSIWYG-Prinzip. WYSIWYG ist hierbei ein Akronym für "What you see is what you get" und besagt nichts anderes, als daß die Bildschirmanzeige immer genau der Druckausgabe entspricht.

Die von Apple geprägte Art und Weise der Interaktion eines Benutzers mit dem Computer war richtungsweisend für alle heute gängigen grafischen Benutzeroberflächen, sowohl im UNIX-Bereich (Open Look, OSF/Motif) als auch im PC-Bereich (MS-Windows, Presentation Manager).

2.   *MS-DOS/Windows*

MS-DOS ist ein Betriebssystem für 16bit-Mikroprozessoren, welches von der Firma Microsoft 1981 von der Firma Seattle Computer Products erworben und weiterentwickelt wurde. Der Siegeszug von MS-DOS (1992 immer noch ca. 80 % Marktanteil im PC-Bereich <MZ92>) liegt hauptsächlich in der Tatsache begründet, daß IBM dieses Betriebssystem unter dem Namen PC-DOS für den schon erwähnten IBM-PC wählte. In MS-DOS waren viele Konzepte von UNIX nachempfunden, so z.B.

* Dateien mit variabler Satzlänge,
* Das hierarchische Filesystem,
* Piping und Redirection,
* Die Art und Weise, wie mit Betriebssystembefehlen Programme und Prozeduren erstellt werden können (Batchprogramme).

Die Nachteile von MS-DOS wurden zum Teil im Zusammenhang mit der Rechnerkategorie der Personal-Computer angesprochen. Als weiterer Nachteil stellte sich bald die im Vergleich zum Apple-Macintosh umständliche Benutzeroberfläche heraus, so daß von unterschiedlichen Firmen nach dem Vorbild des Apple-Betriebssystems grafische Benutzeroberflächen für MS-DOS entwickelt wurden (so z.B. GEM von Digital Research). Auch Microsoft entwickelte mit MS-Windows eine grafische Benutzeroberfläche. Lange war die zugrundeliegende Hardwareausstattung der MS-DOS-PCs, insbesondere die mangelnde Ausstattung im Grafikbereich (Grafikauflösung und Geschwindigkeit des Bildaufbaus) nicht in der Lage, hier eine annähernd gleichwertige Lösung zu bieten. Erst mit der 1990 auf den Markt kommenden Windows-Version 3.0 kann hier von einer ernsthaften Konkurrenz gesprochen werden. Dies wird durch die in kurzer Zeit sehr hohe Anzahl verkaufter Lizenzen belegt. Trotzdem kann MS-Windows 3.0 und auch der Nachfolger 3.1 nur als Übergangslösung zu einem völlig neuzuentwickelnden Betriebssystem betrachtet werden, da es immer noch auf dem 16bit-Betriebssystem MS-DOS mit seinen schon diskutierten Mängeln aufsetzt. Das Gespann MS-DOS/Windows war jedoch in kurzer Zeit so erfolgreich, daß Microsoft von seinem ursprünglichen Plan, zusammen mit und für IBM das Nachfolgebetriebssystem zu MS-DOS in Form von OS/2 zu entwickeln (siehe unten), mehr und mehr abwich und heute eine vollständige Neuentwicklung von Windows (Windows NT = New Technology) als echtes 32bit-Betriebssystem in Konkurrenz zu OS/2 setzt.

3.   OS/2

Die Firmen Microsoft und IBM arbeiteten, wie oben erwähnt, zunächst gemeinsam am Nachfolgeprodukt von MS-DOS, welches 1987 in der "Standard-Edition" entwickelt und 1988 um die grafische Benutzeroberfläche "Presentation Manager" erweitert wurde. Gleichzeitig wurden von IBM im Rahmen der "Extended-Edition" Netzwerkdienste wie der LAN-Server, Communication Manger und Database Manger hinzugefügt. Mit der 1989 eingeführten Version 1.2 kam das Dateisystem HPFS (High Performance File System) zum Einsatz. Einer der Hauptgründe für den nur sehr schleppenden Verkauf dieser frühen OS/2-Versionen war mit Sicherheit die Tatsache, daß zunächst einerseits kaum OS/2-Software verfügbar war und andererseits Umsteiger auch nicht gewillt waren, schon getätigte Investitionen in DOS/Windows-Software verfallen zu lassen. Auf Version OS/2 1.3 erfolgte daher 1992 ein großer Sprung mit der Einführung der Version 2.0 als echtes 32bit-Betriebssystem mit verbessertem Presentation Manager und der Möglichkeit, MS-DOS-, MS-Windows- und OS/2-Applikationen parallel unter OS/2 2.0 ablaufen zu lassen.

Zum Jahreswechsel 1992/1993 zeichnet sich für die kommenden Jahre ein strenger Wettbewerb um Marktanteile bei Betriebssystemen für Personal Computer, Workstations bzw. RISC-Systeme ab.

Zu diesem Zeitpunkt haben neben UNIX die Betriebssysteme von Microsoft (MS-DOS mit Windows, künftig Windows NT) die größte Marktbedeutung.

Der amerikanische Netzwerk-Software-Anbieter Novell Inc. wird von AT&T die Mehrheit an den Unix System Laboratories (USL) übernehmen <CW93> und damit sicherlich einen starken Beitrag zur weiteren Standardisierung und zur professionellen Vermarktung von UNIX System V Release 4 leisten. Gleichzeitig kann festgestellt werden, daß sich UNIX SVR4 gegenüber OSF/1 als "das Unix" durchgesetzt hat.

OS/2 von IBM und das Apple-Betriebssystem werden voraussichtlich eine vergleichsweise geringere Marktbedeutung erreichen, da sie jeweils nur für bestimmte Anwender bzw. Unternehmen relvante Vorteile haben, beispielsweise OS/2 für Unternehmen, die sehr intensiv mit IBM-Großrechnern arbeiten. Inzwischen haben sich Apple und IBM zu einer neuen Betriebssystem-Initiative zusammengetan. Hier sind konkrete Ergebnisse allerdings erst in einigen Jahren zu erwarten.

In den bevorstehenden Jahren werden also einerseits UNIX und andererseits MS-DOS/Windows bzw. Windows NT die führenden Rollen am Betriebssystemmarkt einnehmen <YS92>. Dies bestätigt auch eine Studie aus dem Jahr 1992, welche besagt, daß zu diesem Zeitpunkt die weitaus meisten Anwendungen für diese Betriebssysteme existieren oder sich in der Entwicklung befinden <CW93>.

2. UNIX

2.1. Zur Philosophie von UNIX

"Es ist vielleicht paradox, daß der Erfolg des UNIX Systems hauptsächlich darauf zurückgeht, daß es nicht entworfen wurde, um irgendwelche vordefinierten Ziele zu erfüllen", so schreiben die beiden Autoren von UNIX, Ken Thompson und Dennis Ritchie in einer Perspektive zum UNIX Betriebssystem <RTh78>.

So war der Entwurf und die Implementation nicht an gewünschten Eigenschaften, sondern einzig und allein am späteren Verwendungszweck orientiert. McIlroy, Pinson und Tague <MPT78> kommentieren dementsprechend, daß dem UNIX System die Philosophie zugrundeliegt "eine Computerumgebung zu schaffen, in der sie selbst (Anmerkung: die Autoren von UNIX) ihre eigene Arbeit in komfortabler und effektiver Weise weitertreiben konnten - Forschung auf dem Gebiet der Programmierung".

Dies verdeutlichen sie durch eine Aufzählung der wichtigsten Maxime, die unter den Entwicklern und Benutzern von UNIX gängig waren (<MPT78>, pp. 1902 u. 1903):

1. "Jedes Programm soll eine einzige Aufgabe gut erfüllen. Um eine neue Aufgabe zu erledigen, baue eher ein neues Werkzeug, als alte Programme durch Hinzufügen neuer Eigenschaften zu verkomplizieren".

2. "Erwarte jederzeit, daß die Ausgabe eines Programmes zu einer Eingabe für ein anderes, vielleicht noch unbekanntes Programm wird".

3. "Entwerfe und programmiere Software, sogar Betriebssysteme, so, daß sie früh, idealerweise innerhalb von Wochen, ausprobiert werden kann".

4. "Benutze lieber Werkzeuge als unqualifizierte Hilfsmittel, um eine Programmieraufgabe zu erleichtern, auch wenn sich dadurch der Umweg

ergibt, diese Werkzeuge erst bauen zu müssen. Erwarte auch, einige davon wegzuwerfen, nachdem sie nicht mehr gebraucht werden".

Für diesen im positiven Sinne eigentümlichen Programmier-Stil werden an vielen Stellen in der Literatur Schlagworte wie "small is beautiful" (<MPT78>, <LPS83>, <AuI83> ...) oder "divide et impera" (lat. teile und herrsche, <AuI83>) verwendet.

Die Philosophie von UNIX wurde also nie explizit festgelegt, sondern äußert sich implizit durch Charakteristiken:

Modularität

Alle Aufgaben werden in die Grundbestandteile zerlegt. In einem Programm wird, soweit möglich, eine und genau eine Grundfunktion realisiert. Dies geschieht nach dem Grundsatz: "So viel wie nötig, so wenig wie möglich".

Wiederverwendbarkeit

Durch das Lösen von Grundaufgaben im Gegensatz zu aktuellen Spezialaufgaben wird Software in hohem Maße wiederverwendbar.

Generalität

Ebenso wird dadurch eine vielfältige Einsatzmöglichkeit der Software erreicht.

Kombinierbarkeit

Wie sich Bausteine aus einem Baukasten zu einem ganzen Bauwerk zusammenfügen lassen, so können die einzelnen Programme unter UNIX zu einem größeren Software-"Bauwerk" kombiniert werden.

Verständlichkeit

Aus dem relativ geringen Umfang der einzelnen Software-Bausteine ergibt sich eine erhöhte Verständlichkeit, da kleine Teile stets besser zu überblicken sind als sehr große.

Flexibilität

Der Benutzer kann zwar die gebotenen Leistungen in Anspruch nehmen, vermag sich jedoch auch die Umgebung nach seinen eigenen Vorstellungen selbst zu gestalten.

So läßt sich in etwa die Philosophie aus der Sicht des Programmierers beschreiben, für den UNIX ja auch entworfen wurde.

2.2. Der Aufbau von UNIX

Das Betriebssystem UNIX besteht aus mehreren, zwischen der Computer-Hardware und dem Benutzer liegenden Schichten.

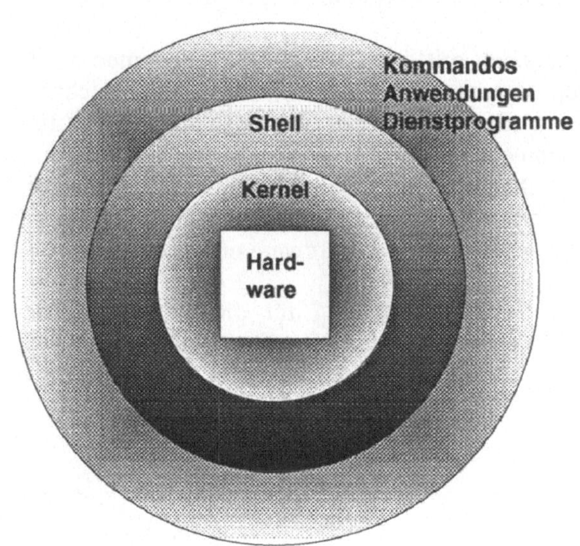

Die verschiedenen Schichten von UNIX

Wie ein Mantel legt sich der Betriebssystem-Kern um die Hardware und bildet somit die Hardware-Schnittstelle von UNIX. Der Betriebssystem-Kern wiederum wird umschlossen von der Shell, dem Kommando-Interpreter von UNIX. Die die Shell teilweise umgebende äußerste Schicht besteht aus einer ganzen Reihe von verschiedenen Dienstprogrammen, Software-Werkzeugen und Anwendungs-programmen.

Die innerste Schicht: Der Betriebssystem-Kern

Die innerste Schicht wird im UNIX-Sprachgebrauch meistens "Kernel" (engl. für Kern) genannt, da sie sehr eng mit der Computer-Hardware arbeitet, zudem die eigentlichen Betriebssystemleistungen in sich integriert und dadurch am weitesten vom Benutzer entfernt ist.

Nach Thompson <Tho78> besteht der Kernel aus etwa 10.000 Zeilen von C-Programmen und ungefähr 1.000 Zeilen Maschinenprogrammen (Assembler). Dieser Teil entspricht zwischen 5 und 10 Prozent des gesamten zum UNIX-Betriebssystem gehörigen Source-Codes. Zum Kernel zählen fast alle hardware-abhängigen Komponenten von UNIX. Weitestgehend handelt es sich dabei um die in Assembler codierten Komponenten, welche somit auch die bei Portierungen zu ändernden Teile ausmachen.

Mit Ausnahme der Benutzerschnittstelle und einiger Dienstprogramme sind im Kernel alle eigentlichen Betriebssystem-Aufgaben realisiert.

Der Kernel kommuniziert mit den Hardware-Komponenten des Computers, also mit dem Mikroprozessor, dem verfügbaren Hauptspeicher, den externen Speichermedien und allen anderen peripheren Geräten. Er bestimmt, in welcher Umgebung Programme abgearbeitet werden, startet die Programme, regelt den Ablauf und die Reihenfolge der Programme, stellt diesen die erforderlichen Hardware-Ressourcen zur Verfügung und kontrolliert die Kommunikation von Programmen untereinander, mit der Hardware und mit den Benutzern.

Desweiteren ist der Kernel zuständig für die Verwaltung der dem System bekannten Daten und bestimmt, in welcher Form und an welcher Stelle die Daten abgelegt werden. Er ermöglicht weiterhin, in der gewünschten Weise auf diese Daten zugreifen zu können und schützt die Daten in der vom Benutzer in Auftrag gegebenen Form.

Außerdem ermöglicht der Kernel, daß mehrere Aufgaben gleichzeitig durchgeführt werden können und mehrere Benutzer zur gleichen Zeit mit dem System arbeiten können. Er kontrolliert auch die Aktivitäten der am System arbeitenden Benutzer.

Viele der Aufgaben des Kernels werden für den Benutzer unsichtbar erledigt. Seine Leistungen stehen jedoch dem Benutzer über die bereits erwähnten anderen Schichten des Betriebssystems zur Verfügung.

Die mittlere Schicht: Der Kommando-Interpreter

Weil er sich wie eine Schale um den UNIX-Kernel schließt, nannten die UNIX-Entwickler den Kommando-Interpreter "Shell" (engl. Schale). Die Shell stellt die eigentliche Benutzerschnittstelle des UNIX-Systems dar. Sie liest die vom Benutzer am Bildschirm eingegebenen Befehle, Aufträge und Kommandos und interpretiert sie dann als Anfragen des Benutzers an das System.

Über die Benutzeroberfläche der Shell kann der Bediener die Hardware-Ressourcen sowie die Betriebssystem-Leistungen des Kernels nutzen, ohne eigens dafür Programme erstellen zu müssen. Er kann über die Shell auch die Kommandos der äußeren Schicht, bzw. nicht zu UNIX gehörige Programme aufrufen. Interaktive Programme können allerdings eine eigene Benutzeroberfläche haben, welche dann die Shell "verdecken".

Eine Shell ist Bestandteil eines jeden UNIX Betriebssystems, sie kann jedoch individuellen Bedürfnissen angepaßt werden oder durch eine andere Shell ersetzt werden.

Die standardgemäß zum UNIX-Betriebssystem gehörige Shell wird nach ihrem Autor auch "Bourne-Shell" genannt (siehe <Bou78>). Ihre vielfältigen Eigenschaften werden in einem eigenen Abschnitt beschrieben.

Die äußere Schicht: Die Kommandos

Zusätzlich zum Kernel und zur Shell kommen noch eine große Anzahl von Dienstprogrammen, unter UNIX im allgemeinen "Kommandos" genannt.

Das sind einerseits Dienstprogramme, wie sie im Gesamtumfang vieler Betriebssysteme enthalten sind, wie Programme zum Kopieren, Löschen und Umbenennen von Dateien etc.. Der Anwendungsbereich der meisten dieser Kommandos geht jedoch weit über den von herkömmlichen Betriebssystem-Bestandteilen hinaus.

So stehen eine Reihe von zusätzlichen Kommandos zur Manipulation von Daten, zum Steuern der Programme, sowie vielfältige Statusabfragen zur Verfügung. Bekannt ist auch die große Anzahl von Kommandos im Bereich der Kommunikation. Außerdem zählt unter anderem eine Menge von Programmen zur Textbe- und -verarbeitung zum Gesamtumfang. Am größten ist die Zahl der Werkzeuge (Software-Tools) für die Software-Entwicklung.

Die Abarbeitung der Kommandos wird im allgemeinen von der Shell überwacht, die insbesondere auch die Eingabe und Ausgabe steuert. Während der Abarbeitung nutzen die Kommandos dann die Leistungen des Kernels.

Interaktive Kommandos haben eine eigene, von der Shell unabhängige, Benutzerschnittstelle. Diese ist jedoch kommandospezifisch und nicht mit der Benutzerschnittstelle von UNIX zu verwechseln.

2.3. Konzepte und Leistungen von UNIX

2.3.1. Dateien und Dateisystem

2.3.1.1. Dateien

Jede Datei wird vom UNIX-Betriebssystem betrachtet als eine Folge von Bytes, von denen jedes einzelne Byte direkt adressierbar ist, d.h. zum Beispiel direkt gelesen werden kann.

Von Seiten des Betriebssystems sind keinerlei Einschränkungen hinsichtlich des Formats für die Abspeicherung der Daten vorgegeben.

Mag dies auch selbstverständlich und anschaulich erscheinen, so ist es doch eine Besonderheit des UNIX-Betriebssystems, denn im Gegensatz zu anderen Betriebssystemen

- muß vor der Benutzung der Datei keinerlei Format, Satzlänge oder ähnliches spezifiziert werden. Aus der Sicht des Betriebssystems gibt es keine physischen oder logischen Records oder damit zusammenhängende Zähler.

- entfällt wegen der Nicht-Existenz von Datensätzen auch die Unterscheidung zwischen festen und variablen Satzlängen.

- spielen für UNIX-Programme Spuren oder Zylinder etc. keine Rolle. Das Betriebssystem ist für diese physischen Unterscheidungen zuständig.

- existieren keine vordefinierten Arten der Benutzung von Dateien.

- sind innerhalb des Betriebssystems keine verschiedenen Arten der Abspeicherung bzw. Zugriffsmethoden vorgesehen (index-sequentiell, random...). Die Unterscheidung zwischen seqentiellen und anderen Zugriffsmethoden entfällt.

- ist eine Datei genau so groß wie die Anzahl der darin gespeicherten Bytes; durch Hinzufügen genau eines Zeichens wird die Datei um genau ein Byte größer.

- muß nicht im voraus eine bestimmte Menge von Speicherplatz für eine Datei reserviert werden.

Natürlich erstellen und manipulieren Anwendungsprogramme verschiedener Art auch Dateien in einem bestimmten Format. Der Editor kann nur Textdateien bearbeiten. Ein Datenbanksystem kann selbstverständlich auch indexsequentiell oder anders organisierte Dateien verwalten.

Entscheidend aber ist, daß das Format dieser Dateien einzig und allein durch diese Programme vorgegeben wird, nicht durch das Betriebssystem.

Diese Eigenschaft erlaubt es, abhängig von der jeweiligen Anwendung, die Datenstrukturen zu definieren, ohne dabei vorgegebene Restriktionen beachten zu müssen.

Die Größe einer Datei unterliegt keiner Beschränkung durch das Betriebssystem, nur die Kapazität des betreffenden Speichermediums bildet eine Obergrenze für die Datei.

2.3.1.2. Inhaltsverzeichnisse (Directories)

In Inhaltsverzeichnissen sind die Namen aller gespeicherten Dateien eingetragen. Für die Verwaltung der Dateien stellen sie die Verbindung zwischen dem Namen einer Datei und der Datei selbst her. Im folgenden soll anstelle dieses wenig verwendeten Begriffs der englische Ausdruck "Directory" verwendet werden.

Unter UNIX haben Directories zwei wesentliche Eigenschaften:

1. Sie sind normale Dateien mit den Charakteristiken, die im vorigen Abschnitt beschrieben wurden.

2. Sie enthalten Dateinamen und Informationen über die Dateien (in der Praxis nur ein Zeiger/Pointer zu weiteren Dateiinformationen).

Der einzige Unterschied zu Textdateien, Dateien mit Quellcode von Programmen oder sonstigen UNIX-Dateien besteht darin, daß Directories ausschließlich vom Betriebssystem erweitert oder geändert werden können.

Dies ist notwendig, da unkontrolliertes Beschreiben eines Directories wichtige Informationen für das System zerstören könnte.

Die Besonderheit besteht nun darin, daß in einem Directory wiederum weitere Directories eingetragen sein können. Diese nennt man dann Unter-Directories. Auch dort können wieder Dateien und Unter-Directories eingetragen sein.

Durch diese Besonderheit ergeben sich sogenannte Directory-Strukturen bzw. die
Struktur eines UNIX-Directory-Systems.

Wird ein Directory neu angelegt, so enthält es standardgemäß zwei Einträge: Ein
Eintrag ist ein Verweis auf das Directory selbst (bezeichnet als ".") und der
zweite ein Verweis auf das übergeordnete Directory, in der das neue Directory
gerade als Unter-Directory eingetragen wurde. Dieser Eintrag heißt "..".

2.3.1.3. Die Struktur des Dateisystems

Diese durch die Directories implizierte Struktur des Dateisystems hat die Form
eines gerichteten Graphen. Sie definiert sich rekursiv durch die in Directories
eingetragenen Unter-Directories.

Beispiel:

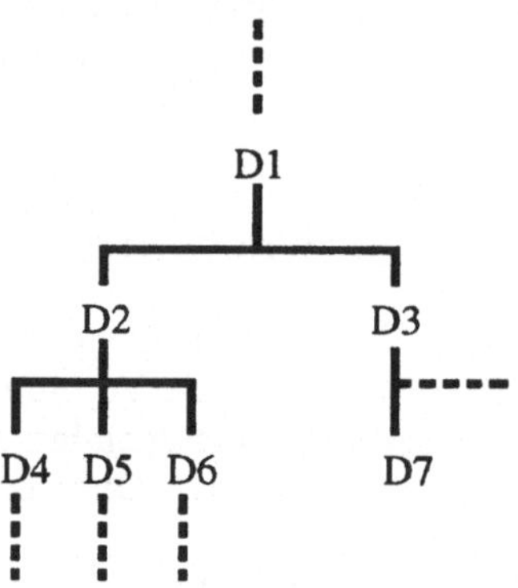

Hier sind die Directories D2 und D3 Unter-Directories von D1.
In D2 wiederum sind die drei Unter-Directories D4, D5 und D6
eingetragen. Directory D7 ist neben anderen in D3 verzeichnet.
Und so weiter...

Neben den von den Benutzern benötigten Directories verwaltet das
Betriebssystem auch einige Directories für eigene Zwecke.

Das wichtigste dieser Directories ist die "Root" (englisch für Wurzel).
Charakteristisch für die Root ist, daß sie selbst in keinem anderen Directory
verzeichnet ist.

Außer der Root ist jedes Directory in genau einem anderen Directory
eingetragen. In der Root sind eine Reihe von Directories vermerkt, in denen
wiederum weitere Directories eingetragen sein können.

Daher können von der Root ausgehend alle Dateien über die verschiedenen Unter-Directories erreicht werden, wodurch sich auch die Bezeichnung "Root" herleitet. In allen UNIX-Systemen trägt die Root den Namen "/" (Schrägstrich).

Ein typisches UNIX-Dateisystem sieht in etwa so aus:

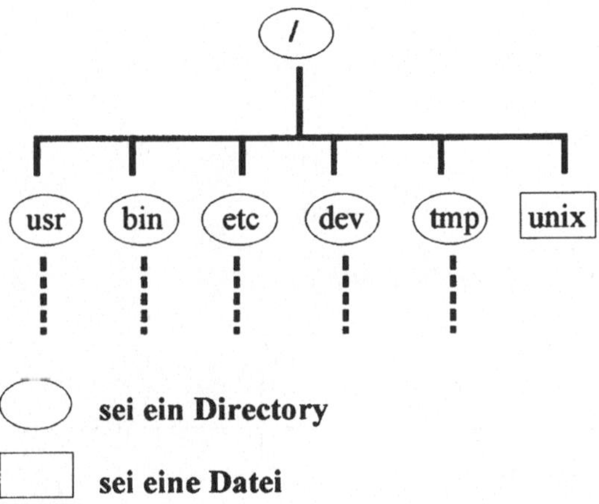

Erläuterung:

/	ist das Root-Directory
usr	ist das systemeigene Directory, in dessen Unter-Directories alle benutzereigenen Dateien und Dateisysteme eingetragen sind
bin	ist das systemeigene Directory, worin die am häufigsten verwendeten UNIX-Kommandos verzeichnet sind
dev	enthält als System-Directory die speziellen Dateien (siehe nächsten Abschnitt)
tmp	in diesem System-Directory können temporäre Dateien verzeichnet werden
unix	ist die Datei, die den UNIX-Kernel enthält
etc	enthält weitere Betriebssystem-Dateien

Ein wichtiger Unterschied besteht zwischen dem Begriff eines UNIX-Dateisystems und dem Begriff einer Directory-Struktur. Die sich aus den Beziehungen zwischen beliebigen Directories, Unter-Directories etc. ergebende Struktur wird als Directory-Struktur bezeichnet. Ein UNIX-Dateisystem ist eine vollständige Directory-Struktur mit genau einer Root und schließt alle unter der Root organisierten Directories und Dateien ein.

Dieselbe Datei kann allerdings in verschiedenen Directories und möglicherweise auch unter verschiedenen Namen erscheinen. Diese Eigenschaft wird in UNIX "Link" (deutsch: Verbindung) genannt.

UNIX unterscheidet sich von anderen Betriebssystemen dadurch, daß alle Links zu einer Datei gleichberechtigt sind. Dies kommt daher, daß Dateien nicht in einem Directory gespeichert sind, sondern dort nur der Dateiname sowie ein Zeiger zu einer Dateiinformation eingetragen sind. Eine Datei bleibt immer solange erhalten, bis der letzte Link zu ihr gelöscht wird.

Wichtig ist, daß Links ausschließlich für Dateien, die keine Directories sind, erlaubt und möglich sind.

Schematisches Beispiel:

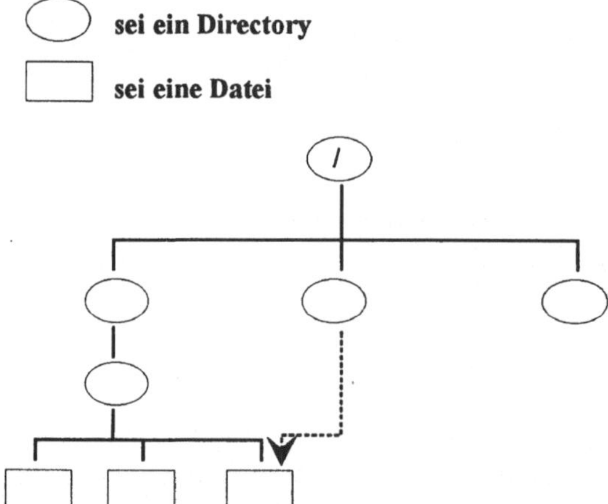

Durch die Struktur des Dateisystems wurde es möglich, daß in verschiedenen Directories verschiedene Dateien mit den gleichen Namen eingetragen sein können. Durch Links wiederum kann dieselbe Datei in verschiedenen Directories auch mit verschiedenen Namen vermerkt sein.

In der Literatur wird die Struktur des Dateisystems häufig als Baum oder als hierarchisch bezeichnet (<BaR82>, <LPS83> und andere). Nach der von Schlageter und Stucky gegebenen Definition eines Baumes <SSt77> müßte dann jedoch für jede Datei genau ein Weg von der Root-Directory zur Datei existieren.

Weil durch Links jedoch mehrere Wege zur selben Datei möglich werden, entspricht die Struktur des UNIX-Dateisystems nicht dieser Definition. Da jedoch Links für Directories nicht erlaubt sind, gilt die Definition für die Struktur, wie sie durch die Directories gebildet wird.

Daher soll im folgenden das Adjektiv "hierarchisch" für die Struktur des Dateisystems benutzt werden, wogegen der Begriff "Baum" ausschließlich für die Struktur der Directories Verwendung finden kann.

Betrachtet man nun die beschriebene hierarchische Struktur aus Benutzersicht, so bietet sie die folgenden Vorteile:

- Der Benutzer kann sich seine Daten, Programme etc. nach eigenen individuellen Anforderungen gruppieren und in der gewünschten Form einordnen.

- Er braucht sich nicht mit den Dateien anderer Benutzer oder denen des Systems zu beschäftigen, da sie vor ihm verborgen bleiben.

Dabei wird vom System jedem Benutzer ein sogenanntes Home-Directory zugeordnet, von dem ausgehend er sich die eigene Struktur für seine Daten schaffen kann. Zudem ist ihm ein sogenanntes Arbeits-Directory bzw. aktuelles Directory zugeordnet, das zunächst identisch mit seinem Home-Directory ist. Er kann sich dann innerhalb der Dateien-Hierarchie "bewegen", indem er ein anderes Directory zu seinem aktuellen Directory erklärt.

Beispiel:

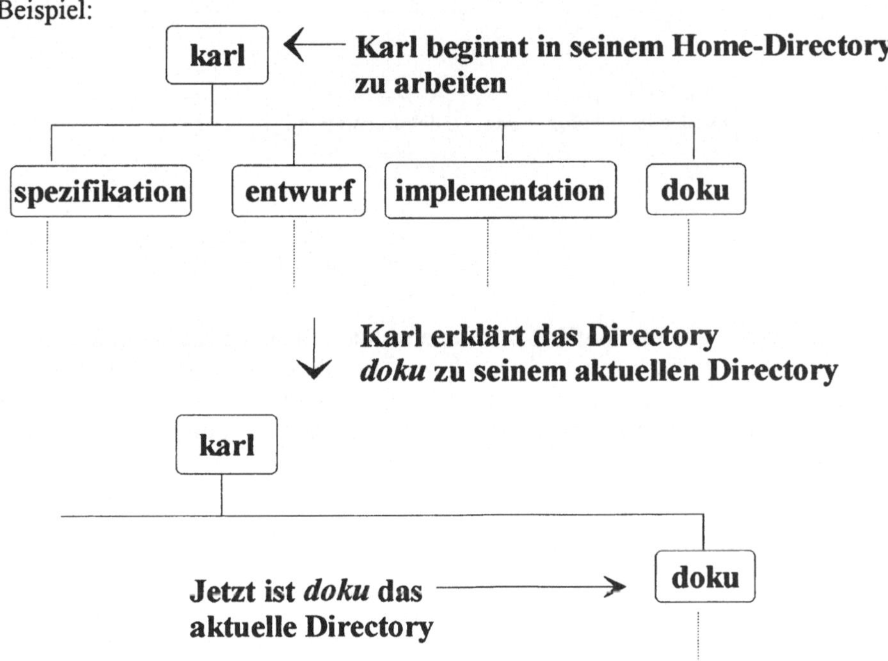

Der Name einer Datei besteht aus einer Folge von maximal 14 Zeichen. Um dem Betriebssystem gegenüber eine Datei zu spezifizieren, muß ein sogenannter Pfadname, bestehend aus einer Folge von Namen von Directories und dem eigentlichen Dateinamen, angegeben werden.

Darin wird der Pfad beschrieben, den das Betriebssystem auf der Suche nach dieser Datei verfolgen soll. Unterschieden werden dabei absolute und relative Pfadnamen. Absolute Pfadnamen beginnen stets mit dem Namen der Root, "/". Sie ermöglichen die Suche einer Datei ausgehend von der Root, also global gesehen zum gesamten Dateisystem. Demgegenüber erlauben die relativen Pfadnamen den Beginn der Suche ausgehend von dem aktuellen Directory.

Praxisbeispiel:

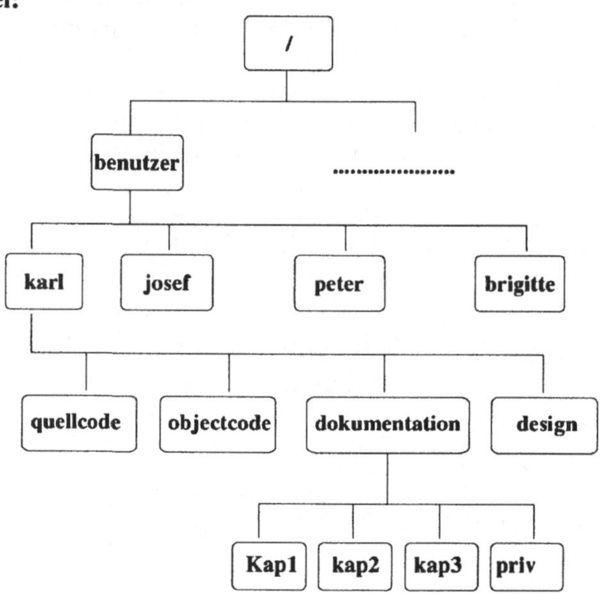

/benutzer/karl/dokumentation/Kap1 ist der absolute Pfadname zur Datei Kap1 aus dem Beispiel. Ist /benutzer/karl (auch ein absoluter Directory-Name!) das aktuelle Directory, so lautet der relative Pfadname zur selben Datei dokumentation/Kap1 (man beachte, daß der relative Pfadname nicht mit dem Schrägstrich beginnt).

2.3.1.4. Spezielle Dateien

Außer den beiden Dateiformen der regulären Datei und dem Directory kennt UNIX noch eine weitere Art von Datei: Die spezielle Datei.

Jede spezielle Datei repräsentiert genau eine dem System bekannte Eingabe- oder Ausgabe-Einheit beziehungsweise eine andere Hardware-Einheit. Dazu gehören Bildschirmgeräte, Zeilendrucker, Hauptspeicher, Bandeinheiten, Disketten-Laufwerke, Platteneinheiten, Modems, alle sonstigen denkbaren peripheren Geräte, sowie einige von UNIX definierte logische Einheiten.

Genau dieser Eigenschaft verdanken die speziellen Dateien ihren Namen und nicht dem Zwang, daß sie in einer speziellen Art und Weise behandelt werden müssen. Spezielle Dateien werden gelesen und/oder beschrieben genau wie jede andere Datei auch. Das Betriebssystem erkennt, daß es sich um eine spezielle Datei handelt und aktiviert die angesprochene Einheit bzw. das angesprochene Gerät.

Natürlich sind die Platten- und Diskettenspeicher, der Hauptspeicher etc. vor nicht berechtigten Zugriffen über spezielle Dateien geschützt.

Diese ungewöhnliche und besondere Charakteristik bewirkt, daß aus der Sicht von Programmen und auch aus der Sicht des Benutzers beispielsweise das Speichern eines Briefs auf einem Speichermedium wie einer Festplatte identisch zur Ausgabe desselben Briefes auf einem beliebigen Drucker abläuft.

Die speziellen Dateien hält sich das Betriebssystem in einem eigenen Directory mit Namen "dev" (von devices, englisch für Geräte), einem Unter-Directory der ebenfalls systemeigenen Wurzel ("Root").

Ritchie und Thompson fassen die Vorteile von speziellen
Dateien folgendermaßen zusammen <RTh78>:

1. Die Ein- und Ausgabevorgänge mit Dateien und peripheren Einheiten sind so ähnlich wie nur möglich.

2. Die Namensgebung von Dateien und Geräten hat die gleiche Syntax und Bedeutung, so daß Programmen, welche einen Namen als Parameter erwarten, auch der Name einer Einheit übergeben werden kann.

3. Spezielle Dateien unterliegen somit den selben Schutzmechanismen wie normale Dateien.

2.3.1.5. Zugriffsschutz

Normale Dateien:

Insbesondere bei Mehrbenutzersystemen ist ein wirksamer Schutz der gespeicherten Daten unerläßlich. Gleichzeitig muß es jedoch möglich sein, daß beliebig viele zusammenarbeitende Benutzer gemeinsame Daten bzw. Dateien halten und auch geregelt auf die Daten der Kollegen zugreifen können.

Der Zugriffsschutzmechanismus von UNIX unterscheidet die drei Aktivitäten

- Lesen
- Beschreiben (d.h. in irgendeiner Weise modifizieren)
- Ausführen

einer Datei.

Andererseits kennt UNIX drei Klassen von Benutzern, welchen die Durchführung der drei obigen Aktivitäten zu erlauben oder zu untersagen ist. Diese sind:

- Der Besitzer ("owner") der Datei; das ist der Benutzer, der diese Datei auch geschaffen hat und sowohl für den Inhalt der Datei, als auch für die Festlegung der Zugriffsberechtigungen verantwortlich ist.
- Die Gruppe, der der Besitzer angehört; damit sind alle Benutzer, die mit ihm innerhalb eines Projektes etc. zusammenarbeiten, eingeschlossen.
- Die Anderen, also alle restlichen dem Betriebssystem bekannten Benutzer.

Beispiel:

Besitzt ein Benutzer ein lauffähiges Programm, das er im Rahmen eines Software-Entwicklungsprojekts für seine Gruppe erstellt hat, so kann er den Zugriffsschutz folgendermaßen festlegen:

- er selbst kann als Besitzer das Programm (= eine Datei) beliebig manipulieren

- seine Kollegen aus der Gruppe sollen es ausführen und lesen können

- alle anderen Benutzer sollen es ausschließlich ausführen dürfen.

Tabellarisch sehen die Zugriffsberechtigungen dann so aus:

	Besitzer	Gruppe	Andere
Lesezugriff	ja	ja	nein
Schreibzugriff	ja	nein	nein
Ausführung	ja	ja	ja

Eine weitere Besonderheit ist, daß bestimmte Dateien zwar nicht beliebig von Benutzern, jedoch aber koordiniert durch bestimmte Programme manipuliert werden können.

Beispielsweise darf die Systembuchhaltung des Betriebssystems, die sämtliche Aktivitäten der Benutzer festhält, nicht für beliebige Benutzer einsehbar und natürlich schon gar nicht manipulierbar sein. Andererseits sollen Programme für die Systembuchhaltung vom Benutzer aufgerufen werden können, um die gespeicherten Daten koordiniert zu verändern, ergänzen oder weiterzugeben.

Dies wird möglich durch einen besonderen Mechanismus, auf den allerdings nicht tiefer eingegangen werden soll.

Spezielle Dateien:

Das auf den vorangegangenen Seiten für normale Dateien beschriebene Verfahren für den Zugriffsschutz kann in gleicher Weise auf spezielle Dateien angewendet werden.

Directories:

Es werden ebenfalls die drei genannten Benutzerklassen betrachtet; die Interpretation der erlaubten bzw. untersagten Aktivitäten ist allerdings geringfügig verschieden:

- Lesen: In Analogie zu beliebigen anderen Dateien bedeutet die Erlaubnis zum Lesen eines Directories, daß die darin verzeichneten Dateinamen gelesen werden dürfen

- Schreiben bezieht sich auf das Löschen, Hinzufügen oder Ändern der in dem Directory eingetragenen Dateinamen

- Ausführen bedeutet, daß auf die Dateien, deren Namen in dem Directory verzeichnet sind, zugegriffen werden darf bzw. daß der jeweilige Benutzer dieses Directory zu seinem aktuellen Directory machen darf.

Angewendet auf Directories hat also der Zugriffsschutzmechanismus weit größere Auswirkungen. Ganze Dateihierarchien können so auf einfache Weise wirksam geschützt und begrenzt zugänglich gemacht werden.

2.3.1.6. Integrierbare Dateisysteme

Nicht notwendigerweise müssen sich alle benutzten Dateien und Directories auf einem einzelnen Datenträger befinden. Andere UNIX-Dateisysteme, beispielsweise auf einer Diskette gespeichert, können an ein Directory des aktuellen Dateisystems angebunden werden. Dies funktioniert durch die Baum-Eigenschaft der Struktur der Directories, denn ein anzubindendes System wird einfach als untergeordneter Teilbaum in das Directory eingetragen.

Beispiel:

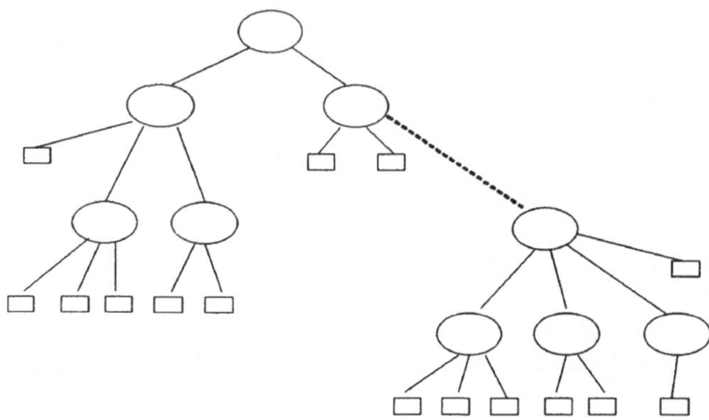

Für die Anbindung eines Dateisystems sollten die Zugriffsberechtigungen für die Root des integrierten Dateisystems und für das Directory, an das es angebunden wird, genau gleich definiert sein.

Nach der Anbindung an das aktuelle Dateisystem ist kein organisatorischer Unterschied zwischen den Dateien der verschiedenen Strukturen erkennbar.

Nur eine einzige Einschränkung ergibt sich dadurch, daß "Links" zwischen Dateien verschiedener Dateisysteme nicht möglich sind.

2.3.1.7. Implementation des Dateisystems

Anstelle einer ausführlichen Beschreibung der Implementation von UNIX-Dateisystemen sollen hier nur die für das im Rahmen dieses Buches abgehandelte Gebiet am wichtigsten erscheinenden Aspekte betrachtet werden.

- Der Speicherplatz wird vom System automatisch vergeben; der Benutzer muß sich nicht darum kümmern, hat jedoch auch keinerlei Einfluß darauf.

- UNIX teilt den Speicherplatz in gleichgroße Blöcke ein (meistens 512 oder 1024 Byte) und behandelt nur komplette Blöcke. Das gilt für den Hauptspeicher und für externe Speicher.

- Der freie Speicherplatz wird vom Betriebssystem in einer verketteten Liste von Blöcken gehalten und verwaltet. Eine "Garbage Collection" oder eine Neuordnung des Speicherplatzes (Reorganisation) ist nicht erforderlich.

- Durch die blockweise Betrachtung und die dynamische Vergabe der einzelnen Blöcke können die Bestandteile einer Datei weit über das betreffende Speichermedium (meist Festplatte) verstreut sein. Da nur diejenigen Blöcke, in die bereits geschrieben wurde, auch tatsächlich belegt sind, können mit UNIX auf einfache Weise dünn besetzte Direktzugriffsdateien aufgebaut werden (z.B. für Hash-Verfahren).

- Zu jeder Datei sind außerhalb der Datei selbst (d.h. in sogenannten I-Knoten bzw. "i-nodes") folgende Informationen vorhanden:

  - Welcher Benutzer der Besitzer der Datei ist und

  - welcher Gruppe die Datei zugeordnet ist;

  - Angaben über die Zugriffsrechte für den Zugriffsschutz-mechanismus;

  - die Größe der Datei;

  - Zeitpunkte
    > des Anlegens der Datei,
    > der letzten Benutzung,
    > der letzten Änderung;

  - Die Anzahl der Links zu dieser Datei, also die Anzahl der Directories, in denen die Datei eingetragen ist;

- Eine Kennung, ob es sich um eine normale Datei, ein Directory oder um eine spezielle Datei handelt;

  - Sowie 13 Zeiger auf Datenblocks.

- Der Zugriff auf Dateien erfolgt direkt über einen der vorgenannten Zeiger oder bis zu dreifach indiziert. Dies ist so zu verstehen, daß ein Zugreifen auf den Inhalt einer sehr kleinen Datei direkt mit einem Zugriff zu einem Datenblock (also auch einem Plattenzugriff) erfolgt, das Zugreifen auf die Inhalte einer sehr großen Datei zwischen einem und vier Zugriffen zu Datenblöcken (die ersten drei Zugriffe liefern nur weitere Zeiger) erforderlich macht.

Diese Art der Datenorganisation erlaubt einerseits sehr große Dateien (größer als 10 Giga-Byte), bewirkt aber andererseits durch die Indirektions-stufen relativ hohe Zugriffszeiten für sehr große Dateien.

- Es existiert in UNIX keine "Locking"-Systemprimitive, welche den exklusiven Zugriff auf eine Datei ermöglichen könnte. Daher kann unter UNIX der gleichzeitige Zugriff mehrerer Benutzer zur selben Datei nicht ausgeschlossen werden. Handelt es sich dabei um Daten manipulierende, also schreibende, Zugriffe, so können beträchtliche Probleme auftreten. Mit dem Verlust von Informationen muß gerechnet werden, die Konsistenz der in der Datei gespeicherten Daten ist dann nicht mehr gewährleistet.

- Das vorgenannte Problem kann eingeschränkt umgangen werden, wenn die betreffende Datei durch eine Änderung der Zugriffsberechtigungen für die Dauer der Manipulation gesperrt wird. Dies ist jedoch eine Hilfskonstruktion, auf die beim Erstellen eigener Software zurückgegriffen werden kann (wird jedoch von der zu UNIX gehörigen Software nicht genutzt). Auch kann auf diese Weise nur eine ganze Datei bzw. ein Dateisystem gesperrt werden ("file locking") und nicht der betreffende Teil der Datei ("record locking").

- Die im Hauptspeicher schon modifizierten Datenblöcke werden vom Betriebssystem erst später auf das sekundäre Speichermedium zurückgeschrieben. In der Zwischenzeit kann sich also der Datenbestand in einem inkonsistenten Zustand befinden, was im Falle eines Systemabbruchs (z.B. wegen Stromausfall oder Hardware-Problemen) zu erheblichen Schwierigkeiten führen kann.

- "Der Benutzer von UNIX hat den Eindruck, daß sowohl das Lesen wie das Schreiben von Dateien synchron und ungepuffert abläuft. Tatsächlich beinhaltet UNIX einen recht komplexen Pufferungsmechanismus, der die Anzahl der zur Bearbeitung benötigten Ein-/Ausgabe Operationen stark reduziert. So wird als Resultat einer Lese- oder Schreiboperation nur dann tatsächlich ein Datenblock zwischen Hauptspeicher und Sekundärspeicher übertragen, wenn der Datenblock nicht bereits in einem systeminternen Puffer vorhanden ist. Das System erkennt auch, wenn ein Programm eine Datei sequentiell verarbeitet und liest in diesem Fall den nächsten Block asynchron vorweg ("read ahead"). Dies führt zu einer signifikanten Reduktion der Laufzeit der meisten Programme, ohne große System-Unkosten zu verursachen" <Mar83>.

Für ausführlichere Beschreibungen zur Implementation der UNIX-Dateien sei auf <McM83>, <Tho78> und <WeB83> verwiesen.

2.3.2. Prozesse

2.3.2.1. Prozesse versus Programme

Wie bereits mehrfach erwähnt wurde, ist UNIX ein Multi-Tasking-Betriebssystem und kann somit mehrere Aufgaben gleichzeitig erledigen.

Bei fast allen UNIX-Mikrocomputern geschieht dies jedoch nur scheinbar, denn aufgrund der Verfügbarkeit nur eines einzigen Prozessors zu einer Zeit kann immer nur eine Aufgabe erledigt werden. Die zur Erledigung anstehenden Aufgaben konkurrieren also um die Verarbeitung durch den Prozessor und wechseln sich sehr häufig in sehr kurzen Zeitabständen miteinander ab. Für den Benutzer entsteht so der Eindruck, daß sie gleichzeitig erledigt werden.

Das Betriebssystem zerteilt also alle zu verarbeitenden Programme in eine Reihe von Programmstücken mit zugeordneten Datensektionen (nach Nehmer <Neh80>). Diese werden Prozesse genannt und bilden die Einheiten der Prozessorzuteilung, welche sich nach Kriterien wie Wichtigkeit des Prozesses relativ zu anderen, Wartezeiten auf die Zuteilung von Hardware-Ressourcen, bisher beanspruchte Prozessor-Zeit, usw. richtet.

Diese sehr enge Begriffsauslegung wird von den UNIX-Autoren Ritchie und Thompson <RTh78> deutlich präzisiert. Sie definieren so:

"Ein Bild ("image") ist eine Ausführungsumgebung in einem Computer. Es beinhaltet ein Abbild des Speicherinhalts, die Werte der allgemeinen Register, den Status der geöffneten Dateien, das aktuelle Directory und alles, was damit zusammenhängt. Ein Bild ist der aktuelle Zustand eines Pseudocomputers".

Mit Hilfe dieser Definition erklären sie den Begriff Prozeß:

"Ein Prozeß ist die Ausführung eines Bildes. Während der Prozessor im Namen des Prozesses Befehle ausführt, muß das Bild im Hauptspeicher vorhanden sein. Während der Ausführung anderer Prozesse bleibt es im Hauptspeicher, bis es durch einen Prozeß mit einer höheren Priorität ausgelagert wird".

Zusammenfassend besteht der Unterschied eines Prozesses zum lauffähigen Code eines Programmes darin, daß der Begriff Prozeß zusätzlich die sich während des Programmablaufs ändernde Umgebung in Form von Variablen, Dateien etc. einschließt.

Zum Prozeß gehört also nicht nur der aktuelle Status zu einem bestimmten Zeitpunkt, sondern die gesamte Entwicklung der Prozeßumgebung vom Anfang bis zum Ende der Verarbeitung.

Eine wesentlich pragmatischere Definition ist: "Ein Prozeß, in seiner einfachsten Definition, ist ein in seiner Ausführung befindliches Programm" <LPS83>.

Ein weiterer Effekt ensteht durch die Multi-Tasking-Eigenschaft des Betriebssystems. Reicht der zur Verfügung stehende Hauptspeicherplatz zum Speichern der Programme, die den auf Ausführung wartenden Prozessen zugeordnet sind, nicht aus, so müssen einige davon auf Sekundärspeicher (meistens Festplattenlaufwerke) ausgelagert werden. Dieses Aus- und anschließende Wiedereinlagern nennt man "swapping". Die Algorithmen für diesen Vorgang entscheiden abhängig von der seit der Ein- oder Auslagerung vergangenen Zeit, der Größe der Prozesse und der Wartezeiten auf Hardware-Ressourcen oder durch interaktive Programme, welche Prozesse aus- oder eingelagert werden sollen (siehe <RTh78>).

Die Koordinierung voneinander abhängiger Prozesse erfolgt dadurch, daß Prozesse auf bestimmte Ereignisse warten, z.B. wartet ein Prozeß, bis ein anderer beendet ist. Dies wird Prozeß-Synchronisation genannt und nach geeigneten Algorithmen von UNIX durchgeführt. Bei unabhängigen Prozessen entscheidet das System die Reihenfolge der Abarbeitung nach deren Priorität (Scheduling).

Die Priorität wird im Normalfall vom Betriebssystem vergeben, der Benutzer hat nur geringen Einfluß, indem er die Prioritäten seiner Prozesse ausschließlich verringern kann <RTh78>.

Eine eindeutige Identifizierung eines jeden Prozesses wird durch die Vergabe von Identifikationsnummern ("process-ID`s" oder abgekürzt PID's) durch das Betriebssystem erreicht.

2.3.2.2. Entstehung von Prozessen

Die einzige Möglichkeit zur Enstehung eines neuen Prozesses ist unter UNIX die sogenannte "Gabelung".

Gabelung bedeutet, daß sich der aktuelle Prozeß in der Art teilt, daß anschließend zwei identische Prozesse existieren. Dies wird durch die "fork"-Systemprimitive durchgeführt. Die beiden Prozesse unterscheiden sich einzig und allein in den Prozeß-Identifikationsnummern.
Der ältere, also zuerst vorhandene Prozeß nennt sich "Vater"-Prozeß ("parent process"), der neue Prozeß "Sohn"-Prozeß ("child process").

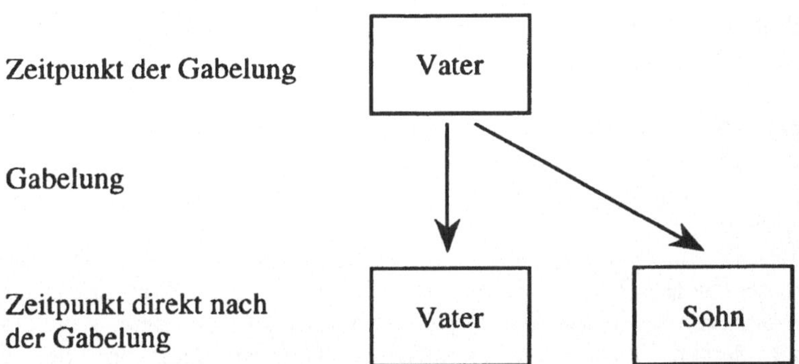

Über die jeweiligen Prozeß-Identifikationsnummern können beide Prozesse sich selbst als Vater- oder Sohn- Prozeß identifizieren (genauer gesagt durch einen Parameter der fork-Systemprimitive).

Soll der gerade entstandene Sohn-Prozeß jedoch nicht als Abbild des Vater-Prozesses ausgeführt werden, so kann der zum Prozeß gehörige, sich im Hauptspeicher befindliche, ausführbare Programmcode durch den eines anderen Programms ersetzt werden. Die Prozeßumgebung (Register/Variablen, offene Dateien etc.) verändert sich nicht. Damit gehört zu dem durch die Gabelung enstandenen Prozeß ein neues Programm.

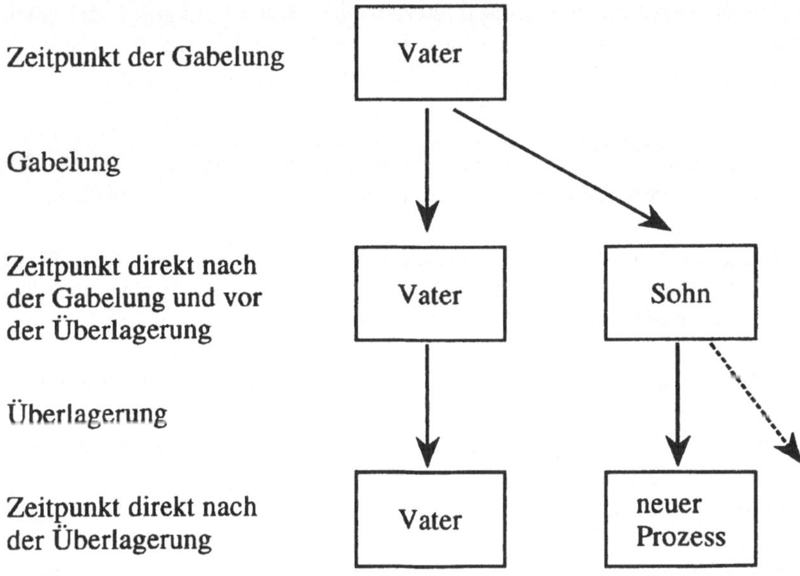

So ist nach der Gabelung mit der Entstehung eines dem Vater-Prozeß gleichenden Sohn-Prozesses und nach dessen Überlagerung ein völlig neuer Prozeß entstanden.

Der Gabelungs-Mechanismus führt so zu einer Baumstruktur auf der Menge der vorhandenen Prozesse.

Trotzdem nennt sich der neue Prozeß noch Sohn-Prozeß, denn die beiden Prozesse haben noch einige Gemeinsamkeiten.

Dazu gehören

- die geöffneten Dateien. Beide Prozesse haben die gleichen Zugriffsrechte zu den von gemeinsamen Vorgängerprozessen, also dem Vater-Prozeß und dessen Vorgängern, geöffneten Dateien. Nur der die Datei schließende Prozeß verliert die Verbindung zur Datei. Jede Dateioperation des einen Prozesses ist für den anderen Prozeß erkennbar (Konkret: sie benutzen den gleichen Zeiger in die Datei). Dies schafft die Möglichkeit, koordiniert Dateien zu bearbeiten.

- das aktuelle Directory

- und weitere, mehr betriebssystembezogene Informationen

2.3.2.3. Kommunikation zwischen Prozessen

UNIX bietet verschiedene Möglichkeiten der Kommunikation der Prozesse untereinander. Diese Kommunikationswege werden im folgenden erklärt.

Dateien:

Die Kommunikation über die gemeinsame Bearbeitung von durch Prozeß-Vorfahren geöffneten Dateien wurde im letzten Abschnitt schon erwähnt.

Es können jedoch auch beliebige Dateien gleichzeitig von mehreren Prozessen geöffnet sein und beliebig manipuliert werden. Geschieht dies in koordinierter Weise, so kann man von Prozeß-Kommunikation sprechen.

Der Unterschied besteht darin, daß im ersten Fall jede einzelne Aktivität eines Prozesses sich für den anderen Prozeß unmittelbar bemerkbar macht (Konkret: Der gemeinsam verwendete Pointer wird durch Lese- oder Schreibzugriffe verändert). Im zweiten Fall dagegen können die von einem Prozeß durchgeführten Operationen vom anderen Prozeß nur anhand der in der Datei gespeicherten Daten erkannt werden (Konkret: Da zwei verschiedene Pointer verwendet werden, bleibt der Pointer in einem Prozeß von den Operationen des anderen unberührt).

Darauf, daß beträchtliche Konsistenzprobleme im Falle von unkoordinierter Manipulation von Daten bzw. Dateien auftreten können, wurde bereits im Abschnitt zur Implementierung des Dateisystems hingewiesen.

Pipes:

Pipes (englisch pipe = Rohr) sind eine Besonderheit von UNIX. Sie stellen einen "Verbindungskanal" zwischen zwei oder mehr Prozessen dar, durch den Informationen hin und her übertragen werden können. Der wesentliche Unterschied zu einer gemeinsam bearbeiteten Datei besteht darin, daß die Verbindung im Hauptspeicher hergestellt und aufrechterhalten wird.

Pipes dienen ausschließlich zur Kommunikation zwischen bestimmten, miteinander verwandten Prozessen (Vater- und Sohnprozeß oder Prozesse mit gemeinsamen Vorfahren).

Eine Pipe kann von einem beliebigen Prozeß geschaffen werden. Sie wird im Fall von späteren Gabelungen an alle Sohn-Prozesse und deren Nachkömmlinge vererbt.

Beispiel:

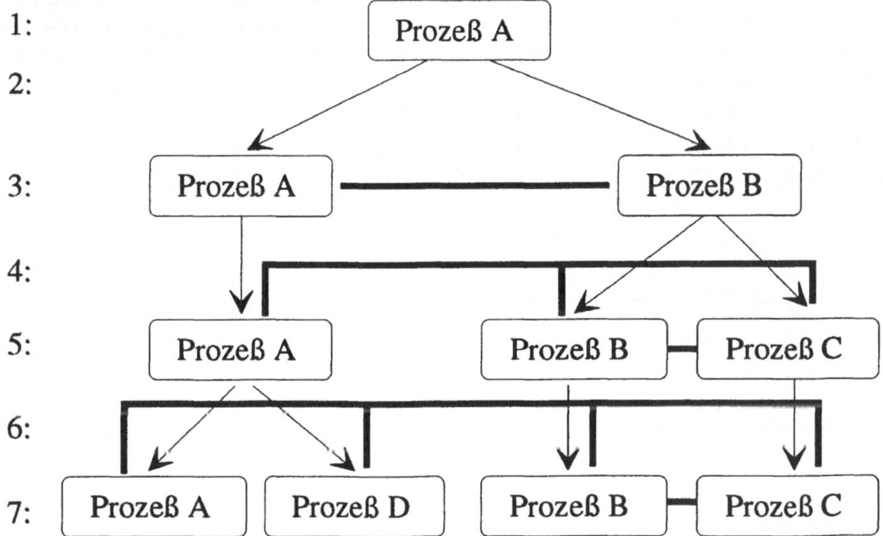

Erläuterung:

   1: Zeitpunkt der Schaffung einer Pipe durch Prozeß A. Bis zur ersten
      Gabelung dieses Prozesses ist die Pipe noch nutzlos !
   2: Prozeß A gabelt sich - Prozeß B entsteht

3: Zeitpunkt, zu dem Sohn-Prozeß B (Sohn von A) eine weitere Pipe
   schafft; zwischen A und B besteht eine Pipe
4: Prozeß B gabelt sich - Prozeß C entsteht; zu diesem Zeitpunkt haben
   Prozesse B und C einen gemeinsamen Vorfahren in Prozeß A
5: Jetzt existieren zwei Pipes - eine zwischen den Prozessen A, B und C
   und eine Pipe zwischen B und C
6: Prozeß A gabelt sich - Prozeß D entsteht; Prozeß D hat von den
   Prozessen aus diesem Beispiel nur Prozeß A als Vorfahre
7: Wieder existieren zwei Pipes - jetzt zwischen allen vier Prozessen
   sowie die Pipe zwischen Prozeß B und Prozeß C

In diesem Beispiel existieren also zuletzt zwei Pipes. Die von Prozeß A vor der
ersten Gabelung geschaffene Pipe ist zuletzt von jedem der Prozesse A, B, C und
D zugänglich. Die zweite Pipe wurde von Prozeß B nach der ersten Gabelung
kreiert und ist somit den Prozessen A und D unbekannt, da sie beide keine
Nachfahren von B sind.

Hieraus läßt sich erkennen, warum Pipes ausschließlich zur Kommunikation von
verwandten Prozessen verwendet werden können. Für die Kommunikation
zwischen beliebigen Prozessen besteht diese Möglichkeit daher nicht.

Bei der Nutzung von Pipes ist darauf zu achten, daß es nicht zu sogenannten
Deadlock-Situationen kommt, wo beispielsweise ein Prozeß auf die Ausgabe von
Daten eines anderen Prozesses über eine Pipe wartet, dieser wiederum umgekehrt
auf die Ausgabe des ersteren auf die Pipe. Beide Prozesse behindern sich also
gegenseitig. UNIX stellt keinerlei Möglichkeiten zur Unterbindung oder
Auflösung von Deadlocks bereit. Allein das Abbrechen der betreffenden Prozesse
ist möglich.

Die Ein- und Ausgabe von bzw. auf Pipes ist durchweg konsistent mit der
Behandlung von UNIX-Dateien. Der einzige Unterschied besteht darin, daß Pipes
nur sequentiell (nach einem "first-in-first-out"-Verfahren) gelesen und
beschrieben werden können.

Eine Pipe wird in den meisten Fällen als Einweg-Kommunikationskanal
zwischen zwei Prozessen verwendet: Ein Prozeß liefert die Daten an der
"Schreibseite", der andere Prozeß erhält diese Daten an der "Leseseite".

Anzumerken bleibt, daß ab der UNIX-Version V mit dem Kommando *mknod*
sogenannte "benannte Pipes" (named pipes) möglich sind. Dadurch können
beliebige Prozesse auf ein- und dieselbe Pipe zugreifen und somit
Kommunikation betreiben.

Wartestatus:

Ein Vater-Prozeß kann sich in einen Wartestatus begeben, um auf die Beendigung eines seiner Sohn-Prozesse zu warten. Dies wird notwendig, wenn aufgrund von Beziehungen zwischen den Prozessen die Weiterverarbeitung des einen Prozesses von der Erledigung einer bestimmten Aufgabe abhängt.

Diese Art der Kommunikation dient also hauptsächlich der Synchronisation von Prozessen.

Analog zu Pipes kann "Warten als Synchronisationsmittel" nur in Bezug auf bestimmte Prozesse verwendet werden (nur ein Vater-Prozeß kann auf einen Sohn warten) und nicht für die Synchronisation beliebiger Prozesse.

Signale:

Während ein Prozeß abgearbeitet wird, kann er sogenannte Signale empfangen. Vom Betriebssystem vordefinierte Signale weisen auf Verarbeitungsfehler wie Division durch Null, ungültige Maschineninstruktionen (d.h. Fehler im lauffähigen Code) oder auch auf Hardware-Fehler hin. Signale können aber auch dazu benutzt werden, den empfangenden Prozeß über das Eintreten eines bestimmten Ereignisses zu informieren oder zur Durchführung festgelegter Arbeiten aufzufordern.

Normalerweise werden Prozesse durch die Ankunft eines Signals abgebrochen. Dies kann jedoch verhindert werden, indem der Empfänger-Prozeß das Signal "abfängt".

Ein Signal kann abgefangen werden, wenn der empfangende Prozeß erstens dem UNIX-Kernel seine Bereitschaft zum Empfang des Signals bekanntgibt (durch einen entsprechenden System-Aufruf "signal") und zweitens eine Routine enthält, die im Falle des Eintreffens dieses Signals abgearbeitet werden soll.

Nach der Ankunft des Signals wird der normale Programmablauf unterbrochen und das speziell für die Bearbeitung des Signals geschaffene Modul ausgeführt. Danach wird der Prozeß von der Stelle der Unterbrechung ab fortgesetzt.

Signale kann jeder Prozeß empfangen bzw. auch absenden. Bei der früher verbreiteten UNIX-Version 7 war wegen der eingeschränkten Nutzbarkeit der Pipes die Verwendung von Signalen die einzige Möglichkeit der Kommunikation zwischen beliebigen Prozessen.

2.3.2.4. Prozesse des Betriebssystems

Einige Prozesse werden vom Betriebssystem gestartet und erfüllen besondere Zwecke.

Dazu gehören:

swapper:

Dies ist der Prozeß, welcher das Auslagern nicht aktiver Prozesse und das Wiedereinlagern dieser Prozesse durchführt (vgl. Abschnitt "Prozesse versus Programme).

init:

Initialisierungsprozeß des Betriebssystems. Init ist der Ur-Vorfahr aller weiteren Prozesse.

Für jedes der angeschlossenen Terminals wird über fork-Aufrufe ein weiterer Init-Prozeß erzeugt. Diese Sohn-Prozesse eröffnen dann die sogenannten Standard-Dateien, auf die später noch eingegangen wird.

Will sich ein Benutzer an einem Terminal anmelden, so überprüft der jeweilige Prozeß dessen Berechtigung. Ist der Benutzer dem System bekannt, so startet init das für ihn definierte Programm, meistens die Shell (siehe nächsten Abschnitt).

update:

Dieser Prozeß überträgt in bestimmten Zeitabständen die im Hauptspeicher gehaltenen Informationen zur Dateistruktur (Super-Block etc.) auf das Speichermedium (meist Festplatte) und gewährleistet so in begrenztem Maße die Konsistenz der Dateistruktur.

cron:

Cron verwaltet alle periodisch auszuführenden Aktivitäten. Dadurch werden beispielsweise Erinnerungsmechanismen möglich oder beliebige Zeitpunkte für die Ausführung bestimmter Aktivitäten können definiert werden.

2.3.3. Benutzer unter UNIX

2.3.3.1. Anzahl und Typen von Benutzern

Als Multi-User-Betriebssystem ermöglicht UNIX mehreren Benutzern gleichzeitig das Arbeiten am Computer. Die maximale Anzahl von Benutzern zur gleichen Zeit hängt im wesentlichen von der verwendeten Hardware-Konfiguration ab, d.h. von der Anzahl der zur Verfügung stehenden Terminals und der Maximalzahl der Schnittstellen der Computer-Hardware für Terminals.

Außerdem spielt die Schnelligkeit der Hardware, sowie die Effizienz der jeweiligen UNIX-Implementation eine wesentliche Rolle für die Antwortzeiten gegenüber den Benutzern. So ergibt sich eine maximale Anzahl von Terminals, welche gleichzeitig bedient werden können, ohne daß unzumutbare Antwortzeiten auftreten. Bei Minicomputern bewegt sich die Anzahl im Bereich von einem bis zu etwa 50 Terminals, üblich sind oft nur 10-15 Terminals.

Außer den "normalen" UNIX-Benutzern gibt es noch einige "besondere" Benutzer. Dazu gehört der Benutzer mit dem Namen "bin", welcher für die Directories mit den UNIX-Kommandos und für die Programmbibliotheken verantwortlich ist.

Etwas ausführlicher soll der Benutzer "root" beschrieben werden. Im allgemeinen UNIX-Sprachgebrauch wird dieser meistens "Super-Benutzer" (engl. "super user") oder "System Administrator" genannt.

Der System Administrator hat "Macht" über das gesamte System. Er ist von allen Restriktionen befreit, denn die Dateischutzmechanismen werden bei ihm nicht angewandt.

Insbesondere kann er

- alle Dateien in der von ihm gewünschten Weise manipulieren,

- jeden beliebigen Prozeß starten oder abbrechen,

- bestimmte Kommandos ausführen, deren Nutzung allein ihm möglich ist.

Dies resultiert aus seiner Verantwortung für die Verwaltung des betreffenden Computersystems, wobei er von Seiten des Betriebssystems unterstützt wird.

Zu den Aufgaben des System Administrators gehören:

- Starten und Anhalten des Betriebssystems nach dem Einschalten bzw. vor dem Ausschalten

- Kontrollieren, ob die Systemuhr die korrekte Zeit anzeigt; gegebenenfalls neues Setzen der Zeit

- Verwaltung der Daten des Systems über Benutzer, d.h. Hinzufügen, Ändern und Löschen benutzerbezogener Informationen und Festlegung einiger für die Benutzerumgebung wesentlicher Daten

- Verwaltung der Daten des Systems über Benutzergruppen

- Anbinden und Abtrennen von weiteren Dateisystemen

- Kontrolle der Konsistenz der Dateisysteme

- Durchführung regelmäßiger Datensicherungen und, falls nötig, das Zurückgreifen auf die gesicherten Datenbestände

- Einbinden oder Abtrennen von peripheren Einheiten und Integration von eventuellen Hardwareänderungen

- Kontrolle und Organisation der System-Directories und der darin verzeichneten Dateien

- Ändern von Charakteristiken der angeschlossenen Bildschirmterminals

sowie einige weitere, weniger bedeutsame Tätigkeiten.

2.3.3.2. Die Benutzerumgebung

Es wurde bereits früher erwähnt, daß die Benutzerumgebung speziell an den jeweiligen Benutzer angepaßt werden kann. In diesem Abschnitt werden die anpaßbaren und die starren Teile der Benutzerumgebung vorgestellt und kurz erläutert.

Zunächst zu den Aspekten der Benutzerumgebung, die für jeden Benutzer gleich sind.

Name: Jeder einzelne Benutzer trägt einen dem System bekannten Namen. Diesen vergibt der System Administrator in Absprache mit dem Benutzer einmal und macht diesen Namen dem System bekannt.

Passwort: Zusätzlich zum Namen verwendet jeder Benutzer ein soge-
                         nanntes Passwort, welches ihm allein bekannt ist und welches
                         er beliebig häufig ändern kann.

Anmeldung: Zu Beginn einer jeden Sitzung muß sich ein Benutzer bei
                         UNIX anmelden (login). Dies geschieht durch Angabe des
                         Benutzernamens und des Passworts. Nur Benutzer mit
                         gültigem Benutzernamen und korrekt eingegebenem Passwort
                         erhalten Zugang zum System.

Home-Directory: Innerhalb des gesamten Dateisystems existiert für jeden
                         Benutzer genau ein Home-Directory. Der Benutzer kann darin
                         selbstverständlich wiederum Directories eintragen und sich
                         somit sein eigenes Dateisystem aufbauen.

Zugriffsrechte: Für seine eigenen Dateien und Directories kann der Benutzer
                         die Zugriffsrechte im Rahmen der bereits beschriebenen
                         Möglichkeiten nach seinen eigenen Vorstellungen vergeben.

Gruppe: Der Benutzer wird vom System Administrator einer
                         bestimmten Benutzergruppe zugeteilt. Diese Einteilung wird
                         nach Zweckmäßigkeitskriterien (Projekt-Organisation, Aufga-
                         benzuteilung, etc.) vorgenommen. Die Zugehörigkeit zu einer
                         Gruppe hat für den Benutzer nur Auswirkungen auf seine
                         Zugriffsrechte zu Dateien anderer Benutzer seiner Gruppe,
                         bzw. deren Rechte, seine Dateien benutzen zu können.

Profile: In den meisten UNIX-Systemen kann der Benutzer sich einige
                         Charakteristiken seiner Umgebung fest definieren, so daß sie
                         dem System schon gleich zu Beginn seiner Arbeitssitzung
                         bekannt sind. Diese Charakteristiken können auch vom
                         System Administrator festgelegt werden.

Auf einen Benutzer speziell zugeschnitten können sein:

Benutzerschnitt-   Die Benutzerschnittstelle wird durch ein oder mehrere
stelle: Programm(e) dargestellt, mit denen der Benutzer arbeitet. Je
                         nach Vorkenntnissen und Aufgabengebiet des Benutzers
                         kann dies eine Software-Entwicklungsumgebung, ein
                         bestimmtes Anwendungsprogramm oder ein Textver-
                         arbeitungsprogramm etc. sein. Jedes beliebige unter UNIX
                         laufende Programm ist denkbar.

Abhängig von dieser Benutzerschnittstelle können dem einzelnen Benutzer einige der oben beschriebenen Gegebenheiten verborgen bleiben, bzw. sogar irrelevant sein. Standardgemäß bildet die zum UNIX System gehörige "Shell" die Benutzerschnittstelle.

Zugriffsrechte auf andere Dateien im System: Die Zugriffsrechte außerhalb des benutzereigenen Dateisystems (also auf Dateien, welche nicht "unterhalb" seines eigenen Home-Directories eingetragen sind) hängen allein davon ab, wie sie vom System, dem System Administrator, den anderen Mitgliedern seiner Gruppe oder beliebigen anderen Benutzern definiert wurden.

2.3.4. Die Shell

2.3.4.1. Die Shell als Standard-Benutzerschnittstelle von UNIX

"Der Kommando-Interpreter, genannt die "Shell", ist der wichtigste Kommunikationskanal zwischen dem System und seinen Benutzern. Die Shell ist kein Teil des eigentlichen Betriebssystems und genießt auch keine besonderen Privilegien" <Rit78>.

In der Eigenschaft, daß sie vom System genau wie irgendein anderes Benutzerprogramm behandelt wird, liegen zwei wesentliche Vorteile der Shell:

1. Die Shell kann vom Betriebssystem geswappt werden, da sie nicht zum residenten Teil des Betriebssystems gehört. Dadurch wird permanent belegter Hauptspeicherplatz eingespart.

2. Sie kann ganz einfach durch ein anderes Programm ersetzt werden, wodurch der Benutzer über eine andere Benutzeroberfläche, wie Menü-Schnittstellen oder Maus-/Window-Schnittstellen die Leistungen des gleichen UNIX-Betriebssystems ausnutzen kann.

Die Shell stellt die standardmäßige Benutzerschnittstelle zu einem UNIX-System dar. Als solche bietet sie dem Benutzer eine ganze Reihe von Leistungen:

- Sie veranlaßt, daß der Shell-Prompt am Bildschirm angezeigt wird, wenn Befehle des Benutzers erwartet werden.

- Sie nimmt die eingegebenen Befehle entgegen und initiiert deren Ausführung.

- Sie ermöglicht dem Benutzer die Ausnutzung der Multi-Tasking-Eigenschaft von UNIX.

- Sie stellt eine Reihe von Metazeichen (= Zeichen mit einer für die Shell besonderen Bedeutung) zur Verfügung, um dem Benutzer die Bedienung zu erleichtern.

- Sie ermöglicht die Umleitung von Ein- und Ausgabe von Programmen von und zu beliebigen Dateien.

- Sie macht dem Bediener die Nutzung der UNIX-Pipes interaktiv, vom Terminal aus, zugänglich.

- Sie stellt verschiedene nützliche Variablen zur Verfügung und erlaubt die Definition beliebig vieler weiterer Variablen.

- Sie bietet dem Benutzer die Möglichkeit, relativ komplexe Prozeduren in einer eigenen strukturierten Sprache zu schreiben.

Wie diese Leistungen im einzelnen aussehen und wie sie genutzt werden können, wird in den nun folgenden Abschnitten beschrieben.

Nachdem sich ein Benutzer durch Angabe seines Namens und seines Passwortes dem System angemeldet hat, ruft dieses für ihn eine Shell auf und erklärt sein Home-Directory zu seinem aktuellen Directory. Ist dort eine Datei mit Namen ".profile" vorhanden, so wird diese zunächst von der Shell abgearbeitet. Somit können benutzerabhängige Konfigurationen vorgenommen werden.

Anschließend meldet sich die Shell mit ihrem Prompt (meistens ein "$"-Zeichen; beim System Administrator ein "#"-Zeichen), um dem Benutzer ihre Dienste anzubieten.

Beispiel:

In diesem und den folgenden Beispielen, die Ein- und Ausgaben von der Tastatur bzw. auf den Bildschirm darstellen, sind die Benutzereingaben kursiv gedruckt, um sie von den UNIX-Meldungen zu unterscheiden.

```
login:      benutzername
password: passwort

Heute ist der 24. April 1993
$
```

Anmerkung: Das Passwort ist nicht am Bildschirm sichtbar.

2.3.4.2. Aufruf und Abarbeitung von Programmen

Die Shell erwartet nach dem Anzeigen ihres Prompts die Eingabe eines Kommandos von Seiten des Benutzers.

Danach sucht das System nach dem betreffenden Programm in einer Reihe von Directories. Die Reihenfolge kann vom Benutzer selbst festgelegt werden. Im Normalfall sucht die Shell zunächst in dem aktuellen Directory des Benutzers, dann in einigen vom System definierten Directories, wo Programme/Kommandos gehalten werden (i. allg. /bin und /usr/bin).

Hat die Shell das gesuchte Programm gefunden, so startet sie dieses in folgender Weise: Zunächst erzeugt sie eine weitere Shell durch einen fork-Systemaufruf und ersetzt diese mit dem vom Benutzer gewünschten Programm.

Während der Ausführung befindet sich die ursprüngliche Shell im Wartestatus und meldet sich schließlich nach der Beendigung des Kommandos durch Anzeigen des Prompts wieder zurück.

Beispiel:

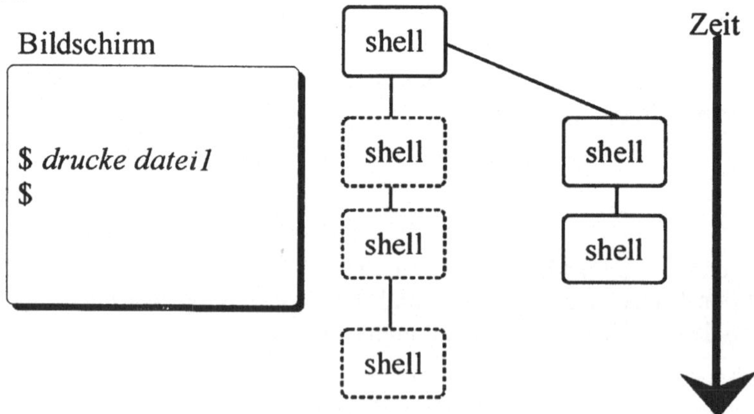

Prozesse im Wartestatus
gestrichelt!

2.3.4.3. Hintergrund-Verarbeitung

Die gerade geschilderte Form der Abarbeitung von Programmen oder Kommandos charakterisiert sich dadurch, daß das System aus Benutzersicht nur eine einzige Aufgabe erledigt, deren Ablauf jederzeit vom Benutzer aus kontrollierbar ist.

Durch die Multi-Tasking-Eigenschaft von UNIX besteht jedoch die Möglichkeit, mehrere Programme (Prozesse aus der Sicht des Betriebssystems) gleichzeitig laufen zu lassen. Dies geschieht dadurch, daß der Benutzer angibt, die Shell solle nicht auf die Beendigung des gerade gestarteten Kommandos warten, sondern sich wieder direkt mit dem Prompt zurückmelden und für weitere Befehle des Bedieners bereitstehen.

Da das gerade von der Shell gestartete Kommando dann zunächst aus dem Gesichtskreis des Benutzers verschwunden ist, sagt man, es wird im "Hintergrund" abgearbeitet. Ein Kommando, wie es im vorangegangenen Abschnitt beschrieben wurde, läuft im "Vordergrund".

So kann der Benutzer beliebig viele Kommandos gleichzeitig im Hintergrund laufen lassen, jedoch nur eines im Vordergrund.

Beispiel:

Bildschirm:

```
$ drucke datei1 &
69
$ drucke datei2 &
71
$ editiere datei3
```

Erläuterung:

Das "&"-Zeichen signalisiert dem Betriebssystem, daß diese Kommandos im Hintergrund ausgeführt werden sollen. Die Zahlen 69 und 71 sind die Prozeß-Identifikationsnummern der gerade im Hintergrund gestarteten Prozesse. Diese Nummern werden dem Benutzer von der Shell gemeldet.

Den so erzeugten Prozeß-Baum zeigt die folgende Abbildung.

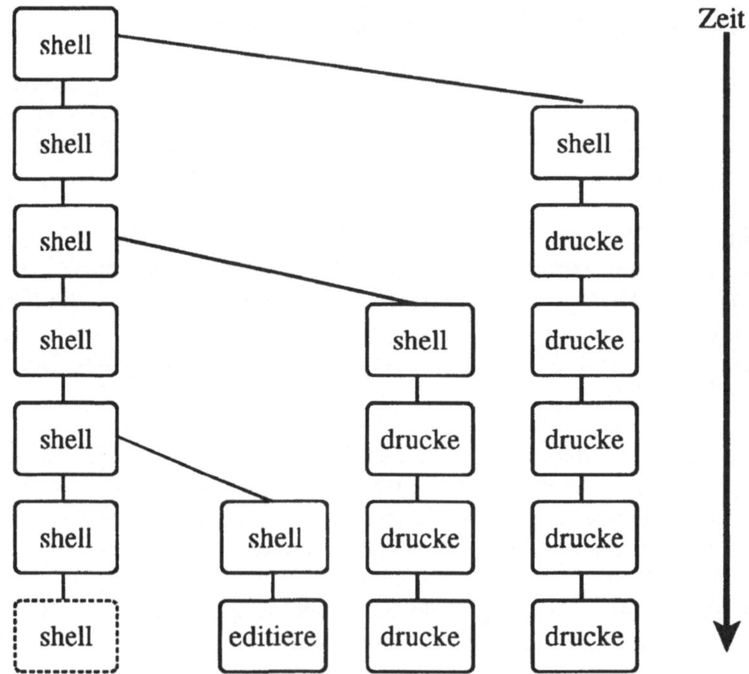

2.3.4.4. Umleitung von Standard-Eingabe und Standard-Ausgabe

Wird für einen Benutzer eine Shell gestartet, so werden von dieser schon gleich zu Beginn drei Dateien geöffnet:

Standard-Eingabe: Die Tastatur des Terminals, an dem sich der Benutzer gerade angemeldet hat, wird als Eingabe-Datei eröffnet. Von dieser Datei können Daten eingelesen werden.

Standard-Ausgabe: Der Bildschirm desselben Terminals wird als Ausgabe-Datei eröffnet. Dorthin können Daten ausgegeben werden.

Standard-Diagnose-Ausgabe: Der Bildschirm des Terminals wird auch als Ausgabe-Datei für Fehlermeldungen eröffnet, d.h. diese erscheinen alle am Bildschirm.

Nun ist bereits bekannt, daß alle vom Benutzer aufgerufenen Programme vom Betriebssystem als Sohn-Prozesse der Shell bzw. als Nachkömmlinge dieser Sohn-Prozesse angesehen werden. Die Namen Standard-Eingabe, Standard-Ausgabe und Standard-Diagnose-Ausgabe rühren demzufolge daher, daß sie von nun an von allen Benutzerprozessen genutzt werden können, da sie als Sohn-Prozesse alle offenen Dateien der Prozeß-Vorfahren "erben".

Demzufolge erwarten die meisten UNIX-Kommandos eine Eingabe von der Terminal-Tastatur und schicken ihre Ausgabe sowie eventuelle Fehlermeldungen zum Terminal-Bildschirm.

In engem Zusammenhang mit diesen Standard-Dateien steht nun eine der Besonderheiten der UNIX-Shell. Durch die Fähigkeit, diese Standard-Angaben beliebig zu ändern, können nämlich sowohl Eingabe als auch Ausgabe "umgeleitet" werden, ohne Änderungen des Programmes zu erfordern.

So läßt sich jede UNIX-Datei als Eingabe oder als Ziel einer Ausgabe verwenden. Hier nun kommt die Gleichbehandlung von Dateien und peripheren Geräten in Form von speziellen Dateien voll zum Tragen.

Für ein Kommando, das die Eingabe normalerweise von der Terminal-Tastatur erwartet und die Ausgabe auf den Terminal-Bildschirm schickt, kann die Ein- bzw. Ausgabe auf folgende Art und Weise umgeleitet werden:

- Die Eingabe kann aus einer schon bestehenden Datei gelesen werden.
- Die Eingabe kann über ein (an einer Telefonleitung angeschlossenes) Modem bezogen werden.
- Die Ausgabe kann in eine neue UNIX-Datei umgeleitet werden.
- Die Ausgabe kann an eine bestehende Datei hinten angehängt werden.
- Ebenso können die Fehlermeldungen auf einem Drucker ausgegeben werden und die normale Ausgabe geht über eine Kabelverbindung zu einem anderen Rechner.

Anmerkung: Die hier verwendeten Kommandos werden - der besseren Lesbarkeit wegen - durch sprechende Namen bezeichnet. Die dafür vorgesehenen UNIX-Kommandos tragen andere Namen (siehe Abschnitt "Die Kommandos").

Beispiele:

mnemonisches Zeichen für Umleitung der Standard-Ausgabe
↓

```
$ anzeige datei1 > datei2
$
```

dieser Befehl bewirkt, daß der Inhalt von der Datei mit Namen "datei1" nicht auf dem Bildschirm ausgegeben wird, sondern in eine Datei mit Namen "datei2" gespeichert wird (ein etwaiger alter Inhalt eben dieser Datei geht damit verloren).

Anmerkung: Eine statt auf die Standard-Ausgabe direkt auf einen Drucker gegebene Ausgabe könnte nicht umgeleitet werden.

mnemonisches Zeichen für Umleitung der Standard-Ausgabe mit Anhängen an eine bestehende Datei
↓

```
$ anzeige datei3 >> datei2
$
```

dieser Befehl bewirkt, daß der Inhalt der datei3 an den der datei2 angehängt wird. Falls vorher nicht existent, wird datei2 neu angelegt.

mnemonisches Zeichen für die Umleitung der Standard-Eingabe
↓

```
$ sortiere < datei4
$
```

hier wird der Inhalt der Datei mit Namen "datei4" zur Eingabe für das Sortier-Kommando genommen; die Ausgabe erfolgt am Bildschirm.

```
$ sortiere < datei4 >> datei5
$
```

in diesem Beispiel wird der Inhalt der datei4 sortiert und danach an die bestehende datei5 angehängt.

```
$ übertrage < datei6 2>  /dev/lp > /dev/v24
$
```

das Kommando "übertrage" betrachtet die datei6 als Eingabe-Datei und gibt seine Ausgabe auf die Datei /dev/v24 aus (eine spezielle Datei für eine V24-Schnittstelle eines Rechners); die Fehlermeldungen werden auf die Spezial-Datei /dev/lp ausgegeben, also auf einen Zeilendrucker (die "2" steht für die Standard-Diagnose-Ausgabe).

Bei der Umleitung von Dateien ist zu beachten, daß

1. manche Kommandos keine Eingabe erwarten, bzw. keine Daten ausgeben (z.B. erzeugt das Kommando zum Löschen von Dateien keine Ausgabe),

2. durch die Ausgabe-Umleitung mit ">" eine bereits bestehende Datei gelöscht werden kann,

3. nicht der gleiche Dateiname für die Umleitung von Standard-Eingabe und Standard-Ausgabe verwendet werden darf, da in einem solchen Fall die Eingabe-Datei verloren geht.

4. nur die von der Standard-Eingabe bezogenen oder die auf die Standard-Ausgabe-Dateien gegebenen Daten umgeleitet werden können. Eine

Umleitung ist nicht möglich für andere, in einem Programm verwendeten Dateien oder Geräteeinheiten !

2.3.4.5. Pipes und Filter

Eine weitere Eigenschaft der Shell ist, daß die Standard-Ausgabedatei eines Kommandos direkt als Standard-Eingabedatei für ein anderes Kommando verwendet werden kann. Dies wird möglich durch die Verwendung von Pipes.

Auf diese Weise können eine ganze Reihe von Kommandos einfach hintereinandergehängt werden. Eine solche Konstruktion nennt man dann "Pipeline".

Mit Hilfe der Pipelines können komplexe Aufgaben mit relativ geringem Aufwand erledigt werden, ohne daß dafür spezielle Programme geschrieben werden müssen.
Die in einer Pipeline verwendeten Programme (Kommandos) nennt man auch "Filter", da sie von der u.U. umgeleiteten Standard-Eingabe lesen, die gelesenen Daten in vorher definierter Weise modifizieren und dann wieder auf die eventuell umgeleitete Standard-Ausgabe weiterleiten. Insofern wirken sie wie ein Filter. Die meisten UNIX-Kommandos sind solche Filter, es gibt nur wenige Ausnahmen.

Beispiele für Pipelines und Filter:

<pre>
                        mnemonisches Zeichen für eine Pipe
                              ↓   ↓
 │ $ anzeige directory | sortiere | drucke
 │ $
</pre>

In diesem Beispiel wird zunächst der Inhalt eines Directories, also Dateinamen, aufgelistet. Diese Liste wird dann über eine Pipe an das Sortierprogramm gegeben, welches seinerseits die sortierte Liste über eine Pipe an das Druckprogramm weiterleitet. Durch diese Pipeline wird also eine sortierte Liste der in dem aktuellen Directory verzeichneten Dateinamen auf dem Drucker ausgegeben.

<pre>
 │ $ anzeige textdatei | trenne_wörter | sortiere |
 │   prüfe_mit_duden | gib_aus > fehler
 │ $
</pre>

Hier wird der Inhalt der Datei "textdatei" unverändert an das Kommando "trenne_wörter" gegeben, welches jedes einzelne Wort auf eine eigene Zeile setzt und das Ergebnis an das Sortier-Kommando übergibt. Nach dem Sortieren erhält das Kommando "prüfe_mit_duden" die Wörterliste, die dann anhand eines gespeicherten Dudens auf Korrektheit überprüft wird. Die aufgetretenen Fehler wiederum erhält das "gib_aus"-Programm über die Pipeline und speichert sie fertig aufbereitet zum Ausdrucken in der Datei "fehler".

An obigen Beispielen läßt sich erkennen, daß durch das gezielte Zusammenfügen einzelner Filter zu einer Pipeline aufwendige Arbeiten elegant erledigt werden können und das gleiche Kommando sich in den verschiedensten Zusammenhängen verwenden läßt (Kommando sortiere).

Die innerhalb von Pipelines verwendeten Kommandos laufen nicht nacheinander ab, sondern weitestgehend parallel und werden über die jeweils zwei Filter verbindenden Pipes automatisch synchronisiert.

In diesem Zusammenhang sei noch einmal gesagt, daß es sich hier nicht um eine elegante Ausnutzung von sogenannten temporären Dateien in Form von Schreiben, Lesen und Löschen derselben handelt, sondern daß die Pipes als eine Art FIFO-Pufferdatei (FIFO: first-in-first-out) im Hauptspeicher zu sehen sind. Dies wirkt sich somit sehr positiv auf die Verarbeitungszeiten aus.

Im ersten Beispiel starten also alle drei Kommandos anzeige, sortiere und drucke gleichzeitig. Doch zunächst befindet sich das Druckprogramm noch im Wartestatus, da es erst eine Eingabe erhalten kann, nachdem das Sortierprogramm seine Eingabe komplett eingelesen und verarbeitet hat und damit beginnt, eine Ausgabe zu produzieren. Das Sortierprogramm jedoch läuft parallel zum Anzeige-Programm, denn dieses liefert gleich zu Beginn eine Ausgabe.

Andererseits wird das Anzeige-Programm längst beendet sein, wenn das Sortier-Programm noch arbeitet und das Druck-Programm noch wartet. Diese recht aufwendig klingende Synchronisation ergibt sich wie von selbst durch die zugrundeliegenden UNIX-Leistungen. Die verwendeten Kommandos beinhalten keine speziellen Mechanismen und auch der Benutzer muß nicht steuernd eingreifen.

Im Zusammenhang mit Pipes und Filtern sind noch folgende Aspekte von Interesse:

- Die Umleitung der Standard-Eingabe innerhalb einer Pipeline ist nur für das erste Kommando der Pipeline sinnvoll.

- Analog ist die Umleitung der Standard-Ausgabe dann nur für das letzte Kommando einer Pipeline sinnvoll.

- Pipelines sind "eindimensional", d.h. beliebige Verzweigungen sind nicht möglich. Der Grund liegt jedoch nicht an dem durch den UNIX-Kernel realisierten Pipe-Konzept, welches auch graphenförmige Verkettungen möglich macht. Die Shell läßt es viel mehr nicht zu, um so das Auftreten von "Deadlocks", (siehe <SSt77>) zu umgehen.

- Eine einzige Ausnahme zur vorigen Feststellung ergibt sich durch das Einbinden sogenannter T-Stücke (engl. tee) in eine Pipeline. Die T-Stücke erlauben jedoch nur eine Ausgabe auf die gegebenenfalls umzuleitende Standard-Ausgabe. Das Deadlock-Problem tritt somit nicht auf.

2.3.4.6. Shell Variablen

Zur Vereinfachung der Arbeit können Shell Variablen verwendet werden. Die Shell definiert sich stets einige Variablen für eigene Zwecke und weist diesen auch Werte zu.

Andere Variablen können vom Benutzer in beliebiger Weise definiert und eingesetzt werden. Alle Shell Variablen sind vom Typ einer Zeichenkette (engl. string); integer-Variablen, real-Variablen oder andere Datentypen existieren nicht.

Eine Variable gilt als implizit definiert, d.h. es gibt für die Shell keine unbekannten Variablen. Sie unterscheidet lediglich Variablen, denen ein Wert zugewiesen wurde von denen ohne Wert.

Eine Wertzuweisung erfolgt beispielsweise so:

```
$ variable1=51
$
```

Die obige Zeile weist der Variablen mit Namen "variable1" den Wert der Zeichenkette 51 zu. Soll dieser Wert später wiederverwendet werden, so ist dem Variablennamen ein "$"-Zeichen voranzustellen.

```
$ variable2=$variable1
$
```

Hier wird der Variablen *variable2* der Wert der Variablen *variable1* zugewiesen, nämlich "51". Würde das "$"-Zeichen fehlen, so wäre der neue Wert von variable2 nun die Zeichenkette "variable1".

Einige typische Shell-eigenen Variablen sind nach S.R. Bourne, dem Autor der Bourne-Shell, die folgenden <Bou87>:

$USER   Die Variable $USER enthält als Wert den Benutzernamen des
                 jeweiligen Bedieners.

$MAIL   Wird die Shell interaktiv benutzt, so liest sie in der durch
                 $MAIL spezifizierten Datei jedesmal nach, bevor sie den
                 Prompt ausgibt. Wurde diese Datei verändert, so meldet die
                 Shell dem Benutzer, daß eine Nachricht für ihn vorliegt.

$HOME   Diese Variable enthält stets den Namen des Home-Directories
                 des jeweiligen Benutzers.

$CDPATH   Eine Liste von Directory-Namen bildet den Wert dieser
                 Variablen. Diese Liste wird verwendet, wenn der Benutzer sein
                 aktuelles Directory verändern will. Sie wird nach einem
                 Directory durchsucht, das wiederum ein Directory mit dem vom
                 Benutzer angegebenen Namen enthält. (CD ist eine Abkürzung
                 für "change directory" = Directory wechseln).

$PATH   Enthält ebenso eine Liste von Directories. Diese wird
                 durchsucht, wenn der Benutzer ein Kommando verwenden
                 möchte, welches nicht in seinem aktuellen Directory
                 verzeichnet ist.

$PS1   Diese Variable enthält die Prompt-Zeichenkette, mit der die
                 Shell ihre Bereitschaft zur Annahme von neuen Befehlen
                 signalisiert. Normalerweise gilt $PS1=$

$PS2   Auch diese Variable dient für Shell-Prompts. Sie enthält den
                 Prompt, der ausgegeben wird, wenn eine Zeile für die Eingabe
                 nicht ausreicht.

Neben diesen Variablen verwaltet die Shell noch etwa 10-20 weitere, auf die
jedoch an dieser Stelle nicht näher eingegangen wird (siehe <Bou87>).

Ein Benutzer kann mit Hilfe dieser Variablen beispielsweise den Prompt der
Shell, standardgemäß das $- Zeichen, ändern.

Beispiel:

```
$ PS1="GUTEN_TAG--> "
GUTEN_TAG--> "PS1=HALLO==> "
HALLO==>
```

Seine eigenen Variablen kann der Benutzer beispielsweise als Abkürzungen für
häufig verwendete Zeichenketten benutzen.

Beispiel:

Es sollen Dateien aus einem fremden Directory häufig behandelt werden.

```
$ dirvar=/usr/abteilI/gruppeB/benutzer1
$ drucke $dirvar/datei1
$ lösche $dirvar/datei5
$
```

Der Variablen "dirvar" wird als Wert der Name des fremden Directories zugewiesen. Anschließend ersetzt die Shell diesen Wert überall da, wo diese Variable verwendet wird.

2.3.4.7. Kommandozeilen

Die bisher beschriebenen Leistungen der Shell, wie

- Aufrufen von Programmen,
- Hintergrund-Verarbeitung,
- Umleitung von Standard-Eingabe und Standard-Ausgabe,
- Pipes und Pipelines

werden durch entsprechende Eingaben des Benutzers auf einer Kommandozeile aktiviert. Außer diesen Leistungen bietet die Shell noch weitere Möglichkeiten der Interpretation von Kommandozeilen. Dabei handelt es sich um die Aufbereitung der Parameter, die dem gewählten Kommando übergeben werden sollen.

Generierung von Dateinamen:

Mit Hilfe von sogenannten Metazeichen können eine Reihe von Dateien mit ähnlichen Dateinamen in einer verkürzten Schreibweise angesprochen werden. Dies soll anhand von Beispielen dargelegt werden.

Beispiele:

In dem aktuellen Directory seien die Dateien mit den Namen "datei1.c", "d.c", "d.txt", "datei2.c" und "dateix.c" vorhanden.

```
                        Das Zeichen "*" steht für
$ drucke d*.c           eine beliebige Zeichenkette
$                       innerhalb eines Dateinamens;
                        sie kann auch leer sein.
```

Dieser Befehl bewirkt, daß alle Dateien, deren Namen mit dem Buchstaben "d" beginnen und mit der Zeichenkette ".c" enden, ausgedruckt werden. Es werden also die Dateien datei1.c, d.c, datei2.c und dateix.c gedruckt.

```
                          Das Zeichen "?" steht für ein
$ anzeige datei?.c        beliebiges Zeichen an dieser
$                         Stelle des Dateinamens. Es
                          kann also nicht leer sein.
```

Hier werden alle Dateien, deren Namen mit der Zeichenkette "datei" beginnen, dann ein und genau ein weiteres Zeichen enthalten und mit der Zeichenkette ".c" enden, am Bildschirm angezeigt. Das sind die Dateien datei1.c, datei2.c und dateix.c.

```
                          Die Klammern "[" und "]"
$ lösche datei[123].c     umschließen verschiedene
$                         alternative Zeichen für diese
                          Stelle im Dateinamen.
```

Alle Dateien, deren Name mit der Zeichenkette "datei" beginnt, dann entweder das Zeichen "1" oder das Zeichen "2" oder "3" enthalten, sowie mit der Zeichenkette ".c" enden, werden gelöscht. Dies trifft hier für die Dateien datei1.c und datei2.c zu.

Von Wichtigkeit ist hier, daß diese Interpretation der verschiedenen Metazeichen immer von der Shell vorgenommen wird und nicht von den aufgerufenen Kommandos.

Ersetzung von Variablen durch ihre Werte:

Tauchen in der Kommandozeile Variablennamen auf, so ersetzt die Shell diese mit den aktuellen Werten dieser Variablen.

Beispiel:

```
$ anzeige $HOME/text
$
```

Ein solches Kommando wäre sinnvoll, wenn das gerade aktuelle Directory des Benutzers ungleich seinem Home-Directory ist. Die Shell setzt dann an die Stelle von $HOME den entsprechenden Directory-Namen und übergibt erst dann den Parameter an das Anzeige-Kommando.

Ersetzung von Kommandos:

Unter bestimmten Kriterien können in der Kommandozeile auftretende vollständige Kommandos (d.h. wiederum eigene Kommandozeilen) durch die nach ihrer Abarbeitung anfallende Ausgabe ersetzt und dem eigentlichen Kommando als Parameter mitgegeben werden. Dabei ist zu unterscheiden zwischen dem auszuführenden Kommando und dem Kommando, dessen Ausgabe als Parameter an das erstere übergeben wird (siehe <Bou78> und <Bou79>).

Beispiel:

```
$ anzeige `datum` >> logdatei
$
```

Hier erhält das Kommando *anzeige* von der Shell die Ausgabe des Kommandos datum als Parameter und hängt diese an die Datei mit Namen "logdatei" hinten an.

Unabhängige Kommandos und Gruppierung von Kommandos:

Im Gegensatz zu den Kommandos in einer Pipeline, die durch die sie verbindenden Pipes voneinander abhängig sind, können in einer einzelnen Kommandozeile auch mehrere unabhängige Kommandos angegeben werden, die dann sequentiell (wenn im Vordergrund) oder parallel (wenn im Hintergrund) von der Shell aufgerufen und abgearbeitet werden.

Durch Klammerung können verschiedene Kommandos zu einer Gruppe zusammengefaßt werden.

Beispiel:

```
$ (anzeige dateia > datei.neu; drucke dateib) &
   189
$
```

Die voneinander unabhängigen Kommandos *anzeige* und *drucke* können durch Trennung mit einem Strichpunkt auf einer Kommandozeile erscheinen. Mit Hilfe der Klammern werden sie zusammengefaßt, so daß das "&"-Zeichen für die Hintergrund-Verarbeitung für beide gilt.

Metazeichen-Unterdrückung:

Durch Angabe von bestimmten Metazeichen kann die Funktion anderer Metazeichen unterdrückt werden, so daß dieses als normales Zeichen behandelt wird.

Beispiel:

```
$ variable= \?
$
```

Der obigen Variablen wird als Wert die Zeichenkette "?" zugewiesen. Das Zeichen "\" wird notwendig, um die Metazeichen-Bedeutung des Fragezeichens auszuschalten.

Eine Kommandozeile besteht also aus

- einem oder mehreren inhaltlich abhängigen (Pipes), zusammen-gruppierten (durch Klammern) bzw. voneinander unabhängigen Kommandos,

- den Parametern für diese Kommandos (Parameter sind Variablen, Dateinamen etc. oder sogenannte Optionen, die den Ablauf des Kommandos beeinflußen),

- Metazeichen für die Eingabe-/Ausgabe-Umleitung, Pipes etc.

Vor der Übergabe von Parametern an die Kommandos führt die Shell in dieser Reihenfolge folgende Operationen durch:

1. Ersetzung von Variablen
2. Ersetzung von Kommandos
3. Trennung der einzelnen Parameter (anhand von Leerzeichen, Blanks, Spaces)
4. Generierung von Dateinamen.

2.3.4.8. Die Shell als Programmiersprache

Bisher wurde geschildert, wie die Shell Eingaben am Bildschirm interpretiert und daraufhin Kommandos ausführt. Genauso kann die Shell aber auch Kommandos aus einer Datei lesen und ausführen.

"Es können Dateien angelegt werden, welche Kommandos enthalten. Dadurch können sich die Benutzer individuelle Kommandos schaffen. Diese neu definierten Kommandos können parametrisiert werden und somit denselben Status erhalten wie die System-Kommandos, die in den Directories /bin und /usr/bin gehalten werden. Auf diese Weise kann eine völlig neue Benutzerumgebung geschaffen werden, die die Anforderungen und den Stil einer Person oder einer Gruppe reflektiert. ...

Als Programmiersprache stellt die Shell String-Variablen und Primitiven für den Kontroll-Fluß einschließlich Schleifen und Verzweigungen zur Verfügung. ... Kommandos werden in ähnlicher Weise behandelt wie Funktionsaufrufe in einer Programmiersprache wie C... ."

So beschreibt S.R. Bourne in <Bou82> die Möglichkeiten zur Nutzung der Shell als Programmiersprache. Tatsächlich eignet sich die Shell vorzüglich zum Programmieren unter Ausnutzung der bestehenden UNIX-Kommandos, eigener Kommandos, sowie der von der Shell zur Verfügung gestellten Kontrollstrukturen und Variablen.

Beispiel:

Im Rechtschreibfehler-Beispiel aus dem Abschnitt über Pipes und Filter (2.3.4.5.) werden die in einer Textdatei vorkommenden Fehler anhand eines gespeicherten Dudens erkannt. Wird diese Pipeline in einer Datei mit Namen "rechtschreib" gespeichert, so kann die wiederholte Verwendung so vonstatten gehen:

```
$ rechtschreib
$
```

Damit wurde ohne jeden größeren Zeitaufwand ein völlig neues Kommando geschaffen, das die Arbeit der entsprechenden Benutzer wesentlich vereinfacht.

2.3.4.8.1. Kontrollstrukturen

Die von der Shell bereitgestellten Kontrollstrukturen sind durchaus vergleichbar zu Strukturen, wie sie aus höheren Programmierprachen - etwa Pascal oder PL/1 - bekannt sind. Sie werden hier nicht bis ins Detail erläutert. Dazu sei auf <Bou78>, <Bou79>, <Bou87> und <McM83> verwiesen.

Die reservierten Worte sind im Fettdruck dargestellt, um sie von Variablen, Kommandos etc. deutlich zu unterscheiden.

Bedingte Anweisungen:

Mit der if-Anweisung können bedingte Verzweigungen durchgeführt werden.

```
if Kommando-Liste
   then Kommando-Liste
   else Kommando-Liste
fi
```

Eine Kommando-Liste ist eine Folge von einem oder mehreren Kommandos, getrennt und beendet durch einen Strichpunkt oder eine neue Zeile (Newline-Zeichen bzw. Linefeed-Zeichen).

Fallunterscheidungen:

Mit Hilfe der case-Konstruktion sind datenabhängige Fallunterscheidungen möglich.

```
case wort in
  Muster) Kommando-Liste;;
    ...
esac
```

Ein Wort ist eine Zeichenkette. Die Shell vergleicht diese Zeichenkette mit jedem aufgezählten Muster. Sind Wort und Muster Zeichen für Zeichen identisch, so wird die entsprechende Kommando-Liste ausgeführt und die Abarbeitung des "case" beendet. (Für ein Muster können die Shell-Metazeichen "*", "?" und die eckigen Klammern verwendet werden). Das Muster "*" trifft daher für jede Zeichenkette zu.

Schleifen:

Für wiederholt zu durchlaufende Anweisungen oder Anweisungsfolgen stehen die while-Schleife , die until-Schleife und die for-Schleife zur Verfügung.

```
while Kommando-Liste1
  do Kommando-Liste2
done

until Kommando-Liste1
  do Kommando-Liste2
done
```

Diese Schleifen werden jeweils dann ausgeführt, wenn die Kommandos aus der Kommando-Liste1 als Ergebnis einen Wert ungleich Null liefern.

Der Unterschied besteht darin, daß bei der while-Schleife zuerst festgestellt wird, ob die Schleife durchlaufen werden soll, wogegen bei einer until-Schleife zunächst die Schleife durchlaufen wird, um anschließend zu prüfen, ob sie weitere Male abzuarbeiten ist. Demzufolge werden also die Anweisungen in einer until-Schleife immer mindestens einmal durchlaufen, die Anweisungen innerhalb einer while-Schleife möglicherweise nie.

```
for name in Wert1 Wert2 ...
  do Kommando-Liste
done
```

Ein Name steht für eine Shell-Variable. Dieser werden nacheinander die aufgelisteten Werte zugeordnet und jeweils die Kommando-Liste ausgeführt. Diese Werte können entweder konstante Zeichenketten oder die Werte von Shell-Variablen sein.

Mit diesen Konstrukten wird es möglich, relativ komplexe Problemlösungen zu programmieren.

2.3.4.8.2. Variablen in Shell-Prozeduren

Variablen werden genauso definiert und behandelt, wie bereits in Abschnitt 2.3.4.6. beschrieben. Im Normalfall gelten Variablen lokal für die Shell-Prozedur, in der sie verwendet werden. Soll eine Variable auch außerhalb der Shell-Prozedur bekannt sein, so ist dies explizit anzugeben.

Beispiel:

```
export variable1
```

Auch Konstante können innerhalb von Shell-Prozeduren definiert werden.

Beispiel:

```
readonly konstante
```

Neben den benutzereigenen Variablen und den schon vorgestellten Shell-Variablen sind im Zusammenhang mit Shell-Prozeduren die folgenden Shell-Variablen von Bedeutung:

$? ist der vom letzten von der Shell abgearbeiteten Kommando gesetzte Parameter, der angibt, ob das Kommando erfolgreich abgeschlossen wurde oder nicht. Mit $? kann abhängig vom Ergebnis eines Kommandos der weitere Verlauf der Shell-Prozedur bestimmt werden.

$0 enthält den Namen des gerade ausgeführten Kommandos. Diese Variable wird gebraucht, wenn ein und dasselbe Kommando mehrere Namen besitzen kann, z.B. durch Links.

$#   Diese Variable enthält die Anzahl der dem aktuellen Kommando (also der Shell-Prozedur) von der Shell übergebenen Parameter und kann somit für Schleifen verwendet werden.

$$ enthält die Prozeß-Identifikationsnummer der gerade laufenden Shell-Prozedur. Da diese nur einmal vergeben wird, wird $$ gelegentlich zur Vergabe von eindeutigen Namen für temporäre Dateien benutzt.

$!   beinhaltet die Prozeß-Identifikationsnummer des letzten im Hintergrund gelaufenen Prozesses.

$i   mit i=1,..9 enthält die ersten neun Parameter, die von der Shell an die Shell-Prozedur übergeben wurden.

2.3.4.8.3. Daten in Shell-Prozeduren

Mit sogenannten Hier-Dokumenten (engl. here documents) können Daten innerhalb von Shell-Prozeduren verwendet werden.

Beispiel:

```
anzeige <<MENU
    1    Elektronische Post
    2    Textverarbeitung
    3    Werbebriefe

    0    Ende
MENU
```

Dieses Beispiel dient zum Anzeigen eines vordefinierten Menus am Bildschirm. Das Hier-Dokument beginnt nach der Zeichenkette "<<MENU" und endet vor dem zweiten Auftreten von "MENU". Anstelle der Zeichenkette "MENU" kann zum Abgrenzen von Hier-Dokumenten jede beliebige Zeichenkette verwendet werden. Die abschließende Zeichenkette muß allerdings auf einer eigenen Zeile stehen.

Der Vorteil der Hier-Dokumente liegt darin, daß in der Shell-Prozedur häufig verwendete, sich nicht ändernde Daten (wie eben ein Menu) nicht immer aus einer anderen Datei gelesen werden müssen.

2.3.4.8.4. Shell-Kommandos für Shell-Prozeduren

In die Shell sind eine Reihe von Kommandos integriert, die für die Verwendung in Shell-Prozeduren nützlich sind. Die wichtigsten werden hier vorgestellt.

:	Dies ist das leere Kommando, es hat keinen Effekt, kann jedoch zur besseren Gliederung von Shell-Prozeduren verwendet werden.

break   bewirkt das Verlassen der innersten for-, while- oder until-Schleife. Die Verarbeitung wird mit der nächsten Iteration der nächstinneren Schleife fortgesetzt.

continue   bewirkt, daß die aktuelle Iteration innerhalb einer for-, while- oder until-Schleife beendet und mit der nächsten Iteration derselben Schleife fortgefahren wird.

Der Unterschied zwischen break und continue besteht darin, daß break die innerste Schleife vollständig abbricht und mit der nächstinneren fortfährt, wogegen continue bei der innersten Schleife bleibt und nur die nächste Iteration beginnt.

read name1 ...   dient zum Lesen einer Zeile von der Standard-Eingabedatei. Aufeinanderfolgende Worte werden den genannten Variablen (name1 ...) in derselben Reihenfolge zugewiesen.

trap ...   Mit dem trap-Kommando können innerhalb von Shell-Prozeduren Signale abgefangen werden.

wait ...   versetzt die Shell-Prozedur in den Wartestatus, solange bis der oder die spezifizierte(n) Prozess(e) beendet ist (sind).

Ein unabhängiges Kommando (es ist nur in wenigen UNIX-Versionen in die Shell integriert), das für den Gebrauch innerhalb von Shell-Prozeduren entwickelt wurde, ist das test-Kommando.

Damit kann festgestellt werden,

- ob einer Variablen ein Wert zugewiesen wurde oder nicht
- ob eine Datei existiert und kein Directory ist
- ob eine Datei gelesen werden kann (abhängig von den Zugriffsrechten)
- ob eine Datei beschrieben werden kann (ebenso von den Zugriffsrechten abhängig)
- ob eine Datei ein Directory ist.

Arithmetische Operationen werden nicht von der Shell zur Verfügung gestellt, können aber mit UNIX-Kommandos durchgeführt werden (das expr-Kommando).

2.3.4.8.5. Gruppierung von Kommandos in Shell-Prozeduren

Kommandos können mit geschweiften Klammern oder mit runden Klammern zusammengefaßt werden.

Bei geschweiften Klammern werden lediglich die Kommandos ausgeführt, bei runden Klammern werden die Kommandos dieser Gruppe von einer weiteren Shell ausgeführt, das heißt, eine zusätzliche Shell wird eigens für die Abarbeitung dieser Kommandos erzeugt.

Dies hat nur Auswirkungen auf den Gültigkeitsbereich der Shell-Variablen, die im allgemeinen lokal zu einer Shell sind.

Eine Veränderung einer Variablen in einer zusätzlichen Shell hat also keine Auswirkungen auf deren Wert in der ursprünglichen Shell.

Dies ist dann sinnvoll, wenn diese Kommandos Shell-Variablen ändern, die jedoch für die restliche Shell-Prozedur ihren alten Wert behalten sollen.

2.3.4.8.6. Programmieren von Shell-Prozeduren

Mit der Shell können einfache Programme schnell erstellt werden. Wegen der interpretativen Abarbeitung sind Compile-Vorgänge oder Binde-Läufe mit der Shell nicht notwendig. Daher kann die Shell für das "Rapid Prototyping", das heißt das schnelle Erstellen und Ausprobieren von Software-Prototypen, verwendet werden.

Die Entwicklung einer Shell-Prozedur besteht nur aus zwei Schritten:

1. Editieren der Shell-Prozedur.
2. Ausführenlassen der Shell-Prozedur.

Es muß lediglich sichergestellt werden, daß die die Prozedur enthaltende Datei das Merkmal "ausführbar" besitzt, d.h. die Zugriffsrechte müssen so definiert werden, daß ein Benutzer die Datei ausführen lassen kann. Zum Testen einer Shell-Prozedur stellt die Shell zwei Mechanismen zur Verfügung.

Der erste Mechanismus zeigt die Zeilen der Prozedur am Bildschirm an, so wie sie gelesen und dann auch ausgeführt werden. Er setzt keine Änderung der Shell-Prozedur voraus und ist hilfreich zum Auffinden von Syntax-Fehlern.

Der zweite Mechanismus erlaubt ein ausführliches Verfolgen der Abarbeitung der Prozedur. Jede Parameter-Ersetzung für jedes innerhalb der Shell-Prozedur auftretende Kommando wird so angezeigt, wie sie ausgeführt wird.

Außerdem können noch nicht initialisierte Variablen lokalisiert werden (also Variablen ohne Wert). Weiter kann die Ausführung einzelner Kommandos zu Testzwecken unterdrückt werden.

2.3.4.8.7. Beispiel für eine Shell-Prozedur

Auf einem UNIX-System seien die voneinander unabhängigen Anwendungen Finanzbuchhaltung, Lohnbuchhaltung, Rechnungsschreibung und Textverarbeitung implementiert.

Diese sollen über ein gemeinsames Menu integriert werden. Für diese Aufgabe soll mit Hilfe einer Shell-Prozedur ein Prototyp erstellt werden.

Da die nachfolgende Shell-Prozedur auf einem UNIX-Computer getestet wurde, werden hier erstmals echte UNIX-Kommandos vorgestellt. Vorher wurden anstelle der Kommandonamen leicht verständliche Namen wie "anzeige" oder "sortiere" verwendet.

```
while true
  do
  echo "Heutiges Datum ist " ´date´
  echo "Benutzername: " $USER
  cat <<MENU
     +-----------------------------------------------+
     :                                               :
     : 1 Lohnbuchhaltung                             :
     : 2 Finanzbuchhaltung                           :
     : 3 Textverarbeitung                            :
     : 4 Rechnungsschreibung                         :
     : E Ende                                        :
     :                                               :
     +-----------------------------------------------+
  Bitte treffen Sie eine Auswahl
  :
  :
  MENU
    read auswahl;
    case $auswahl in
      1) lohn;;
      2) fibu;;
      3) textv;;
      4) rechnung;;
      E) break;;
      *) echo "Bitte wählen Sie 1,2,3,4 oder E ";;
    esac
done
```

Erläuterung:

Die obige while-Schleife läuft solange, bis sie durch eine break-Anweisung abgebrochen wird, denn das Kommando "true" liefert immer den Wahrheitswert "wahr".

Innerhalb der Schleife wird zunächst mit dem UNIX-Kommando "date" das aktuelle Tagesdatum und die Uhrzeit bestimmt und anschließend zusammen mit erläuterndem Text mit dem Kommando "echo" (entspricht in etwa dem anzeige-Kommando) am Bildschirm ausgegeben. Genauso geschieht dies mit dem Namen des Benutzers und dem das Menu enthaltenden Hier-Dokument.

Die Shell-Prozedur liest dann mit dem Kommando read eine Eingabe von der Tastatur (Standard-Eingabe). Mit einem case-Konstrukt wird bestimmt, ob eines der vier Programmpakete gestartet, eine Fehlermeldung ausgegeben oder die Shell-Prozedur beendet werden soll.

2.3.5. Die Kommandos

Neben dem Kernel und der Shell bilden die Kommandos die dritte wichtige Komponente von UNIX. Alle Kommandos zusammen machen etwa 80 % des Gesamtumfangs von UNIX aus, obwohl die typischen Betriebssystem-Leistungen wie Prozeß-Management, Verwaltung des Dateisystems und der Kommando-Interpreter in Kernel und Shell realisiert sind. Der gegenüber anderen Betriebssystemen hinzukommende Leistungsumfang wird also durch die UNIX-Kommandos erreicht.

Die eigentliche UNIX-Philosophie, wie sie vorher geschildert wurde, wird mit den Kommandos deutlich. Die Kommandos bilden die Bausteine des Baukastens UNIX, das Zusammenfügen und die Ausführung der entstehenden "Software-Bauwerke" übernehmen die Shell und der Kernel.

Die Intensität der Benutzung der einzelnen Kommandos variiert stark und hängt natürlich von der Umgebung und dem Einsatzgebiet ab. Als Faustregel kann die 80/20-Regel gelten, die besagt, daß 20 % der Kommandos in 80 % aller Fälle benutzt werden und die restlichen 80 % der Kommandos in 20 % aller Situationen Anwendung finden.

Daher soll in diesem Abschnitt zu Kommandos weder eine Bedienungsanleitung für die Kommandos, noch eine vollständige Auflistung aller Kommandos gegeben werden, sondern vielmehr die Gesamtheit der Kommandos nach ihren Anwendungsgebieten untergliedert und die Aufgaben und Anwendungen der wichtigsten Kommandos erläutert werden.

Die Darstellung des Gesamtumfangs von UNIX wird so durch die Beschreibung
der dritten und letzten Komponente abgerundet.

Die Menge aller verfügbaren Kommandos kann nach ihren Anwendungs-
bereichen wie folgt gegliedert werden:

- Operationen im Dateisystem
- Analyse und Manipulation von Daten
- Überwachen und Steuern der Prozesse
- System-Abfragen
- Allgemeine Verwaltung und System Administration
- Software-Entwicklung
- Kommunikation
- Textbe- und -verarbeitung
- Sonstiges

Nach dieser Unterteilung werden die wichtigsten Kommandos vorgestellt, indem
erklärt wird, was sie leisten und wobei sie (beispielsweise oder typischerweise)
verwendet werden können.

2.3.5.1. Operationen im Dateisystem

Diese Gruppe von Kommandos enthält eine Reihe von für Betriebssysteme
üblichen Dienstprogrammen, sowie weitere Kommandos, die für das UNIX-
Dateisystem typische Operationen ausführen.

Kommando	Aufgabe und Anwendung
rm	Löschen von Dateien oder ganzen Dateisystemen. Existieren mehrere Links zu einer Datei, so werden nur die Directory-Einträge gelöscht.
ln	Erstellen eines Links zu einer bereits bestehenden Datei.
mv	Bewegen einer Datei, mehrerer Dateien oder eines Dateisystems innerhalb eines größeren Dateisystems. Meist wird mv nur zum Umbennen von Dateien verwendet.
chmod	Änderung der Zugriffsrechte zu einer oder mehreren Dateien.
chown	Änderung des Besitzers von Dateien.
chgrp	Änderung der Gruppenzugehörigkeit von Dateien.
mkdir	Erstellen eines neuen Directories.
rmdir	Löschen eines Directories. Kann nur ausgeführt werden, wenn keine Dateien mehr in dem Directory eingetragen sind.
cd	Änderung des aktuellen Directories. Wird benutzt, um innerhalb des Dateisystems zu navigieren.

find	Durchsuchen eines Dateisystems nach Dateien, die bestimmte Kriterien, wie - einen bestimmten Namen, - Datum der Erstellung in einem festgelegten Zeitraum, - Datum der letzten Nutzung in einem bestimmten Zeitraum, - bestimmte Zugriffsrechte, - einen besonderen Besitzer etc. erfüllen. Es kann auch ein Kommando angegeben werden, das für jede gefundene Datei ausgeführt wird.
cp	Kopieren von Dateien.
lp	Kopieren von auf einem Drucker auszugebenden Dateien in eine Warteschlange, die dann abgearbeitet wird (Spooler-Programm).
touch	Verändern des Datums der letzten Änderung einer Datei, ohne die Dateiinhalte selbst zu manipulieren.
ls	Listet die Dateinamen aus einem oder mehreren Directories auf, auf Wunsch mehr oder weniger ausführlich oder sortiert.
file	Indem es die ersten Zeichen analysiert, versucht file zu bestimmen, um welche Art von Datei es sich handelt (Textdatei, Object-Code etc.). Fehlbestimmungen sind daher nicht auszuschließen.
pwd	Gibt den Namen des aktuellen Directories aus. Dieses Kommando ist sehr hilfreich für die Orientierung in einem Dateisystem.

2.3.5.2. Analyse und Manipulation von Daten

Die hier vorgestellten Kommandos analysieren und/oder manipulieren die vorgegebenen Daten nach bestimmten Kriterien und melden die Ergebnisse dem Benutzer. Meist werden diese Kommandos auf Textdateien, wie Dokumente, Programm-Quellcode, Briefe, Verträge etc. angewandt, fast alle können jedoch auch beliebige Dateien behandeln.

Durch die Vielseitigkeit der Kommandos gerade dieser Gruppe sind sie gleichermaßen bei den vielfältigen Arbeiten im Büro, wie auch bei der Software-Entwicklung hilfreich.

Kommando	Aufgabe und Anwendung
cat	cat hängt mehrere Dateien hintereinander zu einer neuen Datei zusammen und gibt diese auf die Standard-Ausgabedatei aus. Meistens wird cat zum Anzeigen von Dateiinhalten am Bildschirm oder zum Ausgeben der Datei auf eine andere Einheit eingesetzt. Cat entspricht weitgehend dem in vielen Beispielen in Kapitel 2 aus mnemonischen Gründen verwendeten Kommando anzeige.

tail	Erlaubt das Ausgeben der letzten Zeilen einer Datei auf die Standard-Ausgabe. tail findet Verwendung bei der Betrachtung von Dokumenten oder Protokollen jeder Art, wenn die letzten Eintragungen auch die aktuellsten sind.
tr	Mit dem tr-Kommando können in Dateien abgelegte Daten verändert werden, indem je ein bestimmtes Zeichen (z.B. ein Buchstabe oder ein Sonderzeichen) durch je ein anderes ersetzt wird. Es behandelt jedoch keine Zeichenketten.
pr	bereitet Dateien mit Titel, Datum und Seitennummern zur Ausgabe auf einem Drucker auf.
sort	Sortiert und mischt ASCII-Dateien zeilenweise - aufsteigend /absteigend - numerisch/alphabetisch - nach mehreren Sortier-begriffen
uniq	löscht innerhalb einer Datei aufeinanderfolgende identische Zeilen. Wird häufig nach einem Sortiervorgang benutzt, um doppelte Zeilen zu eliminieren.
join	Mit join können zwei Dateien, abhängig von den Inhalten ihrer Datensätze, miteinander kombiniert werden. Entspricht in etwa der Idee des join in relationalen Datenbanken, wo nach vorgegebenen Kriterien bestimmte Daten aus mehreren Relationen in eine neue Relation vereinigt werden.
more	dient zur Ausgabe eines Dateiinhalts in Abschnitten von jeweils auf einem Bildschirm darstellbaren Zeilen (meist 22 oder 23 oder 24). Es findet daher häufig Verwendung zur Betrachtung von Texten aller Art, da es gegenüber der Ausgabe von cat nicht den gesamten Inhalt an einem Stück ausgibt.
diff	stellt die Unterschiede zwischen zwei Dateien fest. Damit kann auf einfache Weise festgestellt werden, ob eine Datei verändert wurde und, wenn ja, wie.
grep	findet alle Zeilen, die eine gegebene Zeichenkette enthalten. Grep kann verwendet werden zum Auffinden bestimmter Dateien, bzw. bestimmter Stellen innerhalb von Dateien (siehe auch Abschnitt zu grep).
sed	sed bietet die gleichen Leistungen wie der UNIX-Editor ed, allerdings arbeitet sed nicht interaktiv, sondern liest seine Befehle aus einer Datei. sed eignet sich für die automatisierte Durchführung von Änderungen in Dateien.
awk	ist ein Kommando, welches Zeichenketten erkennt und verarbeitet. awk sucht die vorgegebenen Zeichenketten und führt nach dem Auffinden vordefinierte Aktivitäten aus. Dabei können Variablen, Kontrollstrukturen etc. verwendet werden. Häufig wird awk als Report-Generator benutzt (siehe auch Abschnitt zu awk).

Neben den vorgenannten stehen noch eine Reihe anderer Kommandos zum Suchen von Zeichenketten, zum Feststellen von Unterschieden zwischen zwei oder drei Dateien oder etwa zum Zählen der in einer Datei abgespeicherten Zeilen und Worte zur Verfügung.

Dazu kommen Kommandos zur Transformation von Daten in für andere Betriebssysteme lesbare Formate, zusätzliche Sortier-Kommandos etc.

2.3.5.3. Überwachen und Steuern von Prozessen

Einige Kommandos dienen zur Überwachung und Steuerung gerade laufender Prozesse. Andere erlauben das Starten bestimmter Prozesse zu vorher definierten Zeitpunkten. So kann der Benutzer in eingeschränktem Rahmen die Abarbeitung seiner Prozesse lenken.

Kommando	Aufgabe und Anwendung
ps	ps berichtet über die zur Zeit aktiven Prozesse, d.h. alle Prozesse, die gestartet, aber noch nicht vollständig abgeschlossen wurden. Dazu gehört der vom Prozessor gerade ausgeführte Prozeß, alle Prozesse im Wartestatus, alle geswappten Prozesse etc. ps wird verwendet, um den Status bestimmter Prozesse zu analysieren, Informationen zur Auslastung des Systems einzuholen, usw. Die Ausgabe von ps kann jedoch nie absolut korrekt sein, da zum Zeitpunkt der Ausgabe sich meist schon wieder Veränderungen ergeben haben.
kill	Mit kill können bereits gestartete Prozesse abgebrochen werden.
cron	cron erlaubt die regelmäßige Ausführung von Aktivitäten zu vorher spezifizierten Zeiten.
at	Mit at wird die Ausführung einer bestimmten Aktivität zu einem Zeitpunkt bewirkt. Im Unterschied zu cron handelt es sich aber nur um den einmaligen Aufruf eines Prozesses.
nice	Veränderung der Priorität eines Prozesses.
nohup	Mit nohup kann ein Kommando auch dann noch weiterverarbeitet werden, wenn sich der Benutzer schon vom System abgemeldet hat.

2.3.5.4. System-Abfragen

Außer den schon vorgestellten System-Abfragen nach den gerade laufenden Prozessen, nach Dateien und Directories kann der Benutzer noch weitere Informationen erhalten.

Kommando	Aufgabe und Anwendung
date	nennt das aktuelle Tagesdatum und die eingestellte Uhrzeit.
who	Mit dem who-Kommando läßt sich feststellen, welche Benutzer gerade am System arbeiten. Dies ist hilfreich, wenn man mit einem anderen Benutzer kommunizieren möchte.
du	Gibt an, wieviel Speicherplatz von den Dateien im Dateisystem beansprucht wird (sekundärer Speicherplatz, meist Festplatte).
df	Gibt an, wieviel sekundärer Speicherplatz auf der Festplatte noch verfügbar ist.

Desweiteren können noch Informationen über die aktuellen Eingabe-/Ausgabe-Aktivitäten des Systems, über das benutzte Terminal oder über die Verwendung von Speicherplatz durch bestimmte Benutzer erfragt werden.

2.3.5.5. Allgemeine Verwaltung und System Administration

Neben den eigentlichen Aufgaben fallen jedem Benutzer noch einige Verwaltungsaufgaben zu. Die systemweite Verwaltungsverantwortung des System Administrators wurde bereits erläutert. Für die vielfältigen Verwaltungsaufgaben stehen eine Reihe von Kommandos bereit.

Kommando	Aufgabe und Anwendung
tar	Mit Hilfe von tar können Daten auf Band, Diskette oder anderen Datenträgern gesichert werden und im Bedarfsfall wieder zurück auf die System-Festplatte kopiert werden. Ein einzelner Benutzer kann seine eigenen Daten sichern, der System Administrator ist für die Sicherung des gesamten Datenbestandes zuständig.
passwd	Dieses Kommando dient zum Ändern des Passwortes. Dies sollte von Zeit zu Zeit aus Sicherheitsgründen von jedem Benutzer getan werden.
newgrp	Mit dem newgrp-Kommando kann ein Benutzer seine Gruppenzugehörigkeit ändern. Dies kann natürlich nur im Rahmen der vom System Administrator festgelegten Gruppen und Zugehörigkeiten geschehen.

mount, unmount	mount und umount werden zum Einbinden und zum Abhängen von anderen Dateisystemen bzw. Dateisystemen auf anderen Datenträgern benötigt. Nur UNIX-Dateisysteme können integriert und nur zum jeweiligen Zeitpunkt nicht benutzte Einheiten/Dateisysteme können abgehängt werden.
su	su ermöglicht dem Benutzer vorübergehend, System Administrator zu werden. Dies ist freilich nur mit Kenntnis des entsprechenden Passwortes möglich.
sync	Durch Ausführung des sync-Kommandos wird das Betriebssystem zum Schreiben von im Hauptspeicher gehaltenen Dateiänderungen veranlaßt (Datenblöcke werden zurückgeschrieben).

Weitere Kommandos zur Datensicherung, zum Überprüfen der Konsistenz des Dateisystems, zum Reparieren inkonsistenter Dateisysteme und zum Erstellen völlig neuer Dateisysteme können vom System Administrator und teilweise auch von normalen Benutzern eingesetzt werden. Die Mehrzahl dieser Kommandos wird allerdings nur in Ausnahmefällen und vom System Administrator angewandt.

2.3.5.6. Software-Entwicklung

Viele der im Abschnitt "Analyse und Manipulation von Daten" vorgestellten Kommandos eignen sich vorzüglich zum Einsatz in der Software-Entwicklung, denn dort spielt die Analyse und Manipulation von Quellcode-Dateien eine große Rolle.

Vor allem im Zusammenhang mit der Programmierung von Shell-Prozeduren oder Programmen in den Sprachen C und Fortran existieren einige weitere Kommandos.

Kommando	Aufgabe und Anwendung
cc	Compiler für in C geschriebene Programme.
lint	ist ein Verifizierprogramm für C-Programme; es findet zweifelhafte Programmkonstruktionen, nicht portablen Code, unbenutzte Variablen, niemals zu durchlaufenden Code, Operationen ohne Effekt, Modul-Schnittstellen, die sich nicht mit den Variablen-Definitionen vereinbaren etc. Es ist sehr empfehlenswert, lint im Zusammenhang mit der Programmierung in C zu verwenden, da der Compiler cc diese Leistungen nicht bietet.
cb	ist ein Pretty-Printer-Programm, das C-Programme in eine besser lesbare Form bringt.

yacc, lex	Diese Kommandos sind Compiler-Compiler, also Programme, die nach bestimmten Vorgaben Teile von Compilern generieren. yacc kann nach in Backus-Naur-Form definierter Syntax eine Parser-Komponente erzeugen. lex ist ein Generator-Programm für lexikalische Analysatoren.
make	kontrolliert die Erstellung von großen Programmen oder Software-Systemen. make benutzt eine Kontrolldatei, in der die Abhängigkeiten zwischen Quellcode-Modulen definiert sind. Zur Generierung einer neuen Version werden dann nur die Vorgänge durchgeführt, die durch die Änderung notwendig geworden sind (Compile- oder Link-Vorgänge). Somit kann die Neu-Übersetzung aller Module umgangen werden. (Siehe auch den späteren Abschnitt zu make).
ar	Mit dem ar-Kommando können Software-Archive und Bibliotheken verwaltet werden.
tee	Diese Kommando erlaubt die Übergabe von Daten zwischen verschiedenen Prozessen und leitet eine Kopie der Daten in eine oder mehrere Dateien. tee wird in Pipelines zur Erstellung von Zwischen- und Kontrollausgaben benutzt.

Eine Vielzahl von weiteren Kommandos für die Software-Entwicklung gehört zu UNIX. Dazu sind Kommandos zur Benutzung in Shell-Prozeduren (wie *expr* zur Ausführung von Berechnungen, *sleep* zur Unterbrechung für eine bestimmte Zeit und die anderen schon beschriebenen Kommandos), Assembler, Debugger, Linker (Binder) und Dump-Kommandos ebenso zu zählen, wie eine Reihe von Kommandos zur Programmierung und ein Makro-Prozessor.

Dazu kommen schließlich noch Kommandos zur Erstellung eines Laufzeitprofils eines Programms (Statistiken über die Zeiten zur Abarbeitung der einzelnen Module des Programms) und zur Ausgabe von Zeitinformationen über ein ganzes Programm.

2.3.5.7. Kommunikation

Sowohl bei der Software-Entwicklung, als auch bei Verwaltungsarbeiten spielt Kommunikation eine große Rolle. UNIX bietet dafür eine Reihe nützlicher Kommandos.

Kommando	Aufgabe und Anwendung
mail	mail erlaubt einerseits das Abschicken von Nachrichten an andere Benutzer und dient andererseits zum Lesen, Ablegen oder Wegwerfen der ankommenden Post. Die Nachrichten können auch an andere Benutzer weitergeleitet werden.

write	ermöglicht eine direkte Kommunikation zwischen Benutzern. Dabei dienen die Terminals als Kommunikationsmittel, da die Eingaben des einen Benutzers direkt als Ausgaben auf dem Terminal des anderen erscheinen (und umgekehrt).
cu	Das cu-Kommando dient zur Kommunikation mit anderen Computern, die nicht unbedingt das UNIX-Betriebssystem haben müssen. Mit cu kann also der Austausch von Dateien in beliebiger Richtung vonstatten gehen.
uucp	uucp ("UNIX-to-UNIX-copy") erlaubt die Kommunikation mehrerer UNIX-Systeme miteinander, u.U. auch über weite Entfernungen, z.B. über Telefonleitungen. Nachrichten und Dateien können ausgetauscht werden, wobei die einzelnen Informationen in Warteschlangen stehen und nacheinander verarbeitet werden.

Daneben existieren noch Kommandos zum Schreiben von Nachrichten an alle anderen Benutzer, zum Ein- und Ausschalten der Annahmebereitschaft für Nachrichten, zum Ausführen von Programmen auf anderen UNIX-Rechnern und einige weitere Kommandos.

2.3.5.8. Textbe- und -verarbeitung

Eine große Anzahl von Kommandos ist der Anwendung in der Textbe- und -verarbeitung und den verschiedensten damit zusammenhängenden Tätigkeiten gewidmet.

Kommando	Aufgabe und Anwendung
ed	ist der Standard-Texteditor von UNIX. ed bietet eine Menge nützlicher Funktionen, ist allerdings ein zeilenorientierter Editor, der also nicht den ganzen verfügbaren Bildschirm ausnutzt. Aus diesem Grund wird ed kaum noch verwendet.
vi	Dieser Bildschirm-orientierte Editor bietet die Leistungen von ed sowie einige weitere Funktionen. Er erlaubt ein wesentlich komfortableres Editieren, da der ganze Bildschirm ausgenutzt werden kann. Siehe hierzu Abschnitt 3.1.1.
ptx	Mit ptx können sogenannte permutierte Indexe erstellt werden, d.h. das jeweilige Schlüsselwort erscheint zusammen mit den es im Text umgebenden Adjektiven und Begriffen ("Keyword in context").
spell	sucht nach Rechtschreibfehlern, indem es jedes Wort eines Dokuments mit einer Wortliste (Dictionary) vergleicht. Ein solches wird für UNIX allerdings nur in der englischen Sprache mitgeliefert. Es kann beliebig erweitert, verändert oder ersetzt werden.

roff, nroff, troff	sind Kommandos, die das Formatieren von Dokumenten erlauben. Einige der Leistungen sind - Ausrichtung des linken und/oder rechten Randes (Rand-Ausgleich) - Kopfzeilen und Fußzeilen auf den einzelnen Seiten - beliebige Einstellung der Seitengröße und des Formats des zu bedruckenden Teils der Seite - Einrückungen am Anfang von Abschnitten oder an anderen Stellen im Text (Überschriften, Kapiteln) - verschiedene Druckaufbereitungen (Fettdruck, Unterstreichungen etc.) - Möglichkeit der Integration von Makros und vieles andere mehr.

Kommandos zum Ver- und Entschlüsseln von geheimen Dokumenten und zum Suchen von Begriffen in Dictionaries (Wortlisten) sind vorhanden.

Für die Verwendung zusammen mit nroff oder troff stehen Präprozessoren zum Erstellen von mathematischen Formeln (mit Summenzeichen, Indizes, Exponenten, Integralen etc.), zum Aufstellen von Tabellen (mit Spalten, Titeln usw.), zum Einfügen von Literaturhinweisen in ein Dokument, zum Benutzen griechischer Buchstaben und noch einige weitere Kommandos zur Verfügung.

2.3.5.9. Sonstige

Die bereits beschriebenen Kommandos und deren Anwendungsbereiche werden ergänzt durch eine Vielzahl anderer Kommandos, die selten Verwendung finden und nicht so leicht einzuordnen sind.

Dazu gehören Kommandos zur Erstellung und Aufbereitung von Graphen genauso wie solche, die es erlauben, den Computer wie einen Tischrechner zu benutzen. Desweiteren existieren Kommandos zur Nutzung eines auf dem System gespeicherten Programmierer-Handbuchs, sowie zum schrittweisen Erlernen des Umgangs mit UNIX.

Ein Erinnerungsservice, der den jeweiligen Benutzer an Ereignisse, Termine etc. erinnern kann, kann benutzt werden und ein anderes Kommando erlaubt das Umrechnen der verschiedensten Einheiten (Bsp: Grad Fahrenheit/Celsius, Meilen/Kilometer ...).

Zu guter Letzt gehören als Abrundung noch eine Serie von Spielprogrammen zu UNIX.

2.3.6. Einige weitere Aspekte

2.3.6.1. Die Programmiersprache C

"C ist eine Allzweck-Programmiersprache. Sie war eng verbunden mit dem UNIX-System, da sie auf ihm entwickelt wurde und da ein Großteil der UNIX-Software in C geschrieben wurde. Trotzdem ist die Sprache an kein Betriebssystem und an keinen Computer gebunden. Obwohl sie eine Sprache für die System-Programmierung genannt wurde, kann sie genauso gut zur Entwicklung von größerer Textverarbeitungssoftware oder Datenbank-Software benutzt werden", schrieben Kernighan und Ritchie 1978 <KeR78>.

Inzwischen ist die Sprache C sehr weit verbreitet und für alle gängigen Betriebssysteme verfügbar.

Hier soll ein kurzer Überblick über den Umfang von C gegeben werden, da zum einen UNIX der Sprache C seine Portabilität verdankt und da zum anderen C eine bedeutende Rolle für die Software-Entwicklung unter UNIX spielt.

Funktionen

Im Vergleich zu Pascal, wo Funktionen und Prozeduren möglich sind, bietet C ausschließlich Funktionen. Allerdings können die C-Funktionen so gestaltet werden, daß sie analog zu Pascal-Prozeduren verwendet werden können.

Ein gravierender Unterschied besteht darin, daß Funktionen in C nicht geschachtelt werden können, d.h. ein C-Programm ist immer eine sequentielle Folge von Funktionen. Auch in C dürfen beim Funktionsaufruf Parameter an die aufgerufene Funktion übergeben werden, wobei grundsätzlich die gleichen Möglichkeiten wie bei Pascal bestehen, die Übergabe jedoch etwas anders erfolgt.

Prinzipiell besteht nur die Möglichkeit, den Wert einer Variablen zu übergeben ("call by value"), einen sogenannten Referenzaufruf ("call by reference", siehe <KeR78> oder <OtW80>) gibt es nicht. Durch die Übergabe von Pointern (also Adressen) auf Variablen wird in C allerdings derselbe Effekt erreicht.

Im Gegensatz zu Pascal-Compilern führen C-Compiler in der Regel keine Prüfungen hinsichtlich Anzahl und Typen der Parameter durch.

Datentypen

Hier ähneln sich Pascal und C sehr. C bietet eine Reihe von Grunddatentypen, wie ganze Zahlen, reelle Zahlen, Zeichen (character) etc., sowie den Datentyp Pointer. Dazu kommen zusammengesetzte Datentypen, wie Arrays und Strukturen (analog zu Records in Pascal) und Unions (analog zu variablen Records in Pascal). Auch in C können beliebige neue Datentypen frei definiert werden. Für neuere C-Compiler existiert auch ein Aufzählungsdatentyp.

Blöcke und Kontrollstrukturen

Blöcke innerhalb von Kontrollstrukturen dienen dazu, die "Gültigkeitsbereiche von Namen zu regeln" <Ill83>. Blöcke können ineinander geschachtelt werden.

Auch in den Kontrollstrukturen ähneln sich Pascal und C sehr. C bietet eine "while"-Schleife (analog zum "while" in Pascal), eine "do"-Schleife (analog zum "repeat" in Pascal) und eine "for"-Schleife. Dazu kommen die bedingte Anweisung ("if"..."else"...) und die Auswahlanweisungen ("case"...). Daneben stehen noch einige weitere, aber weniger wichtige, Anweisungstypen zur Verfügung.

Operatoren

C ist charakterisiert durch eine "reichhaltige Menge an Operatoren" <KeR78>. Nach Illik <Ill83> enthält Pascal 22 Operatoren für Zuweisungen, arithmetische Anweisungen, für die Logik und für Mengenoperationen, C dagegen umfaßt 41 Operatoren. Eine ganze Reihe davon sind Operatoren für bitweise Verarbeitung für die systemnahe Programmierung.

Außerdem erlaubt C die Integration von Standard-Include-Dateien, die Ausführung von Makro-Präprozessoren, separate Compilierung von Modulen, rekursive Prozeduren und die einfache Nutzung von System-Aufrufen.

Nicht zu C gehörig, jedoch über meist vorhandene Standard-Bibliotheken verfügbar, sind Operationen auf zusammengesetzten Datentypen wie Zeichenketten und Arrays, alle Routinen für die Ein- und Ausgabe, mathematische Funktionen, sowie Heap-Verwaltung mit Garbage Collection. Für die Prozeß-Synchronisation, für Ko-Routinen und für parallele Prozesse bietet C keine speziellen Leistungen an.

Zusammenfassend kann festgestellt werden, daß C hinsichtlich des Typenkonzepts, der Kontrollstrukturen und der Blöcke durchaus eine moderne Programmiersprache ist.

Die vielseitige und flexible Verwendbarkeit von Pointern, sowie die große Anzahl von Operatoren erlauben den Einsatz bei der systemnahen Software-Entwicklung.

Doch gerade die Behandlung der Pointer, die Menge der Operatoren, sowie die enge Verwandtschaft der Pointer mit Arrays und einige weitere Besonderheiten erfordern einen einwandfreien Programmierstil und die stärkere Betonung von Programmierstandards, um gut lesbare, leicht verständliche und einfach veränderbare Programme zu erhalten.

2.3.6.2. System-Aufrufe

Vornehmlich von C-Programmen aus sind die Betriebssystem-Leistungen des Kernels direkt zugänglich. Wie bei anderen Betriebssystemen geschieht dies über System-Primitive bzw. System-Aufrufe. Dieser Abschnitt gibt einen groben Überblick über diese Leistungen.

Prozesse, Signale, Pipes etc.

Die erste große Gruppe der System-Aufrufe macht die für die Manipulation von Prozessen vorgesehenen Kernel-Leistungen verfügbar. Dazu gehören die Primitive für die Gabelung ("fork"), Primitive zum Senden von Signalen, zum Versetzen in den Wartestatus oder zum Generieren einer Pipe, sowie eine Vielzahl weiterer System-Aufrufe.

Directories, Dateinamen, Dateien

Die zweite wichtige Gruppe umfaßt die Kernel-Leistungen im Zusammenhang mit Dateien und Dateisystemen. Die Durchführung von Links, das Ändern des aktuellen Directories etc. zählen alle zu dieser Gruppe. Für die Manipulation von Dateien sind Operationen zum Generieren, Eröffnen, Lesen, Schreiben, Positionieren von und in Dateien und weitere Aufrufe vorgesehen.

Letztlich kommen noch eine Serie von System-Primitiven, wie das Bereitstellen der Systemzeit hinzu. Weiter soll hier auf die System-Aufrufe nicht eingegangen werden.

2.3.6.3. Programm-Bibliotheken

Weitere Bestandteile von UNIX sind zwei umfangreiche Programm-Bibliotheken für C. Da Ein- und Ausgabe-Anweisungen in C nicht bekannt sind, ist die Standard-Ein/Ausgabe-Bibliothek für die Programmierung in C von großer Bedeutung. Die Bibliothek der mathematischen Funktionen wird dagegen nur in Einzelfällen verwendet.

Die Standard-Ein-/Ausgabe-Bibliothek

Zunächst soll noch einmal hervorgehoben werden, daß unter UNIX alle Dateien einschließlich der durch spezielle Dateien repräsentierten Hardware-Einheiten gleich behandelt werden. Das hat zur Folge, daß die in der hier behandelten Bibliothek vorhandenen Routinen gleichermaßen auf alle Dateien und Einheiten anwendbar sind.

Die einfachsten dieser Routinen erlauben das zeichenweise Lesen und das Schreiben von Dateien ("getchar" und "putchar"). Sehr nützlich sind die Unterprogramme zur formatierten Behandlung der Standard-Ein- und Ausgabe, welche Kenntnisse der verschiedenen Datentypen haben ("printf", "scanf", "sprintf", "sscanf"). Ähnliche Funktionen sind zur Bearbeitung von beliebigen Dateien verfügbar ("fopen", "fclose", "getc", "putc", "fscanf", "fprintf").

Eine Menge anderer nützlicher Funktionen ist noch in dieser Bibliothek enthalten, so zur Behandlung auftretender Fehler (Standard-Diagnose-Ausgabe), zur Bearbeitung von ganzen Zeilen eines Textes, zur Behandlung von Zeichenketten, Konversions-Routinen (Groß- zu Kleinbuchstaben etc.), weitere Sortier-Routinen (Quicksort), Zufallszahlengeneratoren und vieles andere mehr.

Diese Standard-Bibliothek ist auf jedem UNIX-System wie auch auf jedem MS-DOS-System verfügbar. Die Nutzung dieser Bibliothek anstelle der System-Aufrufe ist daher sehr zu empfehlen, denn Portierungen auf andere Computersysteme werden dadurch wesentlich vereinfacht.

Die mathematische Bibliothek

Sie enthält u.a. die elementaren mathematischen Funktionen (sinus, cosinus..., exp, log,... usw.) zur Einbindung in C-Programme oder andere Programme.

2.3.6.4. Konfiguration von UNIX

Für die Konfiguration eines UNIX-Systems spielen viele Faktoren eine Rolle. Die wichtigsten sind:

- die Anzahl und Art der Benutzer,
- die Gruppen, in die die Benutzer eingeteilt sind, und nach denen auch Dateien eingeordnet werden,
- die dem System zugehörigen Peripherieeinheiten, wie Festplatten, Diskettenlaufwerke, Bandeinheiten, etc.,

- die an das System angeschlossenen Terminals, die sich hinsichtlich der mit dem Computer durchgeführten Kommunikation (Übertragungsprotokoll, Übertragungsrate ...) und der Terminal-Eigenschaften (Graphik, inverse Darstellung von Zeichen etc.) stark unterscheiden können,
- die vom System auszuführenden Prozesse, nachdem es hochgefahren wird (Initialisierungsprozeß des Systems),
- die regelmäßig im Hintergrund laufenden Prozesse, genannt "Daemons".

Das System wird über Einträge in einigen Dateien konfiguriert. Diese Dateien sind normalerweise in dem Directory "/etc" eingetragen.

Die wichtigsten seien hier kurz erklärt:

/etc/passwd   In dieser Datei sind alle Benutzernamen und einige die jeweiligen Benutzer betreffenden Daten gespeichert. Das verschlüsselte Passwort, die Gruppenidentifikation, das Home-Directory und die Shell können hier für alle Benutzer definiert werden.

/etc/group   Alle Gruppen werden dem System durch diese Datei bekannt gemacht. Ein Gruppenname, die Gruppennummer, die Namen der zu den Gruppen gehörigen Benutzer, sowie auf Wunsch ein Gruppenpasswort sind hier gespeichert.

/etc/ttys   Hier werden alle Terminals beschrieben, die an das UNIX-System angeschlossen sind. Ob sich Benutzer über die jeweiligen Terminals anmelden können, ist hier gespeichert. Dieses Verzeichnis kann - ebenso wie das folgende - bei manchen UNIX-Systemen auch anders bezeichnet sein.

/etc/ttytype   Die Typenbezeichnungen der einzelnen Terminals, meist Herstellernamen, sind in /etc/ttytype festgelegt. Dies erlaubt dem System, die betreffenden Terminal-Eigenschaften auszunutzen, die zum jeweiligen Terminal-Typ in der Datei /etc/termcap gespeichert sind (die termcap-"Datenbank" ist nicht auf allen UNIX-Systemen vorhanden).

/etc/rc   Ist eine Shell-Prozedur, die während der Initialisierungsphase nach dem Einschalten des Systems ausgeführt wird. Mit Hilfe von /etc/rc können systemweite Konfigurationen einfach durchgeführt werden.

2.3.6.5. Dokumentation

Die beim Kauf eines UNIX-Systems mitgelieferte Dokumentation ist von
Hersteller zu Hersteller mittlerweile so unterschiedlich, daß nicht mehr von einer
einheitlichen Dokumentation gesprochen werden kann. So können zwischen
einem und zehn Handbücher im Lieferumfang enthalten sein. Standard sollte
jedoch zumindest das UNIX Programmierer-Handbuch (UNIX Programmer's
Manual) sein, welches auch über den UNIX-Befehl *man* als Online-Manual, d.h.
am Bildschirm aufgerufen werden kann. So liefert der Aufruf

> *man (Unix-Befehl)*

die jeweils zu diesem Befehl im Handbuch stehenden Kapitel. Am Namen und an
der Gliederung dieser Dokumentation läßt sich noch erkennen, daß das
Betriebssystem einmal für Programmierer entwickelt wurde. Es enhält in der
Regel die folgenden Abschnitte

1. Benutzerkommandos
2. UNIX/C-Systemaufrufe
3. Routinen der C-Bibliothek, der Standard-Ein-/Ausgabe sowie der
   mathematischen Bibliothek
4. Dateiformate
5. Verschiedenes
6. Spiele

Darüberhinaus werden in der Regel noch Dokumentationen zu folgenden
Gebieten mitgeliefert:

- System Administration
- Shell
- Programmiersprache C
- Programmier-Tools
- Makro-Pakete

Auch dann, wenn die mitgelieferte UNIX-Dokumentation aus mehreren dicken
Ordnern besteht, muß festgestellt werden, daß eben diese Dokumentation für den
Anfänger, der noch nicht mit dem UNIX-Vokabular vertraut ist, recht
unübersichtlich ist. Sowohl die Kommandos, als auch die System-Aufrufe sind
nicht nach ihrer Verwendung, sondern alphabetisch eingeordnet. Daraus läßt sich
schließen, daß die Dokumentation wohl als Nachschlagewerk für den
fortgeschrittenen UNIX-Benutzer Verwendung findet, für den Neuling jedoch nur
einen geringen Wertgehalt besitzt. Diesem Faktum ist die immer noch wachsende
Menge der UNIX-Literatur und die große Anzahl der UNIX-Kurse
zuzuschreiben.

2.3.6.6. Sicherheit und Zuverlässigkeit

2.3.6.6.1. Sicherheit

UNIX war ursprünglich als Betriebssystem für die Softwareentwicklung gedacht. Wenn man die Entwicklungsgeschichte von UNIX betrachtet (siehe Einleitung) wird klar, warum auch bei der Weiterentwicklung von UNIX, welche zunächst hauptsächlich im universitären Bereich stattfand, Sicherheitsaspekte eher sekundär waren. Mit zunehmendem Einsatz von UNIX-Systemen in Wirtschaft und Verwaltung wurde der Sicherheitsaspekt von UNIX thematisiert. UNIX wurde in diesem Punkt - zum Teil zu recht - stark kritisiert als im negativen Sinne "zu offenes" Betriebssystem. Diese Image beruht im wesentlichen auf folgenden Punkten (siehe <Lec92>):

- Zugriffsrechte lassen sich nur auf den Besitzer des Systems (Superuser) oder auf bestimmte Gruppen beschränken, eine weitergehende Differenzierung ist nicht möglich.

- Der System Administrator besitzt nahezu uneingeschränkte Freiheiten im System. Gelangt ein Unberechtigter in den Besitz des Superuser-Passwortes, können die Folgen fatal sein.

- Bei der Verwendung von UNIX-Systemen in Netzwerken kann es sein, daß Passwörter unverschlüsselt übertragen werden.

- Die Datei mit den verschlüsselten Passwörtern kann von jedermann eingesehen werden.

So kam es zur Entwicklung von Zusatzprodukten zu UNIX, welche die o.g. Mängel abstellen und auch den erhöhten Sicherheitsbedürfnissen im kommerziellen Bereich Rechnung tragen. Mit solchen Zusatzsoftwareprodukten kann UNIX mittlerweile auf das gleiche Sicherheitsniveau gehoben werden wie gängige proprietäre Großrechnerbetriebssysteme.

Allerdings kann auch mit der Standardausstattung des Betriebssystems einiges in puncto Sicherheit getan werden, worauf im Folgenden kurz eingegangen wird.

Zugriffsschutz bei Dateien

- Der bereits beschriebene Zugriffsschutzmechanismus bietet Schutz gegen unerlaubtes Manipulieren oder gar Zerstören von Daten.

- Daneben existieren Möglichkeiten, mit Hilfe eines Kommandos Textdateien zu verschlüsseln, so daß eine Entzifferung nur unter großem Aufwand möglich ist.

- Wichtig ist, daß Speichermedien repräsentierende spezielle Dateien auch entsprechend geschützt werden können, da über sie ja das direkte Lesen oder gar Beschreiben ganzer Platten oder Disketten möglich wäre. Auf diese Weise kann auch diese Umgehung des UNIX-Zugriffsschutzmechanismus verhindert werden.

- Da der Zugriffsschutzmechanismus nicht für die Aktivitäten des System-Administrators gilt, muß darauf geachtet werden, daß keine unberechtigte Person die unbegrenzte Macht des System-Administrators ausnutzen kann.

- Natürlich liegt der Zugriffsschutz hauptsächlich in der Hand des einzelnen Benutzers. Abhängig von der Umgebung des Benutzers und der Bedeutung der von ihm verwalteten Daten muß er entscheiden, in welcher Form andere Benutzer auf seine Daten zugreifen dürfen. Dies kann er mit dem Befehl *chmod (Parameter)*.

- Es gibt die Möglichkeit, bestimmten Benutzern statt der Standardshell *sh* nur eine eingeschränkte Form der Shell (restricted shell) *rsh* zur Verfügung zu stellen. Mit *rsh* wird das sonst freizügige Bewegen im Dateisystem gesperrt. Ebenso kann veranlaßt werden, daß bestimmte Endbenutzer nach dem *login* automatisch in ihrem Anwendungsprogramm landen und bei Verlassen des Programms die UNIX-Sitzung beendet wird.

- Bei vielen UNIX-Systemen meldet sich das System nach dem Einschalten (bzw. nach dem Boot-Prozeß) im System Administrator-Status. Diese Eigenschaft bietet die Möglichkeit, nach dem Einschalten des Systems die Macht des System Administrators zu gebrauchen, ist also eine Lücke im Sicherheitssystem von UNIX.

Passwort-Sicherheit

Hier kann durch organisatorische Maßnahmen einiges an zusätzlicher Sicherheit geschaffen werden. Benutzer sollten Passwörter so wählen, daß sie nicht leicht zu erraten oder zu kurz sind. Seit System V Release 2 wird verlangt, daß das Passwort mindestens aus 6 Zeichen besteht, wovon mindestens ein Zeichen eine Ziffer sein muß. Problematisch bleibt nach wie vor, daß ein neu eingetragener Benutzer zunächst kein Passwort hat und daß es bei nicht sorgfältiger Systemadministration zahlreiche Tricks gibt, in den Besitz des Superuserstatus zu gelangen.

Alle Benutzerpasswörter - insbesondere jedoch das Superuserpasswort - sollten in regelmäßigen nicht zu langen Zeitabständen geändert werden. Bei manchen UNIX-Systemen kann die Änderung des Passworts über einen entsprechenden Eintrag in der Datei */etc/security* gesteuert werden (vgl. <Bit88>). Hierdurch hat das Passwort automatisch nur begrenzte Gültigkeit und muß daher nach Ablauf eines bestimmten Zeitintervalles vom Benutzer geändert werden.

2.3.6.6.2. Zuverlässigkeit

UNIX hat gegenüber allen potentiellen nicht-proprietären Betriebssystem-konkurrenten den Vorteil der bisher längsten Entwicklungsgeschichte. Es kann als weitgehend ausgereift und fehlerfrei betrachtet werden. Trotzdem sollen in diesem Zusammenhang auf ein paar Problempunkte aufmerksam gemacht werden, welche vor allem mit der Nutzung der Ressourcen des Systems zusammenhängen. Da keinerlei Prüfungen hinsichtlich des exzessiven Verbrauchs von Systemressourcen durchgeführt werden, ist ein Fehlverhalten des Systems in solchen Fällen aus folgenden Gründen nicht auszuschließen:

- Die Nutzung des Plattenspeicherplatzes ist nicht beschränkt, weder bezüglich des gesamten verfügbaren Speicherplatzes, noch bezüglich der Anzahl von Dateien und/oder Directories.

- Die Anzahl der Prozesse je Benutzer ist zwar beschränkt (meist 20 Prozesse), aber dennoch kann das System damit überlastet werden. Dies geschieht insbesondere dann, wenn ausschließlich prozessor-intensive Programme oder Prozesse mit überdurchschnittlich vielen Plattenzu-griffen ausgeführt werden.

- Der für das Swapping reservierte Speicherplatz kann dann nicht ausreichen, wenn viele sehr große Prozesse simultan ausgeführt werden sollen.

Ritchie schrieb schon 1978 hierzu: "Tatsächlich ist UNIX wehrlos gegen diese Art von Mißbrauch und entsprechende Änderungen wären nicht einfach. ... In der Praxis hat sich gezeigt, daß Schwierigkeiten auf diesem Gebiet recht selten sind ..." <Rit78a>.

2.3.6.7. UNIX und Benutzerfreundlichkeit

Im Gegensatz zu anderen, für Betriebssysteme wesentliche Faktoren, wie die Beanspruchung von Hardwareressourcen (z.B. die Hauptspeicherauslastung) oder das Laufzeitverhalten, läßt sich der Grad der Benutzerfreundlichkeit nur sehr schwer qualitativ beschreiben und schon gar nicht quantitativ erfassen.

Qualitative Aussagen zur Benutzerfreundlichkeit hängen sehr stark von der Umgebung, in der UNIX eingesetzt werden soll, ab. Für verschiedene Umgebungen kann demnach die Beurteilung völlig verschieden ausfallen.

Die Einsatzumgebung eines UNIX-Systems betreffend sind folgende Gesichtspunkte wesentlich:

- *Art der Benutzer*: Unterscheidung, ob die Benutzer Softwareentwickler sind oder sogenannte Endbenutzer, die z.B. in einer Firma die anfallenden Arbeiten mit dem Computer erledigen.

- *Kenntnisstand der Benutzer*: Anfänger haben häufig einen anderen Blickwinkel als fortgeschrittene Anwender. Mit wachsender Routine entwickeln sie sich dann zu Spezialisten in der Benutzung eines Computersystems.

In <KKS79> werden neben der Aussage, daß es "die Benutzerfreundlichkeit nicht gibt" nachfolgende Kriterien für eine Wertung von Benutzerfreundlichkeit genannt.

Verständlichkeit

Abhängig von der Vorbildung der Benutzer und deren Sprachgewohnheiten ergibt sich das Maß der Verständlichkeit. Dazu zählen Aspekte, wie Lehrbarkeit und Erlernbarkeit, die Konsistenz in der Art der Kommunikation (wenige Ausnahmen!), die weitestgehende Übereinstimmung der Funktionsweise des Systems mit den Erwartungen der Anwender.

Angemessenheit

Hier ist wesentlich, daß der Leistungsumfang des Systems mit dem Anwendungsgebiet harmoniert, daß die gewünschten Ergebnisse mit angemessenem Aufwand erhalten werden können und daß diese Ergebnisse dann auch dem Verwendungszweck angemessen sind (nicht zuviel, nicht zuwenig).

Vernünftiges Fehlerverhalten

Fehler sollen dem Benutzer in der Art mitgeteilt werden, daß er die Ursache erkennen kann, Korrekturen vornehmen und aus den Fehlern für die Zukunft lernen kann.

Beim UNIX-Betriebssystem sind es drei Systemleistungen beziehungsweise Systemkomponenten, die für eine Betrachtung der Benutzerfreundlichkeit ins Gewicht fallen.

1. Die Shell, die ja die eigentliche Benutzerschnittstelle darstellt, über deren Kommandozeilen die einzelnen Anwendungen gestartet und kontrolliert werden und die Leistungen wie Umleitung von Ein- und Ausgabe oder die Hintergrundverarbeitung etc. ermöglicht.

2. Die Kommandos, die jeweils die einzelnen Anwendungen repräsentieren und den bedeutendsten Teil des Systems ausmachen.

3. Das Dateisystem, in dem alle systemabhängigen Daten und vor allem die Daten der Anwender gespeichert sind.

In der Literatur variieren die Aussagen zur Benutzerfreundlichkeit über die gesamte Breite der denkbaren Skala. Interessant ist hierbei die Tatsache, daß die Begeisterung an UNIX in der Regel in dem Maße zunimmt, wie der Benutzer mit dem System vertraut ist. Ursprünglich empfundene Nachteile werden dann zum Teil als Vorteile gewertet.

In diesem Abschnitt sollen als Ergänzung zur bereits erfolgten Erläuterung der Leistungen von UNIX zunächst einige allgemeine Aussagen zum Thema Benutzerfreundlichkeit von UNIX wiedergegeben werden, die teilweise aus frühen Untersuchungen der Bell Laboratories stammen (<HKF83>, <Som83>, <GeL83>). Anschließend werden daraus Folgerungen bezüglich dreier denkbarer Benutzergruppen (Anfänger bei der Softwareentwicklung, Fortgeschrittene bei der Entwicklung von Software, Endanwender ohne EDV-Kenntnisse in Betrieben) gezogen.

Allgemeine Aussagen

- Die Shell bietet dem Benutzer eine Reihe von Leistungen, die durch kurze, teilweise mnemonische Angaben vom Anwender genutzt werden können.

- Sowohl Shell als auch die Kommandos halten ihre Ausgaben so knapp wie nur möglich (diese Knappheit wird mit der Möglichkeit, Kommandos über Pipelines zu verbinden, begründet).

- Über die Shell kann jeder Benutzer mit Hilfe von Shell-Prozeduren seine Arbeitsumgebung nach eigenen Vorstellungen modifizieren.

- Die Kommando-Namen wurden teilweise nach unerfindlichen Richtlinien vergeben, die nicht unbedingt der Funktion oder Aufgabe der Kommandos entsprechen (Bsp.: Der Name "awk" entstand aus den Anfangsbuchstaben der Namen Aho, Weinberger und Kernighan).

- Die Verwendung von Sonderzeichen, wie "*" oder "?" etc. ist weitgehend, aber nicht durchweg konsistent.

- Die Syntax beim Aufruf einzelner Kommandos ist nicht durchweg konsistent. Insbesondere die die Abarbeitung beeinflussenden Optionen werden auf verschiedenste Weise kenntlich gemacht.

- Norman <Nor81> kritisiert die Doppeldeutigkeit des Zeichens "/" als Name des Root-Directories und als Trennzeichen in Pfadnamen.

- Die Verwendung von Metazeichen ist teilweise gefährlich, denn schon durch das Einfügen eines Leerzeichens können sich die Reaktionen des Systems deutlich unterscheiden (Beispiel: Gibt man anstelle von "rm dokument*" versehentlich "rm dokument *" ein, so werden anstelle aller Dateien, die mit der Zeichenkette "dokument" beginnen, nun überhaupt alle Dateien des aktuellen Directories gelöscht...).

- Bei Untersuchungen ergab sich, daß etwa 10 % aller eingegebenen Kommandozeilen fehlerhaft waren <HKF83>.

- Die Fehlerrate bei einzelnen Kommandos schwankt zwischen etwa 3 % und etwa 60 % <HKF83>.

- Nahezu jeder Benutzer machte bei jedem Kommando mindestens einmal einen Fehler <HKF83>.

- Unter UNIX sind auch Fehler möglich, die vom System nicht erkannt werden, aus der Sicht des Anwenders jedoch zu falschen Ergebnissen führen.

- Kommandos antworten auf eine fehlerhafte Eingabe nur mit einer knappen Beschreibung ihrer Syntax, beschreiben jedoch nicht den jeweiligen Fehler <Rit78>.

- Die höchsten Fehlerraten haben Kommandos, die
  - einen größeren Planungsaufwand voraussetzen,
  - auf Kenntnisse des Anwenders über die aktuelle Arbeitsumgebung aufbauen (z.B. aktuelles Directory),
  - eine relativ komplizierte Syntax haben. <HKF83>.

- Die Schwierigkeiten der Benutzer beim Koordinieren der Komplexität einer hierarchischen Dateistruktur reduzieren den Informationsgehalt über die dort vorhandenen Dateien <Som83>.

- Benutzer mit wenigen Directories können sich einfach in ihrem Dateisystem bewegen, verlieren jedoch Informationen und Übersicht <Som83>.

- Benutzer mit verzweigten Directory-Systemen können ihre Dateien besser verwalten, müssen jedoch wesentlich intensiver innerhalb des Dateisystems navigieren <Som83>.

- Die Verwendung von Menus ist da sinnvoll, wo eine relativ kleine Auswahl besteht und der Benutzer den Gesamtumfang nicht kennt. Kommando-Interpreter haben dort ihren Platz, wo viele Auswahlmöglichkeiten vorhanden sind und der Benutzer mit dem Umfang vertraut ist <GeL83>.

Anfänger in der Software-Entwicklung

Der Gesamtumfang des UNIX-Systems, insbesondere die Menge der verfügbaren Kommandos, erscheint für den Anfänger zunächst als eine große Hürde. Die knappen Ausgaben des Systems bzw. der Kommandos, die Vielseitigkeit der Metazeichen sowie die teilweise vorhandenen Inkonsistenzen wirken verwirrend.

Als vorteilhaft erweist sich aber, daß der Anfänger schon mit einem relativ geringen Kenntnisstand mit dem System arbeiten kann, da nur sehr wenige systemweite Kenntnisse nötig sind. Die Modularität des Systems bedingt eine ausgesprochene Eignung zum schrittweisen Lernen.

Die Angemessenheit der Kommandos für Software-Entwicklungsaufgaben weckt schnell das Interesse des Anfängers, so daß er zum Hinzulernen motiviert wird.

Das Fehlerverhalten von UNIX kann leider nicht vernünftig genannt werden, da Fehlermeldungen immer zu knapp gehalten sind, wenn sie überhaupt erscheinen. Fehlerhafte Eingaben können verheerende Auswirkungen haben, ohne auch nur eine Anfrage oder Meldung des Systems zur Folge zu haben.

Die Untersuchungen bei den Bell Labs zeigen, daß die sinnvolle Verwendung des Dateisystems nicht gerade trivial ist. Daher kann von Anfängern die effektive Ausnutzung dieser Leistung nicht verlangt werden.

Fortgeschrittene in der Software-Entwicklung

Für fortgeschrittene UNIX-Benutzer ist der anfänglich immens erscheinende Gesamtumfang zu einer erfreulichen Tatsache geworden. Meist hat er auch schon die Gesamtheit der Kommandos in für ihn nützliche und in weniger brauchbare eingeteilt. Die häufige Verwendung von Metazeichen bewirkt schnell eine hohe Vertrautheit und somit einen hohen Grad an Verständlichkeit; die Inkonsistenzen in der Syntax und die teilweise zufällige Namensgebung bei Kommandos verlieren an Bedeutung.

Der fortgeschrittene Anwender ist längst von der Angemessenheit der Kommandos, sowie ihrer Integrationsfähigkeit über die Shell und auch der anderen UNIX-Leistungen überzeugt.

Das denkbar schwache Fehlerverhalten wird wegen der anderen Leistungen akzeptiert und fällt weniger ins Gewicht. Auch die Nutzung des Dateisystems wird wegen der wachsenden Erfahrung effektiver sein.

Diese eher intuitiv erscheinenden Feststellungen lassen sich aus vielen Bemerkungen in der Literatur sowie aus der eigenen Erfahrung mit UNIX schließen.

End-Anwender in Betrieben

Da die End-Benutzer meist über keinerlei EDV-Vorkenntnisse verfügen, muß hier gesagt werden, daß sich die UNIX-Benutzerschnittstelle hinsichtlich Verständlichkeit und vernünftigem Fehlerverhalten nicht für den kommerziellen Einsatz eignet.

Da die meisten Kommandos die Software-Entwicklung betreffen, ist die Angemessenheit von UNIX-Kommandos im wesentlichen auf die Kommandos zur Textbe- und -verarbeitung und auf Teile der System Administration (z.B. für die Verwaltung der Benutzerinformationen) beschränkt.

Weil sich jedoch die Benutzerschnittstelle sehr leicht durch beliebige andere Software ersetzen läßt und die UNIX-Betriebssystem-Leistungen als gute Basis für Anwendersoftware zu betrachten sind, schwächt dies nicht die Eignung für den Einsatz im kommerziellen Markt, setzt aber Anpassungen der Benutzerschnittstelle voraus. "Für einen Endbenutzer entspricht die Verwendung von UNIX mit Hilfe einer grafischen Benutzerschnittstelle und anderen Tools dem Gebrauch von DOS unter Microsoft Windows" (<Osz91>).

2.3.6.8. Grafische Benutzeroberflächen für UNIX und UNIX-Anwendungen

Grafische Benutzeroberflächen sind im PC-Bereich, sowohl zur Bedienung des Betriebssystems als auch zur Bedienung von Anwendungsprogrammen nicht mehr wegzudenken. Im Zusammenhang mit UNIX wurden in Kapitel 1 die grafischen Benutzeroberflächen *OSF/Motif* sowie *Open Look* erwähnt, welche eine genauso komfortable Bedienung eines UNIX-Systems erlauben, wie man sie z.B. von einem DOS/Windows PC gewohnt ist. Oft ist im Zusammenhang von UNIX und grafischen Benutzeroberflächen auch von *X-Windows* die Rede. Die Entwicklungsgeschichte, sowie der Zusammenhang dieser Produkte, soll im Folgenden erläutert werden.

Während der Entstehungszeit von UNIX erfolgte die Kommunikation mit einem Rechner üblicherweise nur über die Tastatur. Die eingegebenen Buchstaben wurden hierbei Zeichen für Zeichen auf dem Bildschirm wiedergegeben. Auf PCs und Workstations wurden von unterschiedlichen Herstellern und mit unterschiedlichem Erfolg grafische Benutzeroberflächen realisiert, bei denen ein Großteil der Kommunikation mit dem Rechner über ein *Zeigegerät*, in der Regel ist dies eine Maus, erfolgt (vgl. Abschnitt 1.3.2). Die Bildschirmausgabe erfolgt hierbei nicht mehr zeichenorientiert, sondern pixelweise, d.h. Bildpunkt für Bildpunkt. Auch auf Rechnern mit dem Betriebssystem UNIX - insbesondere auf Workstations - wurde diese Art von Benutzeroberfläche gewünscht und realisiert. Hierzu wurden von den Hardware-Herstellern zunächst spezielle, auf die von ihnen gelieferte Hardware abgestimmte, Bibliotheken mit Unterprogrammen für Mausoperationen oder Grafik zur Verfügung gestellt. Für UNIX-Software stellte diese Vorgehensweise ein großes Problem dar, da für jede Hardware eine neue graphische Schnittstelle programmiert werden mußte. Die Portabilität von Software war dadurch stark eingeschränkt.

Am M.I.T. wurde in einem Projekt gemeinsam mit den Firmen IBM und DEC über eine allgemeine, portable Schnittstelle nachgedacht, welche die oben beschriebene Neuprogrammierung des Benutzerinterfaces bei der Portierung von Software überflüssig macht. Hierbei entstand das Produkt X-Windows, welches 1987 auf den Markt kam und mittlerweile von fast allen Hardware-Herstellern als Standard-Schnittstelle anerkannt ist. X-Windows besteht hierbei aus dem sog. Basis-Window-System, welches über das X-Netzprotokoll (X11) als Schnittstelle die jeweils konkrete Hardware sowie deren Eigenarten verbirgt. Die Programmierung mit X-Windows garantiert daher Geräte- und Hersteller-unabhängigkeit. In der Regel wird jedoch bei der Entwicklung von Anwendungssoftware nicht auf das X-Protokoll direkt zugegriffen, sondern über eine C-Programmbibliothek, die *Xlib*, welche von den jeweiligen Hardware-herstellern in compilierter Version geliefert wird.

Die Grundfähigkeiten des X-Window-Systems sind folgende:

- Mehrere, überlappende Windows können am Bildschirm dargestellt werden,
- Die Größe der Windows kann verändert werden,
- Windows können verschoben und gestapelt werden,
- Grafiken können interaktiv erstellt werden, Grafikoperationen beziehen sich dabei immer relativ zu ihrem Window,
- Die Bildschirmausgabe kann auf (teilweise oder ganz) verborgene Windows erfolgen,
- Zeichen werden als Bitmap dargestellt, die Ausgabe von Text kann somit in hoher Qualität erfolgen,
- Farbe wird unterstützt,
- u.a.m.

Anwendungen können zwar direkt unter Zuhilfenahme der *Xlib* programmiert werden, meist wird jedoch auf spezielle Werkzeuge, sog. "Toolkits", zurückgegriffen, welche das Programmieren einer grafischen Benutzeroberfläche vereinfachen. Diese Toolkits sind wiederum Programmbibliotheken, die durch die *Xlib*-Schnittstelle auf das Basis-Window-System zugreifen. Im Standard-Umfang von X-Windows ist das X-Toolkit (*Xt*) enthalten. *Xt* erlaubt die einfache Gestaltung einer Benutzeroberfläche durch die Verwendung vorgefertigter Bausteine für Schalter, Kommando-Knöpfe, Fenster mit Scrollbalken, Popup-Menüs, Button-Boxen etc.

Neben dem eben erwähnten X-Toolkit *Xt* gibt es herstellerspezifische Toolkits, welche entweder als Erweiterung zu *Xt* entwickelt werden oder direkt auf der *Xlib* aufsetzen. Obwohl es nun also viele unterschiedliche Werkzeugkästen bzw. Bibliotheken zur Realisierung grafischer Benutzeroberflächen auf UNIX-Systemen gibt, lassen sich auf auf der obersten Ebene mittlerweile zwei konkurrierende Standards identifizieren. Dies sind die schon erwähnten Benutzeroberflächen OSF/Motif bzw. Open Look.

OSF/Motif präsentiert sich ähnlich wie MS-Windows, was darauf zurückzuführen ist, daß die Firmen HP und Microsoft maßgeblich an der Entwicklung beteiligt waren. Sie kann jedoch auch mit Werkzeugen anderer Firmen (z.B. Siemens) realisiert sein . Die durch Tools von AT & T und SUN unterstützte Oberfläche Open Look erinnert mehr an die Apple MacIntosh-Benutzeroberfläche.

Der komplexe Zusammenhang der oben erwähnten Softwareprodukte ist in Anlehnung an <Jon91> in der folgenden Grafik dargestellt:

<table>
<tr><td>OSF/MOTIF</td><td>Open Look</td></tr>
<tr><td>Motif-spezifische Bibliotheken</td><td>Open Look-spezifische Bibliotheken</td></tr>
<tr><td colspan="2">X-Toolkit (Xt)</td></tr>
<tr><td colspan="2">Xlib</td></tr>
<tr><td colspan="2">X-Netzprotokoll</td></tr>
<tr><td colspan="2">Basis-Window-System</td></tr>
</table>

Für die Softwareentwicklung, insbesondere die Gestaltung und Standardisierung von Benutzeroberflächen haben die o.g. Werkzeuge mittlerweile eine große Bedeutung. Der Großteil der oben beschriebenen Programmbibliotheken ist in C implementiert (wie auch die *Xlib* und *Xt*), manche in C++. Sie können damit direkt als include-Dateien in C-Programme eingebunden werden. Auf die Verwendung der Toolkits näher einzugehen, würde den Rahmen dieses Buches sprengen. Hier muß auf die entsprechenden Handbücher zu den jeweiligen Toolkits verwiesen werden. Eine Einführung in die Programmierung des X-Window-Systems liefert <Jon91>, auf dem auch Teile dieser Ausführungen basieren.

2.4. Zusammenfassung: Stärken und Schwächen von UNIX

Zusammenfassend sollen hier noch einmal die Stärken und Schwächen von UNIX gegenübergestellt werden. Wie am Beispiel der Benutzerfreundlichkeit deutlich wird, kann dem End-Benutzer als Schwäche erscheinen, was für den mit UNIX vertrauten Software-Entwickler als besondere Stärke gilt. Für diesen Abschnitt steht der Blickwinkel der Software-Entwicklung im Vordergrund.

Die Stärken von UNIX

- Die Einfachheit des Dateikonzepts, demgemäß Dateien nur als eine Folge von Bytes, quasi als eine einzige Zeichenkette betrachtet werden.

- Das einheitliche Konzept in der Behandlung von Dateien herkömmlicher Art und der Hardware-Einheiten (spezielle Dateien).

- Das hierarchische Dateisystem, das für jeden Benutzer die Schaffung einer eigenen Umgebung ermöglicht und die Daten des Systems und der anderen Anwender vor ihm verbirgt.

- Der einfache und wirksame Zugriffsschutzmechanismus.

- Das übersichtliche Prozeß-Konzept und die Einfachheit der Entstehung von Prozessen.

- Die Mehrplatz-Fähigkeit und die Multi-Tasking Eigenschaft, die sich ganz natürlich aus dem Prozeß-Konzept ergeben.

- Das Konzept der Pipes sowie die weiteren Möglichkeiten zur Kommunikation zwischen Prozessen.

- Die Vielseitigkeit und Flexibilität der Shell.

- Die Kontrollstrukturen und die Variablen der Shell, mit deren Hilfe schnell und einfach Shell-Prozeduren erstellt werden können.

- Die große Anzahl der verfügbaren Kommandos für die verschiedensten Anwendungsbereiche, insbesondere für die Software-Entwicklung.

- Die über die Shell recht einfache Verbindung verschiedener Kommandos bis hin zur Integration in neue Kommandos.

- Die hochgradige Anpassungsfähigkeit von UNIX durch das Erstellen adäquater Kommandos aus den bestehenden oder durch die Ersetzbarkeit der Shell.

- Die Nicht-Spezialisierung von UNIX, so daß es vielseitig eingesetzt werden kann.

- Die technische Qualität, die durch eine hohe Verläßlichkeit des Systems charakterisiert ist.

- Die große Anzahl von Kommunikationsmöglichkeiten durch elektronische Post etc.
- Die Homogenität der UNIX-Umgebungen auch auf unterschiedlichster Hardware, wodurch die Integration in lokale oder öffentliche Netzwerke einfach möglich wird.

- Die für Betriebssysteme einmalig hochgradige Portabilität, da UNIX zu einem hohen Prozentsatz in der höheren Programmiersprache C entwickelt wurde.

Die Schwächen von UNIX

- Die Benutzerschnittstelle für UNIX-Neulinge, da die Kommunikation zwischen Benutzer und System sehr knapp gehalten ist, verständliche Fehlermeldungen rar sind und auch folgenschwere Fehlbedienungen möglich sind.

- Die Implementation der Dateizugriffe, da die Teile einzelner Dateien weit über das jeweilige Speichermedium verstreut sind und durch mehrere Indirektionsstufen die Zugriffszeiten bei großen Dateien recht hoch werden können.

- Das Fehlen einer "locking"-Eigenschaft, um das gleichzeitige Modifizieren derselben Dateien zu verhindern.

- Die System Administration ist teilweise recht aufwendig.

- Die auftretenden Inkonsistenzen nach Systemabbrüchen können zu Problemen führen, da die im Hauptspeicher (also im internen Speicher) gehaltenen Daten häufig nicht identisch mit den Daten auf dem externen Speichermedium sind.

- Die Möglichkeiten zur Kommunikation zwischen Prozessen ist auf bestimmte Prozesse beschränkt, die Kommunikation zwischen beliebigen Prozessen ist nur schwach ausgebildet (nur bei älteren Versionen).

- Das Prozeß-Management ist starr und kaum steuerbar, insbesondere Realzeit-Mechanismen, die die Ausführung von kritischen Prozessen oder Teilen von Prozessen an einem Stück ermöglichen, fehlen.

- Das System ist gegen die exzessive Ausnutzung der zur Verfügung stehenden Ressourcen nicht geschützt.

- Die System-Dokumentation ist knapp und nur für den System-Spezialisten hilfreich.

- Es bestehen Schwachstellen im Passwort-Mechanismus, so daß selbst normale Benutzer u.U. den System Administrator-Status erlangen können.

3. Software-Entwicklung mit UNIX

Im zweiten Kapitel wurde die Frage "Was ist UNIX ?" beantwortet. Der Aufbau und die wesentlichen Konzepte von UNIX wurden ausführlich erklärt und andererseits der Leistungsumfang in etwa umrissen. Die Besonderheiten, die Stärken und Schwächen von UNIX sind damit bekannt.

In der Einleitung war bereits gesagt worden, daß eine ganze Reihe von Versionen des UNIX-Betriebssystems am Markt vertreten ist, jedoch eine Vereinheitlichung stattfindet. Inwieweit die Versionen-Problematik sich für die Software-Entwicklung auswirkt, hängt allerdings sehr von spezifischen Gegebenheiten ab, beispielsweise welche Hardware-Konfiguration eingesetzt wird, in welchen Programmiersprachen entwickelt wird, ob ein Datenbanksystem eingesetzt werden soll, oder etwa, wie wichtig die Portabilität zu anderen Systemen ist. In irgendeiner Weise werden einige dieser Fragen überall dort auftreten, wo unter UNIX Software entwickelt wird.

Unabhängig von diesen Problemen, aber aufbauend auf dem Wissen über UNIX, wird nun UNIX speziell aus der Sicht der Software-Entwicklung betrachtet.

Es ergeben sich vier Fragestellungen:

1. Was leisten die Software-Werkzeuge von UNIX und wofür können sie eingesetzt werden ?

2. Wie ist UNIX mit den Methoden und Techniken des Software Engineering zu vereinbaren ?

3. Was bietet UNIX für die verschiedenen Aufgabenstellungen und Problematiken in der Praxis der Software-Entwicklung ?

4. Wie können im Einzelfall die UNIX-Leistungen für die Software-Entwicklung eingesetzt werden ?

Das vorliegende Kapitel geht auf diese Fragestellungen ein.

Im ersten Abschnitt werden für UNIX charakteristische Software-Werkzeuge vorgestellt, analysiert und für die Lösung von Beispielproblemen eingesetzt. Dadurch soll ein "Gefühl" für die Nutzung der Werkzeuge vermittelt werden.

Der nächste Abschnitt analysiert die UNIX-Leistungen anhand von gängigen Vorgehensweisen, Methoden und Techniken, für deren ingenieurmäßige Anwendung der Begriff "Software Engineering" geprägt wurde. Dabei wird untersucht, wie UNIX mit Software Engineering zu vereinbaren ist, beziehungsweise inwieweit UNIX diese Techniken etc. unterstützt. Charakteristisch für diesen Abschnitt ist die globale Sicht des Software Engineering auf die Software-Entwicklung. Diese globale Sicht dokumentiert sich darin, daß kaum auf die elementaren Arbeiten des Software-Entwicklers eingegangen wird.

Die Abwicklung der alltäglich wiederkehrenden Aufgaben des Software-Entwicklers, also dessen elementare Tätigkeiten, kommen im darauffolgenden Abschnitt zur Sprache. Dabei wird untersucht, was UNIX für eben diese Aufgabenstellungen und Problematiken anbietet.

Natürlich sind die Vorgehensweisen, Methoden und Techniken des Software Engineering und die grundlegenden Tätigkeiten des Software-Entwicklers auf vielerlei Weise miteinander verflochten. Die vorgenommene Trennung in eine eher konzeptionelle Betrachtungsweise, nämlich die des Software Engineering, und eine operationale Sicht, die die elementaren Tätigkeiten betrachtet, resultiert aus der anhaltenden Diskussion im Bereich des Software Engineering, die eine objektive Darstellung der elementaren Tätigkeiten unter Berücksichtigung von Software Engineering-Aspekten unmöglich macht.

Ein Versuch der Beantwortung von Frage vier erfolgt in Form von Szenarios.

3.1. Werkzeuge für die Software-Entwicklung aus dem UNIX-Baukasten

Da UNIX einmal aus der Notwendigkeit heraus entstand, den Prozeß der Software-Entwicklung zu unterstützen, umfaßt es eine Menge von Werkzeugen für diesen Zweck. Der vielfach verwendete Begriff "Software-Tools" entstand beim UNIX-Entwicklungsteam <KeP76>.

Umfaßt die Tätigkeit des Programmierens von Computern auf den ersten Blick die an einem Phasen-Konzept orientierten Tätigkeiten der Analyse, des Entwurfs, des Codierens, Testens, Neu-Designs etc., so verbringen Software-Entwickler einen großen Teil ihrer Zeit beim Editieren, Umstrukturieren und Verändern von Dokumenten aller Art. Aus diesem Grund können die UNIX-Werkzeuge zur Analyse und Manipulation von Dokumenten auch zu den Software-Entwicklungs-Werkzeugen gezählt werden.

Dieser Abschnitt betrachtet nach einer Kurzeinführung in den Editor *vi* zunächst das universelle Werkzeug grep, welches in den verschiedensten Situationen zum Auffinden von Textmustern in beliebigen Dateien eingesetzt wird. Grep demonstriert sehr deutlich die Einfachheit und Generalität der meisten Software-Tools von UNIX.

Wesentlich mächtiger, aber auch etwas aufwendiger im Gebrauch, ist das Werkzeug make für die Verwaltung und Generierung von lauffähigen Programmversionen aus einer Menge von Quellcode-Dateien.

Das *Source Code Control System (SCCS)* ist ein ganzes Set von Kommandos zum Verwalten von verschiedenen Versionen von Dokumenten, meist Dateien mit Programm-Quellcode.

Awk schließlich ist eine eigene Programmiersprache, die auf alltägliche Aufgaben in der Software-Entwicklung abzielt und vielseitig verwendet werden kann.

3.1.1. Das Editieren von Dateien

3.1.1.1. Editoren unter UNIX

Zum Lieferumfang von UNIX gehören zwei Editoren für Textdateien, ein zeilenorientierter Editor "ed", welcher heute getrost als Überbleibsel der DV-Urzeit betrachtet werden kann (ähnlich dem Editor "edlin", welcher bei MS-DOS mitgeliefert wird). Der zweite bei UNIX mitgelieferte Editor "vi" ist zwar ein bildschirmorientierter (full-screen) Editor, wird jedoch den Benutzern, welche mausorientierte und auf Fenstertechnik basierende Editoren gewohnt sind, zunächst umständlich und unkomfortabel erscheinen. Tatsache ist jedoch, daß sich dieser Editor gerade bei Softwareentwicklern einer immer noch außerordentlichen Beliebtheit erfreut. "vi" benötigt zwar eine gewisse "Eingewöhnungszeit", erlaubt dann aber ein sehr schnelles Editieren und stellt darüberhinaus mächtige Befehle für die Textmanipulationen bereit, so daß er es vom Funktionsumfang ohne weiteres mit modernen Editoren aufnehmen kann.
Im nächsten Abschnitt erfolgt eine kurze Einführung in die Bedienung des Editors vi sowie eine Kurzübersicht der wichtigsten vi-Befehle.

3.1.1.2. Der Editor "vi"

Zentral für die Bedienung des Editors vi ist die Unterscheidung zweier verschiedener Modi, dem *Kommando-Modus*, in dem bestimmte Befehle eingegeben werden können und dem *Insert-Modus*, in welchem der gewünschte Text eingegeben wird. Anfängliche Fehler, bis hin zum Verlust von Textteilen oder ganzen Texten, rühren meist von einer Nichtbeachtung dieser beiden Modi bei der Befehlseingabe her.

Der Aufruf des Editors vi erfolgt durch den Befehl

> vi oder vi [*textname*]

wobei entweder eine neue Datei mit Namen *textname* angelegt wird oder eine schon existierende Datei mit Namen *textname* in den Editor geladen wird.

Das Verlassen des Editors und die Rückkehr zur Betriebssystemebene kann durch folgende Befehle erfolgen:

> :q

bewirkt ein Verlassen des Editors. Dies ist nur dann möglich, wenn keine Änderungen im Text vorgenommen wurden. Ansonsten verläßt man den Editor mit

> ZZ (ohne Return)

wobei der Pufferinhalt abgespeichert wird.

> :q!

bewirkt ein Verlassen des Editors, ohne die Änderungen im Text zu übernehmen, welche seit dem letzten Speichern des Textes vorgenommen wurden (Achtung!). Das Zwischenspeichern des Textes ohne Verlassen des Editors erfolgt durch

> :w oder
> :w [name]

wobei ein Speichern des Textes unter dem bekannten oder einem anderen Namen erfolgt. Das zusammengesetzte Kommando

> :wq oder
> :wq [name]

bewirkt eine Speicherung des Textes mit anschließendem Verlassen des Editors.

Die Eingabe von Text aus dem Kommandomodus heraus wird durch die Buchstaben i, a oder o bzw. O eingeleitet. Hierbei bedeutet:

i	(insert) Einfügen von Zeichen *vor* der aktuellen Cursorposition
a	(append) Einfügen von Zeichen *nach* der aktuellen Cursorposition
o	(open) Einfügen von Zeilen *hinter* der aktuellen Zeile
O	(Open) Einfügen von Zeilen *vor* der aktuellen Zeile

Der Eingabemodus wird durch Drücken der Escape (esc) Taste wieder verlassen. Blättern im Text und die Positionierung des Cursors erfolgt durch die folgenden Befehle:

(Mit dem Zeichen ^ ist hierbei die Control-Taste (Ctrl) gemeint, welche gemeinsam mit dem folgenden Buchstaben gedrückt wird)

^d	Fenster noch oben rollen
^u	Fenster noch unten rollen
^f	Eine Seite vorwärts blättern
^b	Eine Seite rückwärts blättern
<return>	Cursor nach unten
-	Cursor nach oben
<space>	Cursor nach rechts
<backspace>	Cursor nach links
G	Sprung zum Ende des eingegebenen Textes
1G	Sprung zum Anfang des eingegebenen Textes

Anmerkung: In der Regel sind für die oben angegebenen Befehle auf der Tastatur (Terminal oder PC mit Terminal-Emulation) die entsprechend bezeichneten Tasten zur Cursorsteuerung, zum Scrollen und Blättern mit den oben angegeben Funktionen vorbelegt (Cursortasten, PgUp, PgDown, Pos1, End, etc.).

Die wichtigsten Befehle zum Editieren des Textes sind:

dd	Löscht die aktuelle Zeile und speichert deren Inhalt in einem Puffer (delete)
ndd	Löscht ab der aktuellen Zeile n Zeilen und speichert deren Inhalt in einem Puffer
Y	Kopiert die aktuelle Zeile in einen Puffer (yank)
nY	Kopiert n Zeilen in einen Puffer
p	Fügt gelöschte oder kopierte Zeilen (also den aktuellen Pufferinhalt) *nach* der aktuellen Zeile ein (put)
P	Fügt gelöschte oder kopierte Zeilen *vor* der aktuellen Zeile ein
x	Löscht das aktuelle Zeichen
dw	Löscht das aktuelle Wort
D	Löscht den Rest der aktuellen Zeile (ab Cursorposition)

Interessant ist, daß der Editor ed im Rahmen von vi noch eine gewisse Bedeutung hat, da jeder ed-Befehl in vi durch Eingabe eines einleitenden Doppelpunktes ebenfalls verwendet werden kann; so bedeutet (im Kommando-Modus) z.B. die Eingabe der Befehlsfolge

    :r [dateiname]

lies Datei mit Name *dateiname* ein.

Abschließend zu diesem Abschnitt erfolgt eine Zusammenfassung weiterer vi-Befehle, welche für fortgeschrittene Benutzer als Nachschlagewerk dienen können. Quellen hierzu sind <Bou87> und <BoRe88>.

3.1.1.3. Weitere vi-Befehle und Optionen:

Befehle zur Cursorpositionierung:

Befehl	Wirkung
^	Gehe zum ersten Zeichen der Zeile
$	Gehe zum letzten Zeichen der Zeile
w	Gehe zum nächsten Wort
b	Gehe zum letzten Wort
"	Rücksprung zur letzten Position, an welcher eine Änderung durchgeführt wurde
H	Gehe zur ersten Bildschirmzeile
L	Gehe zur letzten Bildschirmzeile
M	Gehe zur Bildschirmmitte
z.	Setze aktuelle Zeile in die Bildschirmmitte

Suchen und Ersetzen:

Befehl	Wirkung
/begriff	Suche vorwärts nach *begriff*
?begriff	Suche rückwärts nach *begriff*
/	Wiederhole letzte Vorwärtssuche
?	Wiederhole letzte Rückwärtssuche
:s/alter_begriff/neuer_begriff	Ersetze in der aktuellen Zeile das erste Auftreten von *alter_begriff* durch *neuer_begriff*
:m,n,s/alter_begriff/neuer_begriff	Ersetze von Zeile m bis n das erste Auftreten von *alter_begriff* durch *neuer_begriff*
:1,$,s/alter_begriff/neuer_begriff/g	Ersetze in der gesamten Datei Auftreten von *alter_begriff* durch *neuer_begriff*
&	Wiederhole letztes Ersetzungskommando

Editieren mehrerer Dateien:

Mit dem Befehl

> vi datei1 datei2 ...

können beim Starten des Editors gleichzeitig mehrere Dateien in den Editor geladen werden. Das Editieren beginnt mit *datei1*, nach dem Speichern dieser Datei kann mit :n die nächste Datei bearbeitet werden, usw. Mit

> :r Datei

kann der Inhalt einer ganzen Datei unterhalb der aktuellen Zeile eingefügt werden.

Individuelle Konfigurierung des Editors:

Die Arbeitsweise des Editors kann durch eine Fülle von Parametern voreingestellt oder während der Arbeit mit dem Editor geändert werden. Voreinstellungen des Editors werden beim Aufruf aus der Umgebungsvariablen EXINIT beim login des Benutzers gelesen. Mit

> :set all

können die aktuellen Einstellungen abgerufen werden. Während dem Arbeiten mit vi können individuelle Einstellungen auf folgende Art und Weise vorgenommen werden:

> :set Option oder
> :set Option = Zeichen

wobei mit

> :set no Option

die entsprechende Option wieder zurückgenommen wird. Folgende Optionen können für den Benutzer von vi von Interesse sein:

Option	Wirkung
ai	Hierbei erfolgt ein automatisches Einrücken der Programmzeilen entsprechend der vorangehenden Zeile
aw	Automatisches Speichern der aktuellen Datei vor :n und !
ap	Automatischer Neuaufbau des Editors nach dem Löschen oder Einfügen von Zeilen
ht	Einstellung der Tabulatorabstände

ic	Ignorieren von Groß- und Kleinschreibung bei der Textsuche
list	Darstellung von Sonderzeichen wie $ (Zeilenende) und ^| (Tabulator) am Bildschirm
nu	Es erfolgt eine Numerierung der Zeilen am Bildschirm
report	Sind durch ein Änderungskommando mehr als fünf Zeilen betroffen, so erfolgt eine entsprechende Warnung
sm	Bei der Eingabe von Klammern ")" oder "}" wird das entsprechende Pendant hell unterlegt

3.1.2. Das Auffinden von Textmustern mit grep, fgrep oder egrep

3.1.2.1. Das Anwendungsgebiet von grep, fgrep, egrep

Ein typisches und häufig vorkommendes Randproblem bei der Handhabung von Texten aller Art ist die Suche nach den Dateien, die einen vorgegebenen Text bzw. einen Text, der einem vorgegebenen Muster entspricht, enthalten.

Eine ähnliche Aufgabe ist es, zu prüfen, wo in einer Datei, beziehungsweise in welchem Zusammenhang, ein solcher Text vorhanden ist.

In der Software-Entwicklung tauchen dauernd solche und ähnliche Fragestellungen auf. Bei der Änderung der Beschreibung einer Variablen, einer Datensatzbeschreibung, einer Bildschirmmaske etc.: Welche Programme verwenden die entsprechende Beschreibung?

Beim Prüfen auf Portabilität zwischen verschiedenen Compilern: Welche Programme enthalten wie häufig und in welchen Zusammenhängen Konstruktionen, die hinsichtlich der Portabilität kritisch sind?

Beim Zurückverfolgen der Projekt-Dokumentation: In welchem Dokument, an welcher Stelle in einem Dokument und wie wurde eine bestimmte Anforderung an das Software-System festgelegt?

3.1.2.2. Die Arbeitsweise von grep, egrep, fgrep

Das UNIX-Kommando grep erlaubt das Durchsuchen einer oder mehrerer Dateien nach den Zeilen, welche eine einem vorgegebenen Muster entsprechende Zeichenkette enthalten. Alle gefundenen Zeilen werden dann von grep auf der Standard-Ausgabe ausgegeben.

Die Arbeitsweise von grep läßt sich anhand eines Struktogramms so darstellen:

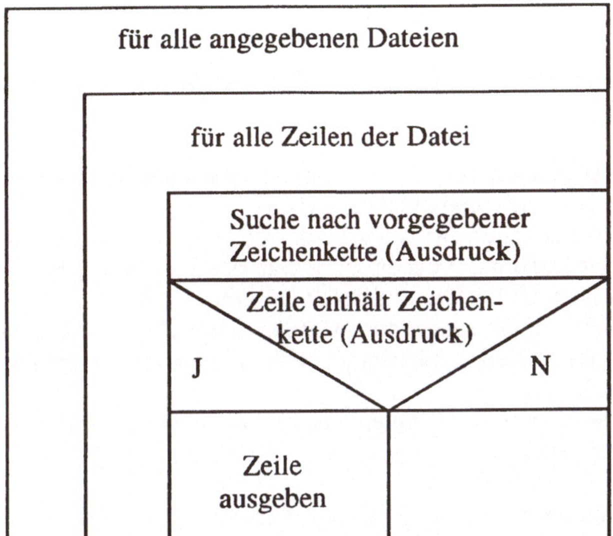

Im einfachsten Fall kann es sich dabei um die Suche nach einer fest vorgegebenen Zeichenkette (wie z.B. "einfacher Fall") handeln, aber ebenso ist auch die Suche nach Zeichenketten, die sogenannten "regulären Ausdrücken" entsprechen, möglich.
Mit regulären Ausdrücken können komplexere Suchmuster für eine grep-Operation definiert werden.
Beispiele:

Finde

- alle Zeilen mit Zeichenketten, die ".REC" enthalten (Suche nach verwendeten Datensatzbeschreibungen in einer COBOL-Quellcode-Datei). Der reguläre Ausdruck dafür ist "\.REC", wobei der Backslash "\" zur Maskierung des Punktes dient. Der Punkt würde sonst als Metazeichen für jedes beliebige Zeichen stehen.

- alle Zeilen, welche eine mindestens 6 Zeichen lange Zeichenkette enthalten, die mit dem Buchstaben "M" beginnt. Der reguläre Ausdruck dafür ist "M.....".

- alle Zeilen , welche mit der Zahl "77" beginnen (Suche nach einstufigen Datenfeldern in einer COBOL-Quellcode-Datei). Der reguläre Ausdruck hierfür ist "^[ ]*77". Das "^"-Zeichen steht hierbei für den Zeilenanfang und "[ ]*" steht für eine Folge von einem oder beliebig vielen Leerzeichen (Blanks).

Auf eine weitergehende Beschreibung, wie diese regulären Ausdrücke definiert werden können, soll an dieser Stelle verzichtet werden. Es wird dazu auf <McM83> und <Bou87> verwiesen.

Mit einigen sogenannten Optionen kann das Verhalten von grep noch modifiziert werden, so z.B.

- in eine Auffinde-Operation, die alle Zeilen ausgibt, die nicht dem regulären Ausdruck entsprechen (grep -v ...) oder
- derart, daß zusätzlich zur Ausgabe der Zeile auch noch die Nummer der Zeile in der Datei ausgegeben wird, was zur Generierung von Befehlsfolgen für Editoren hilfreich ist (grep -n ...);
- daß die Zeilen nicht ausgegeben werden, dafür aber die Häufigkeit des Auftretens (von Zeilen mit) der gesuchten Zeichenkette gezählt wird (grep -c ...);
- daß nur die Namen der Dateien ausgegeben werden, die solche Zeilen enthalten (grep -l ...).

Die Kommandos fgrep und egrep erledigen ähnliche Aufgaben.

Fgrep ermöglicht das Suchen von ausschließlich festen Zeichenketten, wie "fest", arbeitet also nicht mit regulären Ausdrücken. Dies führt außerdem zu einer Verbesserung der Verarbeitungsgeschwindigkeit.

Egrep ist eine Erweiterung von grep und kann komplexere reguläre Ausdrücke verarbeiten. Beispiel: Suche nach allen Dateien, die die Variable X oder die Variable Y enthalten.

Zwei Aspekte sind bei der Anwendung von grep, egrep oder fgrep immer zu beachten:

- Diese Kommandos arbeiten je eine Datei vollständig ab, bevor andere Dateien betrachtet oder andere Kommandos ausgeführt werden.

- Die Dateien werden immer in Abschnitten von Zeilen betrachtet, d.h. ein nach einem regulären Ausdruck zu analysierender Abschnitt beginnt am Anfang oder nach einem Newline-Zeichen und endet mit einem Newline-Zeichen (Das ASCII-Zeichen "Linefeed" wird unter UNIX "Newline"-Zeichen genannt).

3.1.2.3. Anwendungsbeispiele

Anwendungsbeispiel 1:

Gegeben sei ein in COBOL geschriebenes und aus einer Reihe von eigenständigen Programmen bestehendes Softwarepaket. Getrennt vom eigentlichen Programm-Quellcode werden alle Datensatzbeschreibungen, Beschreibungen von Bildschirmmasken und anderen, für das gesamte Softwarepaket (im Gegensatz zu einem einzelnen Programm) relevanten Variablen in einem Data Dictionary gehalten.

Die in einem Programm verwendeten Datenbeschreibungen aus dem Data Dictionary werden zur Compile-Zeit durch COPY-Statements zum Quellcode hinzugefügt.

Wird jetzt beispielsweise das Feld KDN-PLZ (Postleitzahl einer Kunden-anschrift) aus der Datensatzbeschreibung KDNSATZ.COB verändert (z.B. von 4-stellig alphanumerisch auf 6-stellig numerisch), so ergeben sich folgende Fragestellungen:

1. Welche Programme müssen neu übersetzt werden? D.h. es ist heraus-zufinden, in welchen Programmen die Satzbeschreibung KDNSATZ.COB verwendet wird.

2. Welche Programme müssen zudem auch noch verändert werden? In Programmen, wo dem Feld KDN-PLZ ein alphanumerischer Wert zugewiesen wird, sind Änderungen vorzunehmen, da ansonsten Laufzeit-fehler auftreten können.

Beide Fragestellungen lassen sich mit grep auf einfache Weise lösen.

zu 1:

```
$ grep -l "COPY[ ]*KDNSATZ.COB" *pgm.cob

        kdnpgm.cob
        ...
        kunpgm.cob
$
```

Der Aufruf von grep ist so zu erläutern: Gebe die Namen aller Dateien aus, die eine oder mehrere Zeilen mit einer Zeichenkette beginnend mit "COPY", gefolgt von einem oder mehreren Leerzeichen, gefolgt von "KDNSATZ.COB" enthalten. Dabei werden alle Dateien untersucht, deren Namen irgendwie beginnen und mit "pgm.cob" enden (Der "*" vor "pgm.cob" wird bereits von der Shell interpretiert, nicht erst von grep; grep erhält von der Shell alle entsprechenden Dateinamen als Parameter).

zu 2:

```
$grep -n "MOVE [ ]*\".*\" [ ]*TO [ ]*KDN-PLZ" *pgm.cob

  kunpgm.cob:1078:   MOVE "9999" TO KDN-PLZ.
$
```

Hier soll grep alle Namen der gefundenen Dateien sowie die entsprechenden Zeilen unter Angabe einer Zeilennummer ausgeben. Die Ausgabe besagt, daß die Datei mit Namen kunpgm.cob in der Zeile 1078 das ausgegebene COBOL-Statement enthält. Der "*" im obigen regulären Ausdruck steht für eine beliebige Wiederholung des vorangegangenen Zeichens ".", das jedes beliebige Zeichen repräsentiert. ".*" steht also für jede leere bis beliebig lange Zeichenkette, die der Variablen zugewiesen werden soll. Das "\"-Zeichen signalisiert, daß das nächste "-Zeichen noch nicht das Ende des Ausdrucks markiert.

Anwendungsbeispiel 2:

Bei tabellenartig aufgebauten Dateien lassen sich mit grep Abfragen durchführen, die schon fast Datenbankabfragen ähneln. Da grep zeilenorientiert arbeitet, ist ein fester Satzaufbau noch nicht einmal erforderlich.

Hält sich ein Software-Entwickler beispielsweise eine Datei mit noch durchzuführenden Aktivitäten, so kann er mit grep die dort gespeicherten Daten abfragen.

Die entsprechende Datei habe den Namen "aktivitäten" und werde über Eingaben mit normalen UNIX-Editoren verwaltet. Je eine Zeile enthalte eine durchzuführende Aktivität, ein festes Format für die Zeile sei nicht vorgeschrieben. So könnte die Datei das folgende Aussehen haben:

```
kundenprogramm änderung weg. KDN-PLZ dauert 10 min.
mahnungsprogramm änderg. weg. KDN-PLZ dauert 20 min.
besprechnung mit chef am 25.6. um 9 Uhr
telefonat mit ehefrau
telefonat mit freundin
telefonat mit fritz wegen änderung KDN-PLZ
aufräumen dauert 25 min.
```

```
$ grep "änd" aktivitäten
   kundenprogramm änderung weg. KDN-PLZ dauert 10 min.
   mahnungsprogramm änderg. weg. KDN-PLZ dauert 20  min.
   telefonat mit fritz wegen änderung KDN-PLZ
$
```

liefert alle im Zusammenhang mit den Änderungen in Programmen auszuführenden Tätigkeiten.

```
$ grep "tel" aktivitäten
   telefonat mit ehefrau
   telefonat mit freundin
   telefonat mit fritz wegen änderung KDN-PLZ
$
```

liefert alle geplanten Telefonier-Aktivitäten.

Man kann sich leicht vorstellen, daß dieses simple Beispiel durch Integration von grep-Kommandos in Shell-Prozeduren und durch die Kombination mit anderen Kommandos ausgebaut werden kann.

3.1.2.4. Einsatz in der Software-Entwicklung

In der Software-Entwicklung müssen häufig Dokumente aller Art erstellt, verändert, analysiert und manipuliert werden. Für viele Tätigkeiten dieser Art sind grep, fgrep oder egrep wertvolle Werkzeuge.

An den Anwendungsbeispielen ist zu erkennen, daß sonst aufwendige Arbeiten mit diesen Werkzeugen schnell und einfach gelöst werden können.

Die Kommandos grep etc. sind besonders nützlich, wenn man sie als Software-Bausteine in Shell-Prozeduren einsetzt.

Soll beispielsweise eine Shell-Prozedur zum Ausführen der notwendig gewordenen Neu-Übersetzungen generiert werden, so kann man sich leicht vorstellen, daß diese mit einer anderen, das grep-Kommando als zentrale Komponente enthaltenden Shell-Prozedur erzeugt werden kann. Ebenso bereitet die Erstellung einer Liste der durchzuführenden Änderungen nur wenig Aufwand.

Das simple Anwendungsbeispiel 2 kann durch Integration von grep-Kommandos in Shell-Prozeduren und durch die Kombination mit anderen Kommandos leicht ausgebaut werden.

Betrachtet man die beschriebenen Kommandos isoliert, so erscheint es als eine Einschränkung, daß immer mindestens eine Datei vollständig bearbeitet wird. Der mit UNIX wenig vertraute Benutzer empfindet diese Vorgehensweise eher als umständlich. Doch über die Möglichkeit der Einbindung der Kommandos in Pipelines verschwindet dieser Nachteil, denn ein dem grep-Kommando nachfolgendes Kommando kann direkt die erste Ausgabe des grep-Kommandos weiterverarbeiten, ohne daß dieses seine Eingabe schon vollständig abgearbeitet hat.

Aufwendig allein ist das Erlernen des Aufbaus regulärer Ausdrücke, doch schon ohne genauere Kenntnis aller Einzelheiten der Syntax kann grep wertvolle Hilfe in der Software-Entwicklung leisten. Ein Ersetzen von Zeichenketten ist mit grep allerdings nicht möglich.

3.1.3. Verwaltung und Generierung von Programmen mit make

3.1.3.1. Das Anwendungsgebiet von make

Das Werkzeug make wurde für die gemeinsame Verwaltung einer Menge von Dokumenten und zum Ausführen von Aktivitäten zur Wiederherstellung der Konsistenz nach der Durchführung von Änderungen entwickelt.

Wie UNIX selbst, ist auch make zunächst für die Verwaltung von Computer-Programmen gedacht, kann aber für beliebige, auf einem UNIX-System gespeicherte Dokumente verwendet werden. Gerade bei der Programm-Entwicklung leistet make hervorragende Dienste.

Man stelle sich folgende Aufgabenstellung vor: In einem mehrere dutzend Programme umfassenden Programmpaket wird eine Änderung durchgeführt. Der verantwortliche Entwickler muß nun gewährleisten, daß das Programm-System in der lauffähigen Form dem neuesten Stand entspricht, also konsistent ist mit der im Quellcode schon vorhandenen Änderung.

Nach den meist recht unübersichtlichen und nirgends explizit dokumentierten Abhängigkeiten zwischen den Dateien muß er nun entscheiden, welche Programme einen Compile-Vorgang, welche einen Binde-Vorgang etc. zu durchlaufen haben. In einem solchen Fall wird in der Praxis wohl meist alles neu erstellt, da eine Entscheidung, nur bestimmte Programme neu zu übersetzen und zu binden, sehr anfällig für Fehler ist. Die Suche nach einem Fehler dieser Ursache ist meist schwierig und langwierig.

3.1.3.2. Die Arbeitsweise von make

Die Aufgabe von make besteht darin, eine Zieldatei auf den neuesten Stand zu bringen und vorher dafür zu sorgen, daß alle Dateien, von denen die Zieldatei abhängt, ebenfalls auf dem neuesten Stand sind.

Make benutzt dazu folgende Informationen:

1. Eine Beschreibung der Abhängigkeiten und der durchzuführenden Aktivitäten.

2. Die Systemzeit (stellt UNIX zur Verfügung).

3. Zu jeder betrachteten Datei das Datum der letzten Änderung (ist zu den Dateien im UNIX-Dateisystem gespeichert).

Daneben kennt make selbst solche Abhängigkeiten beziehungsweise die auszuführenden Aktivitäten für C- und Fortran-Programme (z.B. daß nach der Änderung von Include-Dateien Compile-Vorgänge durchzuführen sind, wie das Compile-Kommando aufgerufen wird etc.).

Make erhält seine Informationen aus mehreren Quellen und entscheidet dann selbst, welche Aktivitäten notwendig geworden sind und veranlaßt deren Ausführung.

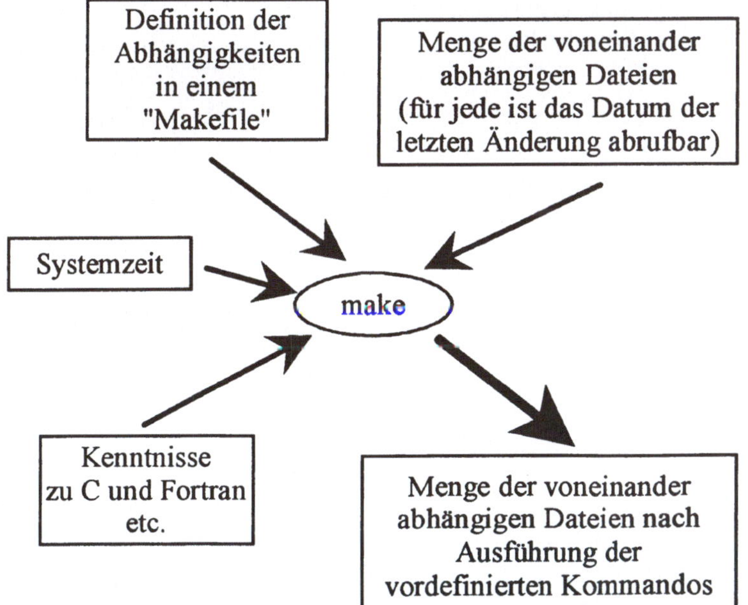

Die Arbeitsweise von make kann in einem Struktogramm so dargestellt werden:

<table>
<tr><td colspan="2">für alle Dateien, von denen für die gerade behandelte Zieldatei eine Abhängigkeit definiert ist</td></tr>
<tr><td colspan="2">Sind für diese Datei auch Abhängigkeiten definiert
J   N</td></tr>
<tr><td>Überprüfung der Abhängigkeiten für diese Datei und Durchführung der notwendigen Aktivitäten.
(man beachte die Rekursivität!)</td><td></td></tr>
<tr><td colspan="2">Ist das Änderungsdatum einer dieser Dateien "jünger" als das der aktuellen Zieldatei
J   N</td></tr>
<tr><td>Ausführen der zu dieser Abhängigkeit definierten Kommandos</td><td></td></tr>
</table>

Wesentlich für make ist also die Definition der Abhängigkeiten zwischen den verschiedenen Dateien, sowie die Festlegung der Aktivitäten, die zu einem konsistenten Zustand führen.

3.1.3.3. "Makefiles"

Die für make relevanten Abhängigkeiten und Aktivitäten werden in einem sogenannten "makefile" festgehalten (dies ist auch standardgemäß der Name der Beschreibungsdatei; andere, frei wählbare Namen sind auch zulässig).

In dem makefile werden festgehalten:

- die Zieldateien,
- die Dateien, von denen eine Zieldatei abhängig ist und
- die zur Erstellung einer konsistenten Zieldatei notwendigen Kommandozeilen.

Beispiel:

```
zieldatei1: voraus1 voraus2
 <tab> erstelle_aus voraus1 voraus2 zieldatei1

zieldatei2: voraus2
 <tab> generiere_aus voraus2 zieldatei2
```

(Bemerkung: <tab> steht für ein Tabulator-Zeichen, das eine auszuführende Aktivität ankündigt).

Ändert sich nun die Datei voraus2, so ist die Datei zieldatei1 mit dem Kommando erstelle_aus ... neu zu erzeugen. Auch zieldatei2 muß mit generiere_aus ... auf den neuesten Stand gebracht werden.

Im Falle einer Änderung von voraus1 ist nur zieldatei1 neu zu erstellen, zieldatei2 jedoch ist weiterhin konsistent.

Ein makefile hat folgenden Aufbau:

```
Abhängigkeitszeile
    Aktivitätenzeilen
Abhängigkeitszeile
    Aktivitätenzeilen
Abhängigkeitszeilen
    :
u.s.w.
```

Dabei dürfen Aktivitätenzeilen auch ganz fehlen. Leerzeilen dürfen nicht auftreten.

Eine Abhängigkeitszeile ist so definiert:

```
ziel1 (ziel2 ...)  :(:)  voraus1 (voraus2 ...)
```

Dabei gelten folgende Regeln:

- Zieldateien sind durch einen oder zwei Doppelpunkt(e) von den Dateien, von denen sie abhängen, getrennt.
- Es muß mindestens eine Zieldatei vorhanden sein.
- Werden mehrere Zieldateien aufgeführt, dann gelten die definierten Abhängigkeiten (und die entsprechenden Aktivitäten) für alle Zieldateien gleichermaßen.
- Es muß mindestens eine Datei rechts vom Doppelpunkt angegeben sein. Dadurch wird eine Abhängigkeit aller links vor den Doppelpunkten stehenden Dateien von dieser Datei definiert.

- Rechts vom Doppelpunkt dürfen auch Dateien aufgeführt sein, die niemals existieren. Für diese "Dummy"-Dateien müssen in demselben makefile allerdings eigene Abhängigkeitszeilen definiert sein.

Aktivitätenzeilen haben folgenden Aufbau:

```
<tab> Shell-Kommandozeile
```

Das <tab>-Zeichen kündigt je eine Kommandozeile an und muß vorhanden sein. Diesem folgt eine Kommandozeile, wie sie im Zusammenhang mit der Shell erläutert wurde.

Jede Kommandozeile wird während der Ausführung von make von einer unabhängigen Shell interpretiert. Da Shell-Variablen lokale Variablen sind, hat dies zur Folge, daß Variablen, deren Wert bei der Ausführung einer Aktivitätenzeile (also Kommandozeile) gesetzt wurde, außerhalb dieser Zeile unbekannt sind.

Es gelten folgende Regeln:

- Nach Abhängigkeitszeilen mit genau einem Doppelpunkt dürfen nur dann Aktivitätenzeilen stehen, wenn die Zieldateien dieser Abhängigkeitszeile nicht zusätzlich noch in anderen Abhängigkeitszeilen auftreten.
- Nach Abhängigkeitszeilen mit zwei Doppelpunkten dürfen immer Aktivitätenzeilen stehen.

Die Festlegung der Aktivitäten kann über mehrere Stufen gehen, wobei quasi ein Abhängigkeitsgraph festgelegt wird.

Der makefile

```
a:  b   c
  <tab> kommando1

b:  c   d   e   f
  <tab> kommando2
  <tab> kommando3

c:  d   e   f
  <tab> kommando4

d:  g   h
  <tab> kommando5
```

ergibt den folgenden Abhängigkeitsgraph

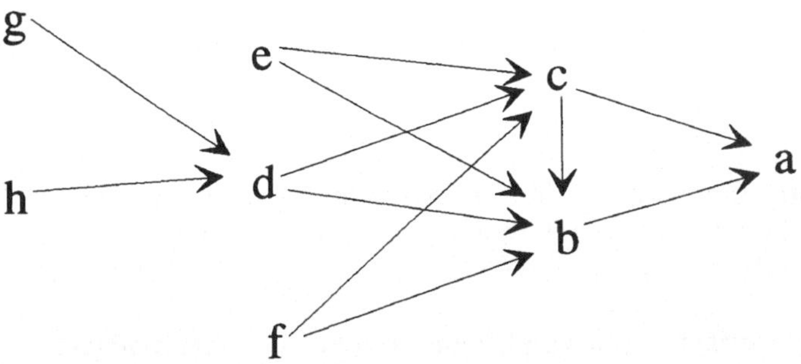

Zur Vereinfachung der Definition von Abhängigkeiten und Aktivitäten können innerhalb von makefiles noch Makros für die Verringerung der Schreibarbeiten definiert und einige make-spezifischen Variablen verwendet werden. Die Verwendung von Makros erlaubt es, beim Aufruf des make-Kommandos Variablenwerte zu spezifizieren. Für deren Erläuterung sei beispielsweise auf <Gul84> oder <McM83> verwiesen.

Außerdem kann die Abarbeitung durch die Angabe verschiedener Optionen modifiziert werden.

Für die Erstellung von makefiles sind außerdem noch folgende Umstände zu beachten:

1. Der Unterschied zwischen Abhängigkeitszeilen mit einem Doppelpunkt von solchen mit zwei Doppelpunkten soll am folgenden Beispiel erläutert werden:

```
schritt1: xyz                 Ist Datei xyz zuletzt
   aktivität1                 geändert worden, so
schritt1: dummy2              werden die Aktivitäten
dummy2:   xyz                 in dieser Reihenfolge
   aktivität2                 ausgeführt:
schritt1: dummy3                    aktivität2
dummy3:   xyz                       aktivität3
   aktivität3                       aktivität1


a :: b                        Hier ergibt sich die
   aktivität1                 Reihenfolge:
a :: b                              aktivität1
   aktivität2                       aktivität2
a :: b                              aktivität3
   aktivität3
```

Taucht nur ein Doppelpunkt in der Abhängigkeitszeile auf, so überprüft make zunächst alle anderen Abhängigkeitszeilen, in denen Abhängigkeiten zur selben Zieldatei definiert sind.

Werden zwei Doppelpunkte verwendet, so werden zuerst alle Aktivitäten ausgeführt, die sich aus der ersten Abhängigkeitszeile einer Zieldatei ergeben. Erst später betrachtet make dann die anderen Abhängigkeiten zur selben Zieldatei.

2. Bei mehrstufigen Abhängigkeiten werden alle Aktivitäten nur dann ausgeführt, wenn die jeweiligen Zieldateien der Zwischenschritte mit einem neuen Änderungsdatum versehen werden.

Beispiel:

```
a : b                        Wurde d zuletzt verändert,
  aktivität1                 so wird nach diesem make-file
b : c file                   zunächst aktivität3 ausgeführt.
  aktivität2                 Die Ausführung von aktivität2
c : d                        erfolgt jedoch nur, wenn
  aktivität3                 c von aktivität3 neu erstellt
                             wurde, oder sowieso später
                             als b verändert wurde.
```

Mit Hilfe des Kommandos *touch*, welches das Datum der letzten Änderung einer Datei verändert, kann im obigen Beispiel die Ausführung aller Aktivitäten sichergestellt werden.

```
a : b                        War auch hier d als letzte
  aktivität1                 Datei verändert worden, so
b : c                        wird zunächst aktivität3
  aktivität2                 ausgeführt, dann mit touch
  touch b                    das Änderungsdatum von c
c : d                        aktualisiert, dann aktivi-
  aktivität3                 tät2 ausgeführt, danach
  touch c                    das Änderungsdatum von b
                             neu gesetzt und zuletzt
                             aktivität1 ausgeführt.
```

3. Die Korrektheit der UNIX-Systemzeit wird von make vorausgesetzt, ist also für ein einwandfreies Funktionieren unabdingbar.

3.1.3.4. Anwendungsbeispiele

Anwendungsbeispiel 1:

Ein Programmsystem setze sich aus C-Programmen, C-Include-Dateien, COBOL-Programmen und COBOL-Copies zusammen (C-Programme werden zusammen mit den jeweiligen Includes, COBOL-Programme mit den notwendigen Copies compiliert).

Die Abhängigkeiten seien folgendermaßen gegeben: Das Endprodukt, die lauffähige Programmversion, besteht aus drei Programmen "eingabe", "verarbeitung" und "ausgabe".

Das Programm "eingabe" entsteht durch das Zusammenbinden der Module "eingabe.o" und "datum.o". Das Modul "verarbeitung" setzt sich aus "eingabe.o", "verarbeit.o" und "pruef.o" zusammen; "ausgabe" ensteht aus "ausgabe.o".

Zu "eingabe.o" werden die COBOL-Dateien "eingabe.cob", "global.cob", "kdnsatz.cob" und "maske.cob" compiliert. Ebenso ergibt sich "datum.o" aus der Compilation des C-Programms "datum.c", welches die Include-Dateien "tag.h", "monat.h" und "jahr.h" benutzt. "pruef.o" entsteht aus "pruef.c", "verarbeit.o" aus "verarbeit.cob", "global.cob", "kdnsatz.cob", "aussatz.cob", "ausgabe.o" aus "ausgabe.cob", "global.cob" und "aussatz.cob".

Es ergibt sich folgender Abhängigkeitsgraph:

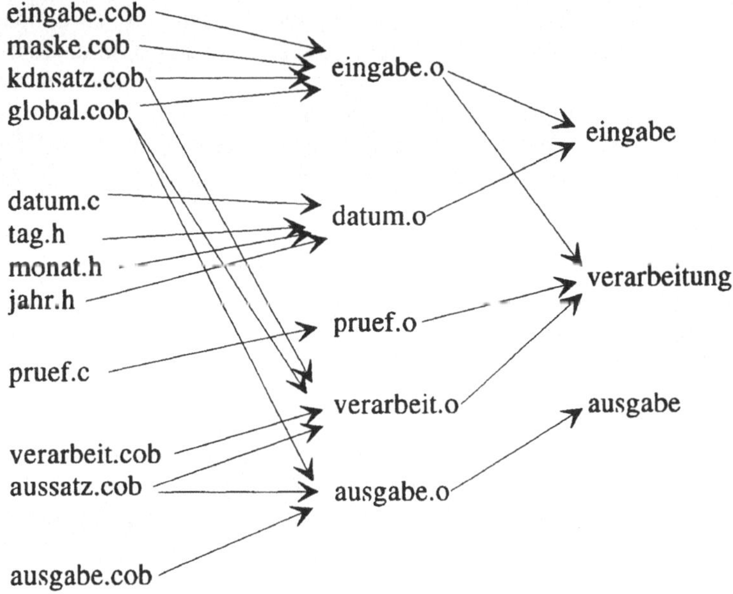

Das resultierende makefile hätte etwa folgendes Aussehen (Bemerkung: "system"
ist eine "Dummy"-Datei):

```
system:   eingabe verarbeitung ausgabe
eingabe: eingabe.o datum.o
 <tab> binde eingabe.o datum.o eingabe
verarbeitung: eingabe.o pruef.o verarbeit.o
 <tab> binde eingabe.o pruef.o verarbeit.o verarbeitung
ausgabe: ausgabe.o
 <tab> binde ausgabe.o ausgabe
eingabe.o: eingabe.cob global.cob kdnsatz.cob maske.cob
 <tab> COBOL eingabe.cob
datum.o: datum.c tag.h monat.h jahr.h
 <tab> cc datum.c
 <tab> mv a.out datum.o
pruef.o: pruef.c
 <tab> cc pruef.c
 <tab> mv a.out pruef.o
verarbeit.o: verarbeit.cob global.cob kdnsatz.cob \
      aussatz.cob
 <tab> COBOL verarbeit.cob
ausgabe.o: ausgabe.cob aussatz.cob kdnsatz.cob \
      global.cob
 <tab> COBOL ausgabe.cob
```

Anmerkungen: cc ist der Compiler für C-Programme, COBOL der COBOL-
Compiler und *mv* das Kommando zum Umbenennen von Dateien.

Exemplarisch sei hier noch einmal eine der definierten Abhängigkeiten mit den
zugehörigen Aktivitäten erläutert: Die Komponente "datum.o" ist abhängig von
der Datei "datum.c" mit C-Quellcode sowie von den C-Includes "tag.h",
"monat.h" und "jahr.h". Hat sich zur Zeit der Abarbeitung des makefiles eine
dieser Dateien verändert, so wird das Programm "datum.c" unter Verwendung der
Includes von neuem compiliert und die Ausgabe des C-Compilers ("a.out") in
"datum.o" umbenannt. Ändert sich nun die Include-Datei "monat.h", so geschieht
nach Aufruf von make folgendes:

```
$ make
 cc datum.c
 mv a.out datum.o
 binde eingabe.o datum.o eingabe
$
```

Danach sind die lauffähigen Programme alle auf dem neuesten Stand. Es ist zu
beachten, daß im Falle des nicht Vorhandenseins von beispielsweise "eingabe.o"
zusätzlich alle Aktivitäten hinzukommen, die zur Erzeugung dieser Datei
notwendig sind.

Anwendungsbeispiel 2:

Diente das vorherige Beispiel zur Veranschaulichung der Anwendung von make in seinem ursprünglichen Arbeitsbereich (der Programm-Pflege), so zeigt das zweite Beispiel die allgemeinere Verwendbarkeit dieses Werkzeuges.

Eine Entwicklungs-Abteilung sei in mehrere Unterabteilungen gegliedert. Diese führen jeweils eines oder mehrere Projekte durch und untergliedern diese wiederum nach den jeweiligen Gegebenheiten.

Beispiel:

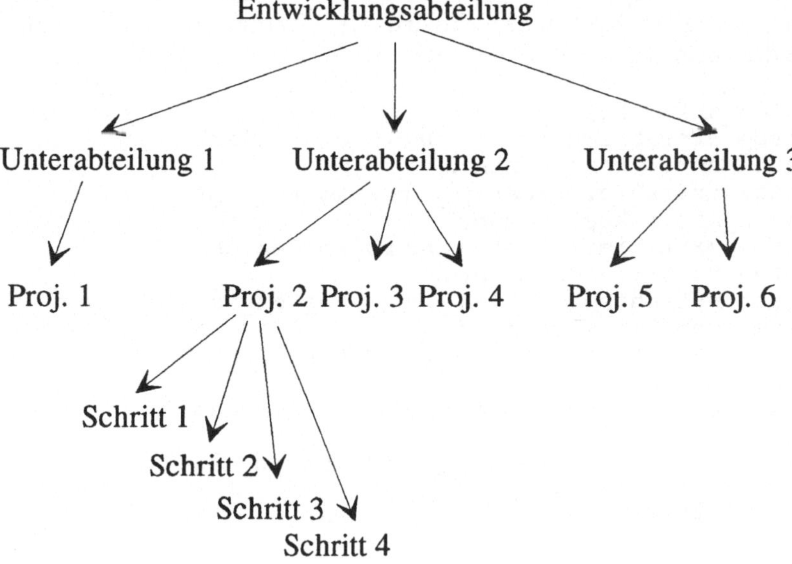

Entsprechend werden auch die Kapazitäts-, Zeit- und Kostenplanung sowie darauf basierende Soll-/Ist-Vergleiche organisiert sein.

Das Zahlenmaterial auf einer Stufe ergibt sich jeweils aus den Werten der nächstniedrigeren Stufe. Beispielsweise sind die Ist-Werte der Unter-Abteilung 2 die aggregierten Werte aus den Projekten 2,3 und 4.

Kostenkontrolle	Unterabteilung 2		
	Soll	Ist	Neue Schätzg.
Proj.2	100.000	65.000	110.000
Proj.3	20.000	5.000	20.000
Proj.4	70.000	0	70.000
Summen	190.000	70.000	200.000

Kostenkontrolle	Projekt 2		
	Soll	Ist	Neue Schätzg. :
Schritt1	20.000	20.000	30.000
Schritt2	30.000	25.000	35.000
Schritt3	10.000	5.000	15.000
Schritt4	40.000	15.000	30.000
Summen	100.000	65.000	110.000

Da es wenig sinnvoll ist, jede einzelne Tabelle neu zu erstellen, um eine generelle Übersicht zu erhalten, bietet sich auch hier der Einsatz von make an.

Setzt man voraus, es existiere ein Kommando "extrahiere" zum Herausziehen der Summen aus einer Kostenübersicht und die Übertragung in eine andere, so könnte das entsprechende makefile aufgestellt werden.

```
kosten_abt:: kosten_uabt1
 <tab> extrahiere kosten_uabt1 kosten_abt
kosten_abt:: kosten_uabt2
 <tab> extrahiere kosten_uabt2 kosten_abt
kosten_abt:: kosten_uabt3
 <tab> extrahiere kosten_uabt3 kosten_abt
kosten_uabt1:: kosten_proj1
 <tab> extrahiere kosten_proj1 kosten_uabt1
kosten_uabt2:: kosten_proj2
 <tab> extrahiere kosten_proj2 kosten_uabt2
kosten_uabt2:: kosten_proj3
 <tab> extrahiere kosten_proj3 kosten_uabt2
kosten_uabt2:: kosten_proj4
 <tab> extrahiere kosten_proj4 kosten_uabt2
kosten_uabt3:: kosten_proj5
 <tab> extrahiere kosten_proj5 kosten_uabt3
kosten_uabt3:: kosten_proj6
 <tab> extrahiere kosten_proj6 kosten_uabt3
kosten_proj2:: kosten_schritt1
 <tab> extrahiere kosten_schritt1 kosten_proj2
kosten_proj2:: kosten_schritt2
 <tab> extrahiere kosten_schritt2 kosten_proj2
kosten_proj2:: kosten_schritt3
 <tab> extrahiere kosten_schritt3 kosten_proj2
kosten_proj2:: kosten_schritt4
 <tab> extrahiere kosten_schritt4 kosten_proj2
```

Im Unterschied zum makefile aus dem vorangegangenen Beispiel existieren für einige Zieldateien mehrere Abhängigkeitszeilen, die jeweils die Abhängigkeit von nur einer anderen Datei definieren (wird in dem makefile mit dem zweifachen Doppelpunkt "::" kennbar gemacht).

Ändern sich nun die Kostenübersichten im Schritt 4 von Projekt 2 und die von Projekt 3, so ergibt sich beim Aufruf von make das folgende Bild:

```
$ make
 extrahiere kosten_schritt4 kosten_proj2
 extrahiere kosten_proj2 kosten_uabt2
 extrahiere kosten_proj3 kosten_uabt2
 extrahiere kosten_uabt2 kosten_abt
$
```

3.1.3.5. Einsatz in der Software-Entwicklung

Am zweiten Beispiel wird deutlich, daß make auch in ganz anderen Zusammenhängen als bei der Generierung lauffähiger Software aus einer Anzahl von Quellcode-Dateien Verwendung finden kann.

Die Erstellung der makefiles erfordert eine gründliche Vorbereitung und eine genaue Kenntnis der etwas kryptischen Syntax. Sowohl die Fehlermeldungen von make, als auch die vorhandene Dokumentation geben Anlaß zur Kritik, denn sie sind äußerst knapp und schwer verständlich.

Etwas nachteilig wirkt sich aus, daß make die Notwendigkeit der Durchführung einer Aktivität allein aus der Tatsache erkennt, daß das Änderungsdatum einer Zieldatei älter ist als das von mindestens einer der Dateien, von denen die Zieldatei abhängt. Dies ist zwar ein hinreichendes Kriterium, aber nicht in allen Fällen ein notwendiges (Eine Änderung, die ein neues Datum bewirkt, muß nicht notwendigerweise Anlaß für Aktivitäten sein!). Andere Kriterien hängen vielmehr stark von Form und Inhalt des jeweiligen Dokuments ab und sind daher in UNIX bzw. mit make nicht abgehandelt.

Immerhin erlaubt make prinzipiell die Integration von Kommandos, die die jeweilige Datei auf die Art der Änderung hin untersuchen könnten. Solche Kommandos sind allerdings nicht vorhanden, sie müßten noch für den jeweiligen Zweck entwickelt werden.

```
    zieldatei: voraussetzung
     <tab> check voraussetzung aktivität
```

Der Einsatz von make ist aber immer dann sinnvoll, wenn im Falle von Änderungen an einzelnen Komponenten eines Systems nur diejenigen Komponenten neu zu erzeugen sind, die von der veränderten in irgendeiner Weise abhängen. Im Idealfall kann die Erzeugung dieser abhängigen Komponenten automatisch erfolgen (Beispiel: Compile- und Bindevorgänge), eine manuelle Durchführung, bzw. eine Ausgabe einer Aktivitätenliste wäre jedoch gleichermaßen vorstellbar und sinnvoll.

Im Vergleich zu anderen UNIX-Tools ist make atypisch, da es kein Filter-Programm ist, also auch zur Verwendung in Pipelines wenig geeignet ist (es liest nicht von der Standard-Eingabe und schreibt nicht auf die Standard-Ausgabe).

3.1.4. Das Verwalten verschiedener Versionen mit dem Source Code Control System (SCCS)

3.1.4.1. Das Anwendungsgebiet des SCCS

"Computer-Programme ändern sich dauernd. Da sind Fehler zu beheben, Ergänzungen zu machen und Optimierungen durchzuführen. Nicht nur die aktuelle Version ist zu ändern, sondern auch die vom vorigen Jahr (die noch immer unterstützt wird) und die vom nächsten Jahr (die fast fertig ist)" (<Roc75>). Diese alte Weisheit hat auch heute kaum an Aktualität verloren. Das Verwalten verschiedener Versionen eines Dokuments bzw. einer Menge von Dokumenten ist eine aufwendige und problematische Tätigkeit.

Typische Probleme sind:

- Änderungen in einer Version eines Moduls werden für andere Versionen vergessen.
- Generell ist es nach der Durchführung von Änderungen schwer, genau zu sagen, was sich änderte, wann es geändert wurde und warum die Änderung erforderlich war.
- Änderungen in einer Version werden auch in anderen Versionen durchgeführt, wo sie wegen des Versionen-Unterschieds zu ganz anderen, oft falschen Ergebnissen führen.

Ein Nebeneffekt ist der hohe Verwaltungsaufwand, der für die Unterscheidung der Versionen notwendig wird; zudem wird ein Mehrfaches an sekundärem Speicherplatz zum Speichern von redundanten Informationen (die Gemeinsamkeiten zwischen den Versionen werden mehrfach gehalten) benutzt.

Das Source Code Control System (SCCS) ist eine Kollektion von Kommandos für die Kontrolle verschiedener Stände von Textdateien. Ebenso wie make war es ursprünglich ausschließlich für die Verwaltung von Quellcode-Dateien vorgesehen, läßt sich jedoch für alle Arten von Dokumenten verwenden.

3.1.4.2. Die Konzeption des SCCS

Die im SCCS realisierten Grundideen sind die folgenden:

1. Alle Versionen eines Moduls werden gemeinsam in einer einzigen Datei gespeichert. Damit ist keine redundante Speicherung mehr nötig.
2. Aufbauend auf dem Zugriffsschutzmechanismus von UNIX kann festgelegt werden, wer welche Dateien in welchen Versionen verändern darf.
3. Der ausführbare Code wird automatisch mit Versionsnummer, Datum, Zeit etc. versehen, so daß der dazugehörige Quellcode mit Leichtigkeit bestimmt werden kann.
4. Es werden nicht nur die verschiedenen Versionen an sich verwaltet, sondern auch der Name des Ändernden, wann die Änderung erfolgte und vor allem, warum die Änderung notwendig war.
5. Das SCCS unterstützt sowohl die Generierung einer bestimmten Version, wie auch das Erstellen einer neuen Version. <Roc75>

Das Source Code Control System unterscheidet bei der Versionsverwaltung die Begriffe Release, Level und Delta.

Ein Release ist eine Version eines Moduls. Die Releases sind von 1 an aufsteigend numeriert. Ein Level ist quasi eine Unterversion zu einem Release. Auf der Stufe der Levels werden die Unterschiede zwischen den Versionen festgehalten.

Ein Delta stellt den Unterschied zwischen zwei Levels dar. Die erste Version eines Dokuments ist das erste Delta, die Unterschiede nach der nächsten Änderung, d.h. die Menge aller Modifikationen, machen das zweite Delta aus und so fort. Das SCCS versieht jedes Delta mit einer SCCS-Identifikation (SID).

Beispielsweise können die Release-Nummern die Versionen ganzer Programm-Systeme repräsentieren, die Level-Nummern dagegen die aufeinanderfolgenden Deltas zu einem einzelnen Modul. Der Benutzer des SCCS kann die Numerierung nach seinen eigenen Vorstellungen benutzen.

Der Arbeitsablauf sieht dann etwa so aus: Mit Beginn der Erstellung eines Moduls erhält er die Nummern Release 1, Level 1. Jede Änderung des Moduls bewirkt das Entstehen eines neuen Deltas und die Level-Nummer wird dabei hochgezählt. Es entstehen die Deltas mit den Nummern 1.2 (Release 1, Level 2), 1.3, 1.4 u.s.w. Dabei wird nicht automatisch für jede Änderung (z.B. während des Auffindens von Syntax-Fehlern nach einem Compile-Vorgang) ein neues Delta gebildet, sondern erst dann, wenn der Benutzer die Änderung für abgeschlossen erklärt.

Irgendwann wird dann die Release-Nummer um 1 erhöht und die Level-Numerierung beginnt wieder bei 1. Durch Verzweigung können sogenannte Delta-Bäume entstehen.

Die Numerierung von Deltas in Verzweigungen wird um eine Verzweigungsnummer und um eine Folgenummer erweitert (Reihenfolge: Release-Nummer, Level-Nummer, Verzweigungsnummer, Folgenummer). In Verzweigungen ist ein neues Release nicht mehr möglich.

Beispiel:

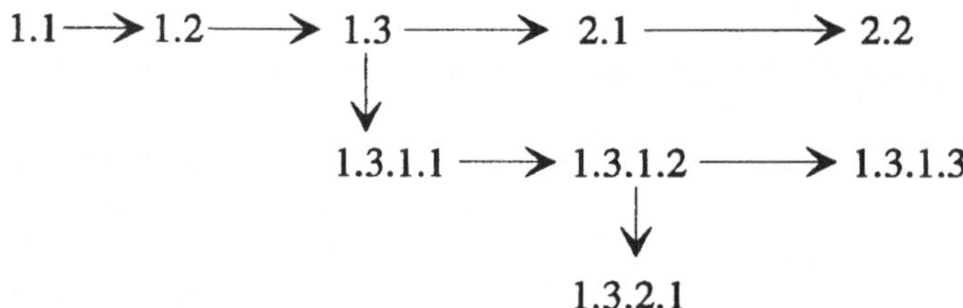

Version 1.3.1.1 und Version 2.1 stammen beide von der Version 1.3 ab. Mit den SCCS-Delta-Bäumen können für bestimmte Versionen beispielsweise Wartung und Weiterentwicklung unabhängig voneinander durchgeführt werden (falls erforderlich).

Für den Benutzer ist es nun möglich, auf jeden Stand eines gewünschten Moduls zuzugreifen, sofern er die dazu notwendigen Zugriffsrechte besitzt. Ausgehend von Version 1.1. des angesprochenen Dokuments (allein 1.1. ist ein vollständiges Dokument) berücksichtigt das SCCS bei der Generierung dann alle Deltas, die zur spezifizierten Version führen.

Interessant ist die Frage, was geschieht, wenn eine Änderung bei einer anderen Version als der aktuellsten (d.h. der neuesten) durchzuführen ist (im vorangegangenen Delta-Baum z.B. eine Änderung bei 2.1).

Die Übernahme der Änderungen in die nachfolgenden Versionen (z.B. 2.2 und 3.1) kann sinnvoll sein, wenn sich diese Versionen an der Stelle der Änderung in der älteren Version gleichen. Hat sich von der älteren Version zu einer neueren Version dort schon eine Änderung beliebiger Art ergeben, so ist die Übernahme der Änderung auf keinen Fall sinnvoll. Diese Entscheidung überläßt das SCCS dem Benutzer (ältere Versionen des SCCS erzwangen die Übernahme, was sich jedoch als wenig sinnvoll erwies - siehe <Gla77>).

Wie schon erwähnt, kann auf die SCCS-Dateien mit einer Reihe von Kommandos zugegriffen werden.

3.1.4.3. Erzeugung und Verwaltung der Dokumente

Die SCCS-Dokumente (Quellcode-Module, Textdateien etc.) werden mit dem Kommando *admin* geschaffen und verwaltet.

Der Befehl

```
$ admin -i dokument s.dokument
$
```

kreiert eine SCCS-Datei aus dem vorhandenen Dokument "dokument". Zur Vermeidung von Redundanzen sollte diese Datei nach der Ausführung des admin-Kommandos gelöscht werden.

Ein Name einer SCCS-Datei hat immer die Form

    s.unixname,

wobei die beiden Zeichen "s." signalisieren, daß es sich bei dieser Datei um eine SCCS-Datei handelt (im Gegensatz zu anderen, von SCCS unabhängigen Dateien), und "unixname" der Name der Datei ist, wenn sie außerhalb des SCCS von UNIX verwaltet wird.

Im vorangegangenen Beispiel wäre dies "dokument".

Daneben hält sich SCCS noch Sicherungsdateien während der Generierung einer neuen Version (x.unixname) und eine Art von Informationsdateien, die angeben, welche Dateien gerade bearbeitet werden, bzw. für den Zugriff von anderen Benutzern gesperrt sind (z.unixname). Eine andere Datei (p.unixname) enthält Informationen zur SCCS-Datei während der Durchführung von Änderungen.

Außer der Erzeugung von SCCS-Dateien übernimmt das *admin*-Kommando noch Verwaltungsaufgaben, wie

- das Erlauben oder Unterbinden gleichzeitiger Änderungen eines Dokuments,
- das Sperren und Freigeben ganzer Releases für weitere Änderungen,
- das Festlegen, ob die Einführung von Verzweigungen bei den Versionen zulässig ist,
- das Einfügen von Kommentaren,
- das Definieren von Zugriffsrechten gemäß den dem System bekannten Benutzernamen und/oder Gruppennamen,

sowie einige weniger bedeutende Funktionen.

3.1.4.4. Die Verwendung vorhandener Versionen und die Erzeugung neuer Versionen

Das Kommando *get* veranlaßt das SCCS, den Text (Quellcode) der jeweils angegebenen Version zu erzeugen.

```
$ get s.modul
  1.7
  20 lines
$
```

Ohne die Angabe einer speziellen Versionsnummer wird die aktuelle Version generiert. Im obigen Beispiel führt der eingegebene Befehl zum Bereitstellen der neuesten Version des Programmoduls mit Namen "modul" durch das SCCS. Das get-Kommando gibt noch die Versionsnummer und die Anzahl der Zeilen aus.

```
$ get -r1 s.modul
  1.7
  20 lines
$
```

Im zweiten Beispiel wird der Text zum höchsten Level des Releases 1 erzeugt.

```
$ get -r1.5 s.modul
  1.5
  18 lines
$
```

Die gewünschte Level-Nummer kann auch genau angegeben werden, wie zum Beispiel 1.5.

Auf diese Weise kann auf eine bestimmte Version des Dokuments zurückgegriffen werden, z.B. für die Generierung eines lauffähigen Programms in einer bestimmten Version aus dem entsprechenden Programm-Quellcode.

Soll eine Änderung durchgeführt werden, so ist dies mit dem *get*-Kommando explizit anzugeben, damit das SCCS von der neuerlichen Bearbeitung des Moduls informiert ist. So kann es während dieser Zeit weitere Anfragen, dieses Modul zur Änderung abzurufen, ablehnen. Mögliche Konflikte durch eine parallele Durchführung von Änderungen am gleichen Modul können so verhindert werden.

```
$ get -e -r2 s.modul
  1.7
  new delta 2.1
  20 lines
$
```

ist der dazu notwendige Befehl (die Option "e" steht für "editieren").

Nach diesem Schritt kann der Software-Entwickler das Modul beliebig verändern, compilieren, testen etc. Erst nach Abschluß der Änderung wird dann die neue Version mit dem Befehl *delta* wieder an das SCCS zurückgegeben.

```
$ delta s.modul
  comments ? Änderungsanfrage Nummer 284 erledigt!
  2.1
  2 inserted
  0 deleted
  20 unchanged
$
```

Delta erlaubt die Eingabe eines Änderungskommentars, um für spätere Rückgriffe den Grund der Änderung festzuhalten. Danach gibt *delta* noch die neue Versionsnummer, sowie die Anzahl der eingefügten, der gelöschten und der unveränderten Zeilen aus.

Zur Vermeidung von Inkonsistenzproblemen sind während der Zeit zwischen einem "get -e"-Kommando und einem delta-Kommando keine weiteren Änderungen möglich.

Auf diese Weise entsteht eine neue Version des Dokuments (ein neues Delta).

3.1.4.5. SCCS-Kommandos

Die nachfolgende Aufstellung gibt eine Übersicht über weitere SCCS-Kommandos:

SCCS-Kommando	Aufgabe
cdc	Mit cdc kann die zu einer Änderung (d.h. zu einem Delta) eingegebene Erläuterung des Änderungsgrunds geändert werden. So werden Korrekturen möglich, ohne daß ein neues Delta erstellt werden muß.

comb	Das comb-Kommando erzeugt eine Shell-Prozedur, mit deren Ausführung mehrere Deltas zu einem zusammengefaßt werden können. Welche Deltas dabei erhalten bleiben sollen, kann genau spezifiziert werden. Der in der Shell-Prozedur vorgesehene Probelauf ist empfehlenswert, denn der Effekt der Komprimierung kann in bestimmten Fällen zu größeren Dateien führen, was die echte Ausführung sinnlos macht.
help	Über help kann der Benutzer Informationen zu SCCS-Meldungen abfragen, bzw. sich die Benutzung der SCCS-Kommandos erklären lassen.
prs	Das prs-Kommando gibt die gespeicherten Informationen (eine Änderungsgeschichte) zu allen Deltas vor oder nach einer vorgegebenen Version aus. Dazu gehören • Versionsnummer, • Datum und Zeit, • Name der Person, die die Änderung durchgeführt hat, • das Vorgänger-Level, • die Anzahl der eingefügten, gelöschten und unverändert gebliebenen Zeilen in der Datei und • der Grund der Änderung.
rmdel	Die neuesten Deltas einer SCCS-Datei können gelöscht werden (d.h. nur die Blätter eines SCCS-Delta-Baumes).
sact	sact gibt Informationen zu den aktuellen Änderungsaktivitäten der SCCS-Dateien aus. Bei Angabe von Directories als Parameter werden alle dort eingetragenen SCCS-Dateien untersucht.
sccsdiff	Mit sccsdiff lassen sich die Unterschiede zwischen zwei Versionen ermitteln. Es vergleicht zwei Versionen und gibt die sich unterscheidenden Zeilen aus.
unget	unget macht ein vorangegangenes get-Kommando zum Ändern einer Datei rückgängig.
val	Mit val wird eine Bestimmung von mit dem admin-Kommando definierten Charakteristiken einer SCCS-Datei möglich (Validierung).
what	Über what kann eine SCCS-Datei identifiziert werden.

3.1.4.6. Anwendungsbeispiel

Ein Softwarepaket werde sowohl für 16-bit PCs mit dem MS-DOS-Betriebssystem, als auch für 32-bit PCs mit OS/2 erstellt. Wegen der geringeren Leistungsfähigkeit der 16-bit-Systeme wird die Software ausschließlich für OS/2 weiterentwickelt. Für das MS-DOS Produkt werden nur noch Wartungsarbeiten ausgeführt.

Da ein großer Teil des Programm-Codes, der Dokumentation, des Benutzer-
handbuchs etc. unverändert bleibt, empfiehlt sich die Verwaltung mit dem SCCS.

Beispielsweise bleiben beim Benutzerhandbuch wesentliche Teile, wie die
Einleitung, allgemeine Bedienungshinweise und andere Komponenten, gleich.

Nachfolgend sei der zugehörige SCCS-Baum für das Benutzerhandbuch
dargestellt.

$$1.1 \longrightarrow 1.2 \longrightarrow 1.3 \longrightarrow 2.1 \longrightarrow 2.2 \longrightarrow 2.3 \quad \textbf{32-bit}$$
$$\downarrow$$
$$1.3.1.1 \longrightarrow 1.3.1.2 \longrightarrow 1.3.1.3 \quad \textbf{16-bit}$$

Wird für die 32-bit Version eine neue Funktion eingeführt, so kann eine
Änderung mit diesen Befehlen durchgeführt werden:

```
$ get -e s.handbuch.dok
   :
$
```

Durchführung der Änderungen

```
$ delta s.handbuch.dok
   :
$
```

Eine Änderung der 16-bit Version geht ähnlich vor sich:

```
$ get -e -r1.3.1.3 s.handbuch.dok
   :
$
```

Durchführung der Änderungen

```
$ delta s.handbuch.dok
   :
$
```

Auf diese Weise kann auf alle Versionen des Handbuches zurückgegriffen
werden. Auch die Änderung gemeinsamer Teile ist möglich.

3.1.4.7. Einsatz in der Software-Entwicklung

Zur Verwaltung der Versionen eines Dokuments erscheint der Einsatz des SCCS
sinnvoll, da

- die Redundanz der mehrfachen Speicherung entfällt,
- auf beliebige ältere Versionen zurückgegriffen werden kann,
- verschiedene Versionen mit wenig Aufwand verglichen werden können,
- zudem noch wichtige Informationen wie Änderungsgründe, Name des
  Ändernden etc. abrufbar sind.

Etwas praxisfern ist allerdings die Implementierung des SCCS, das Dokumente
nur in Release 1.1 vollständig speichert und so beim Zugriff auf die aktuelle
Version unter Umständen eine ganze Serie von Deltas abarbeiten muß.
Praxisgerechter wäre die umgekehrte Vorgehensweise, da wohl meistens auf die
aktuellen Versionen zugegriffen wird. Das heißt, daß jeweils die neueste Version
als vollständige Datei vorhanden wäre und beim Zugriff auf ältere Versionen
sogenannte "Rückwärts"-Deltas anzuwenden wären.

Ein solches System wurde von Tichy vorgeschlagen <Tic82>. Änderungen bei
Verzweigungen sind bei einem solchen System allerdings aufwendiger.

Bei größeren Software-Produkten besteht eine Version jeweils aus einer ganzen
Serie von Dokumenten. Die dadurch entstehenden Probleme werden von Seiten
des SCCS vernachlässigt und müssen vom Anwender gelöst werden.

3.1.5. Die Analyse und Manipulation von Daten mit awk

3.1.5.1. Das Anwendungsgebiet von awk

Mit grep, egrep, fgrep sind schon einige Kommandos für die Analyse von Daten
vorgestellt worden. Ein weit mächtigeres Werkzeug dieser Kategorie ist awk. Der
Name des awk-Kommandos erklärt sich aus den Namen seiner Autoren (a von
Aho, w von Weinberger, k von Kernighan; siehe auch <AKW79>).

Es dient dem Zweck, die vielfältigen Tätigkeiten zu erleichtern, bei denen
vorhandene Informationen in eine andere Darstellungsweise transformiert werden
sollen.

Dazu gehören

- das Selektieren eines Teils der Informationen nach vorgegebenen Kriterien,
- das Umordnen der gegebenen Daten und
- die Transformation der Daten in eine andere Form,

sowie alle möglichen Kombinationen dieser Aufgabenstellungen.

Zwar sind solche Aufgaben meist konzeptionell recht einfach zu lösen, der Realisierungsaufwand ist wegen der Details jedoch nicht zu unterschätzen. Mit awk wurde ein Software-Tool entwickelt, das die Erledigung von Aufgaben, wie

- einfache Gewinnung von Informationen,
- Textmanipulationen,
- Generierung von Reports etc.

auf einfache Weise erlaubt.

3.1.5.2. Die Arbeitsweise von awk

Ein awk-Programm liest eine Eingabedatei satzweise. Die Definition, um welche Art von Datensatz es sich handeln soll, liegt dabei allein beim Benutzer, da UNIX bekanntlich keine Datensätze kennt (standardmäßig betrachtet awk eine durch ein Newline-Zeichen beendete Zeichenfolge als Datensatz).

Nach dem Einlesen eines ganzen Datensatzes werden einzelne Felder des Satzes (das sind Zeichenketten, jeweils voneinander getrennt durch Leerzeichen oder andere dafür geeignete ASCII-Zeichen) oder der komplette Datensatz auf die Erfüllung vordefinierter Eigenschaften hin überprüft. Im Falle des Zutreffens der Bedingung werden dann die dafür vorbereiteten Programmstücke ausgeführt.

Das Ergebnis wird schließlich auf der Standard-Ausgabe ausgegeben.

Auf diese Weise werden nacheinander alle Datensätze der Eingabedatei abgehandelt.

Dem gerade beschriebenen Satzbearbeitungsteil kann ein Initialisierungsteil vorangestellt werden, der notwendige Vorverarbeitungen erledigen kann (Ausgabe von Überschriften, Titeln etc. oder die Vergabe von Werten für später verwendete Variablen ...).

Genauso übernimmt eine Endeverarbeitungs-Komponente abschließende Arbeiten nach der Behandlung des letzten Datensatzes.

Schematische Übersicht (Struktogramm):

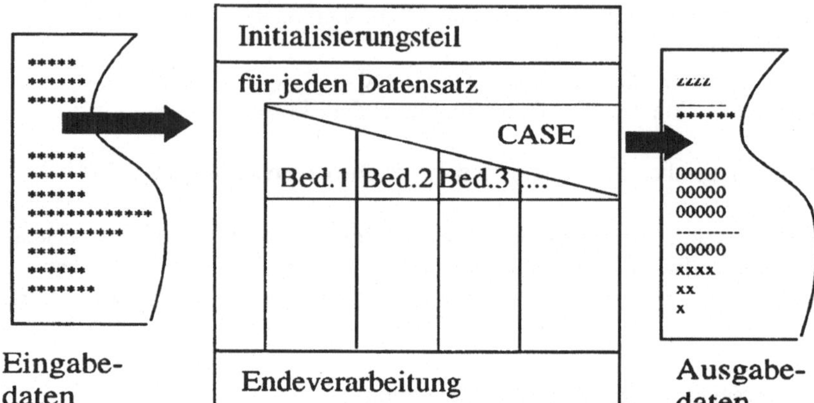

Die Satzverarbeitungskomponente besteht aus beliebig vielen Paaren von
Bedingungen und auszuführenden Programmstücken. Dabei kann entweder die
Bedingung fehlen, woraufhin das Programmstück für alle Datensätze ausgeführt
wird; oder es fehlt das Programmstück, was in einem einfachen Kopieren der
betreffenden Datensätze resultiert (für Selektionen).

Standardgemäß behandelt awk

- Zeilen als Datensätze (Zeilen sind getrennt durch das ASCII-Newline-
  Zeichen, auch Linefeed-Zeichen genannt) und
- Worte als Datenfelder (Worte sind getrennt durch Leerzeichen oder
  Tabulatorzeichen).

Durch Veränderung der von awk vordefinierten Variablen RS ("record
separator") und/oder FS ("field separator") kann diese Voreinstellung modifiziert
werden.

3.1.5.3. Bedingungen in awk-Prozeduren

Die Bedingungen können mit Hilfe dreier Typen von Ausdrücken formuliert
werden und zwar

- reguläre Ausdrücke,
- arithmetische oder relationale Ausdrücke und
- Ausdrücke, die einen Bereich spezifizieren.

Ein regulärer Ausdruck spezifiziert eine Menge von Zeichenketten.

Es können auch alternative Zeichenketten definiert werden und eine Spezifikation der Häufigkeit des Auftretens einer Zeichenkette ist möglich (z.B. keinmal, einmal oder mehrfach).

Beispiele:

- Die mit dem regulären Ausdruck

```
/[Aa]ho|[Ww]einberger|[Kk]ernighan/
```

  definierte Bedingung wird von allen Zeichenketten erfüllt, die Aho, aho, Weinberger, weinberger, Kernighan oder kernighan enthalten.

- Der Bedingung mit dem regulären Ausdruck

```
/^[A-Z][0-9]/
```

  entsprechen alle Zeichenketten, die am Anfang eines Datensatzes stehen, mit einem Großbuchstaben beginnen und als zweites Zeichen eine Ziffer enthalten, z.B. A0, A1, ..., Z9.

Arithmetische und relationale Ausdrücke enthalten Vergleichsoperatoren wie "<", ">", "==", etc.

Ein Bereich kann durch zwei der vorgenannten Ausdrücke definiert werden. Er beginnt bei dem Datensatz, der die erste Bedingung erfüllt, und endet mit dem Datensatz, der der zweiten Bedingung genügt. Alle dazwischen gelesenen Datensätze gehören dann ebenfalls zu diesem Bereich.

Beispiel:

- Der Bereich

```
/start/,/stop/
```

  reicht von dem die Zeichenkette "start" enthaltenden Datensatz bis hin zu dem Datensatz, der die Zeichenkette "stop" enthält.

Auf eine genauere Beschreibung der Syntax von awk-Ausdrücken soll an dieser Stelle verzichtet werden; es sei auf die entsprechende Literatur in <AKW79> und <Lev83> verwiesen.

3.1.5.4. Variablen und Kontrollstrukturen

In den jeweiligen Programmstücken können von awk vordefinierte Variablen benutzt werden, wie

NR,   die Nummer des gerade behandelten Satzes,
$1, $2..., die einzelnen Datenfelder im aktuellen Satz,
$0,   der vollständige Datensatz,
NF,   die Anzahl der Felder des gerade behandelten Datensatzes
u.s.w.

Eigene Variablen können ohne Deklaration verwendet werden. Elementare Datentypen sind Zeichenketten und numerische Größen. Aus dem Zusammenhang ergibt sich, ob eine Variable als String oder als Zahl behandelt wird.

Zusätzlich können eindimensionale Arrays vereinbart werden.

Für den Kontrollfluß innerhalb der awk-Programmstücke stehen Konstruktionen, wie

if ... else,
while ... und
for ...

zur Verfügung.

Für die Ausgabe stehen die Routinen print und printf, welche der C-Bibliothek entnommen sind, zur Verfügung. Der gesamte Funktionsumfang wird durch eine Reihe von eingebauten Funktionen abgerundet.

length   dient zur Berechnung der Länge einer Zeichenkette,
sqrt, log, exp sind mathematische Funktionen zur Berechnung der Quadrat-
                wurzel, des natürlichen Logarithmus und von Exponential-
                funktionen,
substr   erlaubt das Herausgreifen einer Teil-Zeichenkette ("Teil-
                String") aus einer Zeichenkette,
index   gibt an, ob und wo eine Zeichenkette in einer anderen
                Zeichenkette auftritt,

etc. (siehe <Lev83>).

3.1.5.5. Anwendungsbeispiele

Anwendungsbeispiel 1:

Die Datei /etc/passwd enthält die Benutzerinformationen eines UNIX-Systems in einem besonders für den ungeübten Benutzer nur sehr schwer verständlichen Format. Soll die Verwaltung der Benutzerinformationen in eine Anwendungssoftware integriert werden, so ist eine bessere Aufbereitung sinnvoll.

Da es sich dabei um die Umsetzung von Daten von einem Format (das UNIX kennt) in eine andere Darstellung (nämlich die für Benutzer lesbare) handelt, kann awk verwendet werden.

Den Aufbau der passwd-Datei kann man sich mit einem cat-Kommando anzeigen lassen.

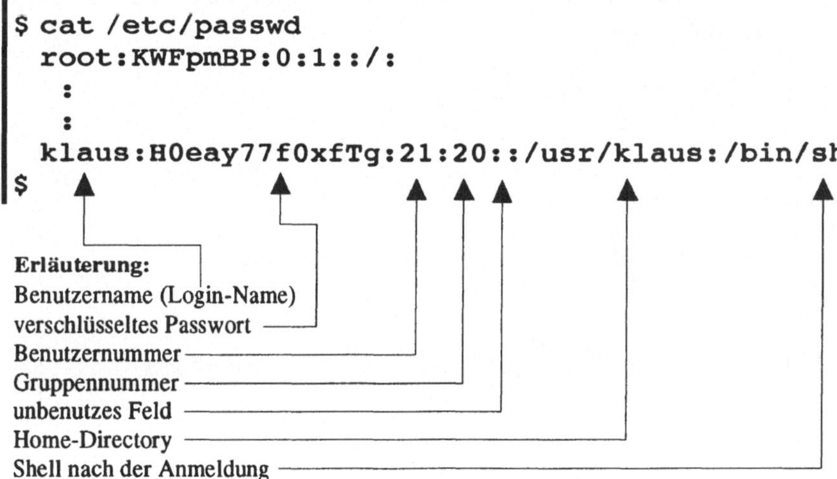

Für einen Endanwender sind bei einer Auflistung dabei nur der Benutzername, das Home-Directory und das für den jeweiligen Benutzer definierte Shell-Programm nach der Anmeldung an das System von Interesse. Die ebenfalls in der Datei definierten Daten für die von UNIX festgelegten Benutzer sind dabei unwichtig.

Das folgende awk-Skript listet diese Informationen am Bildschirm.

Bemerkung: Die festen Texte und die Linien zur Umrahmung der Ausgabe sind im awk-Programm gekürzt wiedergegeben, sie können der Beispiel-Ausgabe entnommen werden.

```
awk 'BEGIN {
    FS=":"
    print "+----------------------...--------------+"
    print ":                        ...            :"
    print ": Benutzerinformationen...              :"
    print ":                        ...            :"
    print ": Benutzername Director...Login)        :"
    print ": ============= ========...======       :"
    print "                        ...             :"
    benanz=0
    }
$1 !~/root|bin|admin|daemon|cron|sys/ {
    printf ":%-15s%-20s%-24s: \n", $1, $6, $7
    }
    END {printf ":%61s \n", ":"
    benanz = NR-4
    printf ":%s%5d%s%17s \n", " es sind derzeit ", benanz,
    " Benutzer eingetragen ", ":"
    printf "+-------------------...--------------+\n"
    }' /etc/passwd
```

Die Ausgabe könnte z.B. so aussehen:

```
+-----------------------------------------------------+
:                                                     :
: Benutzerinformationen                               :
:                                                     :
: Benutzername   Directory    Programm(Login)         :
: =============   =========    =================       :
:                                                     :
: gast           /usr/gast    /bin/sh                 :
: mgast          /usr/mgast   /usr/menus/sabin/ums    :
: hans           /usr/nd/el   /bin/sh                 :
: karl           /usr/nd/el   /bin/sh                 :
: werner         /usr/nd/w    /bin/sh                 :
:                                                     :
: es sind derzeit 5 Benutzer eingetragen              :
+-----------------------------------------------------+
```

Anwendungsbeispiel 2:

Das im Abschnitt über das make-Kommando angesprochene Kommando
"extrahiere" kann mit awk programmiert werden.

Im einfachsten Fall sieht es so aus:

```
awk 'BEGIN {
            zaehler=0
            }
/Summen/  {if (zaehler > 1)
             {print "mehrere Summenzeilen!"}
           else
             {print $0
              zaehler++}}' dateiname
```

Es sucht also in der angegebenen Datei (dateiname) nach einer Zeile, die die Zeichenkette "Summen" enthält. Wird eine solche Zeile gefunden, gibt das awk-Programm auf der Standard-Ausgabe-Datei aus.

Existieren mehrere Summenzeilen, wird eine Fehlermeldung ausgegeben.

Natürlich könnte dieses awk-Programm leicht noch um Plausibilitätsprüfungen erweitert oder um eine Berechnung der Summenwerte ergänzt werden.

3.1.5.6. Einsatz in der Software-Entwicklung

Bei vielen Aufgabenstellungen in der Praxis der Software-Entwicklung ist der Einsatz von awk sinnvoll.

Aufgaben, deren Lösung in einer anderen Programmiersprache erheblichen Aufwand verursachen, können mit awk schnell und sauber erledigt werden. Vor allem die Programmierung von Routinen für das Suchen bestimmter Zeichenketten entfällt mit awk und erlaubt dem Software-Entwickler, sich auf die Aufgaben zu konzentrieren, die im Falle des Auffindens entsprechender Zeichenketten durchgeführt werden sollen.

Nachteile von awk sind der nicht unbeträchtliche Lernaufwand, der durch das Fehlen geeigneter Dokumentation verstärkt wird, und die relativ langsame Abarbeitung der awk-Programme.

In der Software-Entwicklung kann awk unter anderem verwendet werden

- zur Erstellung von Programmgerüsten (-fragmenten) aus den schon spezifizierten Vorgaben,
- zur Konvertierung von Programmen zwischen verschiedenen Dialekten einer Programmiersprache (z.B. von COBOL-Programmen),
- zur Erstellung von Abfragekommandos für das Projekt-Management,
- zum Programmieren von Reports aller Art, z.B.
    - ➤ für das Projekt-Management
    - ➤ von Zeitschätzungen
    - ➤ von Cross-Reference-Listen und vieles andere mehr,

- zur Durchführung von Plausibilitätsprüfungen,
- zur Überprüfung der Einhaltung von Standards.

Eine Möglichkeit zur Einbindung von Unterprogrammen fehlt in awk. Damit ist der Geltungsbereich aller Variablen global und eine modulare Zerlegung des Problems wird nicht unterstützt. Dieser Nachteil ist zwar unbedeutend für die Lösung kleinerer Aufgaben (für die awk auch eigentlich gedacht ist), tritt jedoch bei der Programmierung von komplexeren Anwendungen in awk zutage.

Durch die Möglichkeit der Verwendung von awk-Programmen in Pipes oder in Kombination mit anderen Werkzeugen in einer Shell-Prozedur fallen diese Nachteile jedoch weniger ins Gewicht.

Als eigenständige Programmiersprache eignet sich awk somit besonders gut für die Lösung von Problemen, die nur den einmaligen Einsatz eines Programms notwendig machen. Auch für das "Rapid Prototyping", also zur Erstellung von Software-Prototypen schon vor der eigentlichen Realisierung bietet sich awk an.

3.1.6. Zusammenfassung

Einen Großteil seiner Popularität verdankt UNIX seinen Software-Tools.

Die Betrachtung und Diskussion schon einiger dieser Werkzeuge zeigt die Ursache: Jedes einzelne der Software-Werkzeuge adressiert Aufgaben, mit denen der Software-Entwickler nahezu täglich in Berührung kommt. Die Beispiele demonstrieren, daß sich der UNIX-Benutzer mit den vorhandenen Werkzeugen seine Arbeit deutlich erleichtern kann.

Die betrachtete Auswahl von Tools zeigt auch, welche Typen von UNIX-Werkzeugen existieren:

- spezielle Tools, die für ganz bestimmte, fest abgegrenzte Aufgaben verwendet werden können. Make ist ein Werkzeug dieses Typs. Charakteristisch für diese Programme ist, daß sie keine Filter sind. Sie lesen, bearbeiten und schreiben fest bestimmte Dateien (im Gegensatz zu Filtern, die Standard-Eingabe- und -Ausgabe-Dateien lesen bzw. schreiben).

- flexible Tools, die für vielerlei Aufgabenstellungen geeignet sind. Diese Werkzeuge sind durchweg Filter-Programme und haben ein so breites Einsatzspektrum, daß eine Abgrenzung schwerfällt. Zu diesem Typ von Werkzeugen können grep und awk gezählt werden.

Deutlich wird aber auch, daß zum nutzbringenden Einsatz der Software-Tools ein teilweise beträchtlicher Aufwand erforderlich ist. Grund dafür ist weniger der Aufwand zum Verständnis der zugrundeliegenden Ideen, sondern die oft kryptische Syntax, die dem Benutzer anfänglich erhebliche Schwierigkeiten bereitet. Dazu kommen spärliche Fehlermeldungen und eine noch knappere und nicht leicht zu verstehende Dokumentation.

3.2. UNIX und Software Engineering

Der Unterschied zwischen der Erledigung isolierter Programmieraufgaben und der Tätigkeit des Entwickelns von Software liegt in der Komplexität und im Umfang der anfallenden Arbeit sowie in der Vorgehensweise bei deren Bewältigung.

Gründe für diese Komplexität und für den Umfang sind unter anderem die hohen und ständig wachsenden Qualitätsansprüche, die ständig wachsende Verflechtung der einzelnen Software-Komponenten miteinander (integrierte Systeme!), die stetig steigenden Anforderungen an die Benutzerschnittstelle der Software, sehr große Datenmengen, die Verschiedenheit der Rechner und Hardware-Architekturen, die notwendig hohe Flexibilität der Software gegenüber Änderungen, Anpassungen und Erweiterungen, die schwierige Kommunikation des Software-Entwicklers mit dem Anwender und vieles andere mehr. Auch unterscheiden sich neue Projekte stets von vorangegangenen, nie sind Projekte gleich, selten ähnlich.

Software Engineering ist die Anwendung von ingenieurmäßigen Prinzipien, Methoden und Fertigkeiten zur Bewältigung der hohen Komplexität und des großen Umfangs bei der Entwicklung von Software und Software-Systemen (Diese Definition lehnt sich an die Definition aus <GHP82> an).

In den Jahren seit der Entstehung dieser Disziplin wurde eine Reihe von Methoden, Techniken, Vorgehensweisen etc. entwickelt.

Im Gegensatz zu einigen, inzwischen mehr konventionellen Ansätzen des Software Engineering ist in den letzten Jahren das schnelle Entwickeln von Software-Prototypen als Alternative in den Vordergrund gerückt.

Der nun folgende Abschnitt untersucht, wie UNIX in diesem globalen Zusammenhang zu sehen ist.

3.2.1. Phasenkonzepte

Wie auch in anderen Ingenieur-Disziplinen hat es sich in der Software-Entwicklung bewährt, Projekte in einzelne Phasen einzuteilen. Der Hauptgrund für diese Unterteilung ist die Notwendigkeit der Kontrolle des Projekt-Fortschritts in Form von nachweisbaren Ergebnissen schon vor Ende des Projekts. Denn die Erfahrung zeigt, daß Software-Entwicklungsprojekte besonders anfällig dafür sind, den geplanten Zeit- und Kostenrahmen nicht einzuhalten.

Zwei Kriterien sind für die Festlegung der Phasen maßgeblich:

1. Jede Phase muß eine definierte und in sich abgeschlossene Aufgabe repräsentieren.

2. Zu Abschluß jeder Phase liegt ein bestimmtes Ergebnis vor.

Ein typisches, in der Praxis beliebtes Phasenmodell ist das folgende (siehe auch <KKS79>):

Phase 1: Vorstudie

> Diese erste Phase hat die Aufgabe, mit möglichst geringem Aufwand eine Aussage zu erlauben, in welcher Form ein Projekt durchgeführt werden kann und ob die Durchführung eines Projekts sinnvoll erscheint. Unter Umständen gehört eine Marktanalyse zu dieser Phase.

Phase 2: Analyse

> In der Analyse-Phase wird die Ausgangssituation für das Projekt untersucht. Der Ist-Zustand wird in Form von Arbeitsabläufen, Dokumenttypen, Kommunikationsflüssen etc. aufgenommen. Dabei werden Schwachstellen identifiziert und die Anforderungen an die zukünftige Software festgelegt. Das Ergebnis dieser Phase ist also ein Dokument, welches die Anforderungen definiert.

Phase 3: Grob-Entwurf

> Ausgehend von den festgelegten Anforderungen wird hier nach bestimmten Kriterien die globale, grobe Architektur des Software-Systems entworfen. Ein Dokument, welches diese Architektur beschreibt, ist das Resultat dieser Phase.

Phase 4: Fein-Entwurf

Auf der in der Phase "Grob-Entwurf" entwickelten Architektur aufbauend, befaßt sich der Fein-Entwurf mit der detaillierteren Ausgestaltung des Systems. Wurden in Phase 3 die Komponenten definiert, so werden diese hier genauer spezifiziert. Das Resultat dieser Phase ist eine genaue Vorgabe für die Implementierung des Systems.

Phase 5: Implementierung

In dieser Phase werden die einzelnen Programme codiert und ausgetestet.

Phase 6: Testinstallation

Das fertiggestellte Produkt wird nun auf Zuverlässigkeit und Korrektheit etc. unter Praxisbedingungen geprüft und, falls nötig, entsprechend korrigiert.

Phase 7: Software-Wartung

Während der gesamten Lebensdauer der Software fallen noch weitere Änderungen an. In der Praxis wurde für diese Phase der Begriff "Wartung" geprägt.

In Literatur und Praxis finden sich viele ähnliche Phasenmodelle. Meist unterscheiden sie sich nur geringfügig. So werden teilweise die Phase 1 nicht berücksichtigt, die Phasen Grob-Entwurf und Fein-Entwurf zu einer Phase zusammengefaßt oder die Phase Implementation in eine Programmier- und eine Testphase unterteilt. Auch wird eine Vielzahl von Begriffen verwendet: So wird z.B. die Phase des Grob-Entwurfs oft auch System-Entwurfs-Phase genannt.

In Zusammenhang mit Phasen-Modellen wird auch vom Software-Lebenszyklus gesprochen, der die oben genannten Phasen umfaßt. Der Begriff Zyklus umschreibt dabei die Tatsache, daß wegen der in der letzten Phase, der Wartungsphase, anfallenden Änderungen, die Phasen Vorstudie bis Testinstallation wiederholt durchlaufen werden müssen.

Auf den ersten Blick bietet UNIX unmittelbar keine Unterstützung eines bestimmten Phasenkonzepts. Da es sich bei allen Phasenmodellen schlicht um eine Untergliederung von Projekten in handlichere Teilprojekte handelt, so liegt bei UNIX die Übertragung dieser Untergliederung in eine UNIX-Directory-Struktur auf der Hand.

So können alle während einer Phase erstellten Dokumente gemeinsam und die Dokumente verschiedener Phasen getrennt voneinander gehalten werden.

Nach dem beschriebenen Phasenkonzept könnte eine Untergliederung etwa wie folgt aussehen:

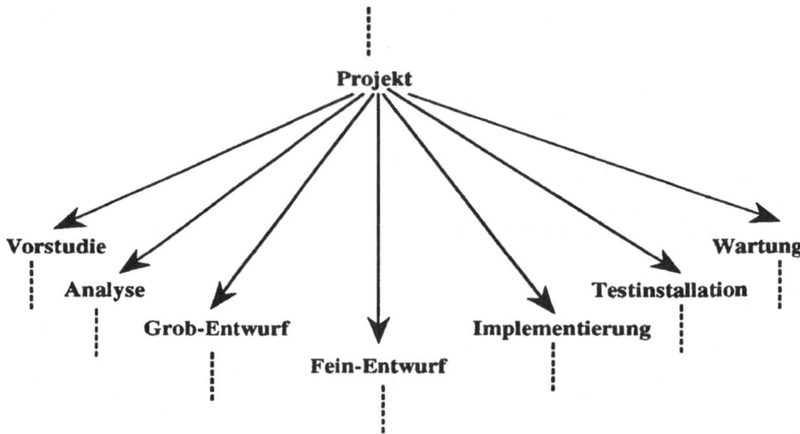

Abgesehen von der dadurch erzielten organisatorisch sauberen Aufteilung ergibt sich ein weiterer Vorteil: Ein Projektleiter kann über den Zugriffsschutzmechanismus von UNIX (für Dateien) leicht steuern, welche Dokumente von welchen Entwicklern geändert oder verwendet werden dürfen. So kann beispielsweise nach Abschluß einer Projektphase das unkontrollierte Verändern von während dieser Phase entstandenen Dokumenten unterbunden werden. Die unter Umständen notwendig werdenden Rückgriffe sind dennoch möglich.

Die Verwendung der verschiedenen UNIX-Kommandos ist mit der SoftwareEntwicklung nach einem Phasenkonzept gut vereinbar. Für die ersten vier Phasen (Vorstudie bis Fein-Entwurf) wird der Einsatz von Werkzeugen in einem eigenen Abschnitt betrachtet, da die Aktivitäten während dieser Phasen häufig an bestimmten Techniken und Methoden orientiert sind.

Die Tätigkeiten der Implementierungs- und Testphasen werden von UNIX stark unterstützt, denn viele der UNIX-Kommandos sind speziell darauf ausgerichtet. Zu diesen Kommandos zählen einerseits die Compiler und Debugger, aber auch die Werkzeuge zur Analyse und Manipulation von Daten (wie grep, awk etc.) eignen sich für diese Phase. Verstärkt wird dies über die Shell durch die Möglichkeiten der Kombination in Pipelines und die Integration in ShellProzeduren.

Für die in der Wartungsphase anfallenden Arbeiten ist UNIX wiederum besonders hilfreich. Einerseits durch spezielle, die Wartungsprobleme adressierenden Tools, wie das Source Code Control System oder make, andererseits wiederum über die Vielzahl der allgemein verwendbaren Datenanalyse- und -manipulations-Werkzeuge. Einige in der Wartungsphase auftretende Problematiken werden in Abschnitt 3.3. vertieft untersucht.

3.2.2. Grundtechniken

Aus der Vielzahl der vorgeschlagenen Methoden und Techniken haben sich in der Praxis bis heute nur sehr wenige durchgesetzt.

Meist handelt es sich dabei um mehr grundlegende Techniken, die die Vorgehensweise bei der Software-Entwicklung global beschreiben und nicht "Schritt für Schritt" spezifizieren. Diese heute allgemein anerkannten Techniken sollen hier als Grundtechniken verstanden werden.

Die Grundtechniken können wiederum unterschieden werden in solche für die "Programmierung im Kleinen", also für die Realisierung kleiner, überschaubarer System-Funktionen, und solche für die "Programmierung im Großen", also für die Entwicklung großer, komplexer Software-Systeme.

Zu den Grundtechniken zählen unter anderem:

Für die "Programmierung im Kleinen"

- Die schrittweise Verfeinerung;
- die "strukturierte Programmierung";

Für die "Programmierung im Großen"

- die "Top-Down"-Vorgehensweise;
- die "Bottom-Up"-Vorgehensweise;
- die Modularisierung.

Grundtechniken für die "Programmierung im Kleinen"

Schrittweise Verfeinerung

"Die Idee der Technik der schrittweisen Verfeinerung besteht darin, Algorithmen und Daten zunächst auf einer aus der Spezifikation eines Moduls ableitbaren hohen Sprachebene durch Einführung von Anweisungen und Datenbeschreibungen zu formulieren. Diese Anweisungen und Datenbeschreibungen grenzen Teilaufgaben ab oder benennen Problemdaten, ohne deren konkrete programmiersprachliche Formulierung anzugeben.

Im nächsten Schritt werden die formulierten Teilaufgaben verfeinert, d.h. die Anweisungen und Datenbeschreibungen der ersten sprachlichen Ebene konkretisiert. Die Konkretisierung der zweiten Schicht kann wiederum Teilaufgaben enthalten, die in der dritten Schicht verfeinert werden. Das Verfahren wird fortgesetzt, bis durch den letzten Verfeinerungsschritt die Ebene der Programmiersprache erreicht ist." <KKS79>

Zur Verwendung der schrittweisen Verfeinerung unter UNIX eignet sich ganz besonders die Shell-Programmiersprache.

Den Ausgangspunkt einer Verfeinerung kann beispielsweise eine Shell-Prozedur bilden, die eine in der natürlichen Sprache abgefaßte Spezifikation enthält (Texte können im Shell-Programm etwa mit dem echo-Kommando ausgegeben werden). Die Shell-Prozedur kann dann nach und nach weiter verfeinert und formalisiert werden.

Auf tieferen Verfeinerungsstufen können die Kontrollstrukturen der Shell-Programmiersprache Verwendung finden, so daß der Kontrollfluß des späteren Programms in der gewünschten Genauigkeit beschrieben werden kann.

Die Nutzung der Shell-Programmiersprache erleichtert die schrittweise Verfeinerung deshalb, weil erstens schon eine Verfeinerung auf einer hohen Abstraktionsebene ausgeführt werden kann und weil zweitens im Gegensatz zu anderen Programmiersprachen keine Compile-Vorgänge notwendig sind.

Auf die Anwendung der Shell-Programmiersprache für die schrittweise Verfeinerung wird im Abschnitt zum Rapid Prototyping noch etwas genauer eingegangen.

Die "strukturierte Programmierung"

Eine allgemein anerkannte Technik ist die "strukturierte Programmierung". Ziel der strukturierten Programmierung ist es, Programme zu erhalten, die einfacher, übersichtlicher, modularer, leichter lesbar und damit änderungsfreundlich sind.

Die strukturierte Programmierung ist durch einige wenige Richtlinien charakterisiert:

- schrittweise Verfeinerung,
- Beschränkung auf drei Strukturen für den Kontrollfluß (Sequenz, Iteration und Selektion), sowie Verzicht auf Sprunganweisungen ("Gotos"),
- Untergliederung der Programmteile nach einem Blockkonzept, das zu jedem Programmblock nur einen Eingang und einen Ausgang erlaubt (in der Regel),
- das Einrücken der Programmanweisungen entsprechend der Programmlogik ("Indentation" oder "Pretty-printing").

   (siehe <JSU84> und <CoD80>).

Daß UNIX allgemeine Konzepte zur Unterstützung der schrittweisen Verfeinerung anbietet, wurde schon besprochen.

Hinsichtlich der anderen Richtlinien der strukturierten Programmierung sind C und die Shell-Kommandosprache zu untersuchen.

	C	Shell
Kontrollfluß Sequenz	ja, trivial	ja, trivial

Iteration	ja
	  for-Schleife
	  while-Schleife
	  do-while Schleife
		ja
		  for-Schleife
		  while-Schleife
		  until Schleife

Selektion	ja,
	  if...else
	  switch...case
		ja,
		  if...else/elseif
		    ...fi
		  case...esac

Goto	ja	nein
Blockkonzept	ja	ja, eingeschränkt

Die Tabelle zeigt, daß sowohl C als auch die Shell-Sprache mit Kontrollstrukturen für die strukturierte Programmierung reichlich ausgestattet sind. Beide verwenden ein Blockkonzept. Das von den Vertretern der strukturierten Programmierung abgelehnte Goto ist in C vorhanden, es fehlt in der Shell-Sprache.

Das Einrücken der Programmanweisungen ist für beide Sprachen beliebig möglich, muß aber im allgemeinen vom Benutzer vorgenommen werden. Für C existiert jedoch das Kommando cb ("C beautifier"), welches diese Arbeit übernehmen kann.

Auch awk bietet ausschließlich die Kontrollstrukturen der strukturierten Programmierung.

Für Fortran existiert ein Precompiler, der Ratfor-Programme in Fortran 77 übersetzt. Ratfor ist eine Sprache, welche ebenfalls die strukturierte Programmierung unterstützt.

Grundtechniken für die "Programmierung im Großen"

Die "Top-Down"-Vorgehensweise

Bei der "Top-Down"-Vorgehensweise wird ein Software-System ausgehend von der definierten Benutzerschnittstelle (d.h. von den damit festgelegten Hauptfunktionen) durch eine schrittweise Detaillierung entwickelt. Die Hauptfunktionen werden immer weiter zerlegt, bis schließlich einzelne

Programme oder Programm-Komponenten entstanden sind, die zusammen-
genommen das Software-Produkt bilden.

Es entsteht also eine hierarchisch gegliederte Darstellung ("Top-Down"-
Zerlegung) der Aufgabe.

Eine Reihe von UNIX-Eigenschaften können für die "Top-Down"-
Vorgehensweise ausgenutzt werden:

- Die hierarchische Gliederung kann in einer Directory-Struktur
  widergespiegelt sein. Dabei sind die Dateien, welche die einzelnen
  Komponenten repräsentieren, entsprechend der "Top-Down"-Zerlegung
  in einer Directory-Hierarchie abgelegt.

Beispiel:

"Top-Down"-Zerlegung für ein Rechnungsprogramm
(1. Schritt):

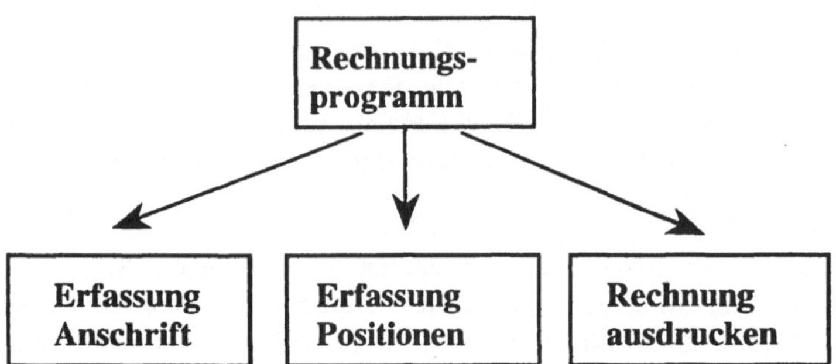

Die Abbildung auf eine UNIX-Directory-Struktur erfolgt eins zu eins:

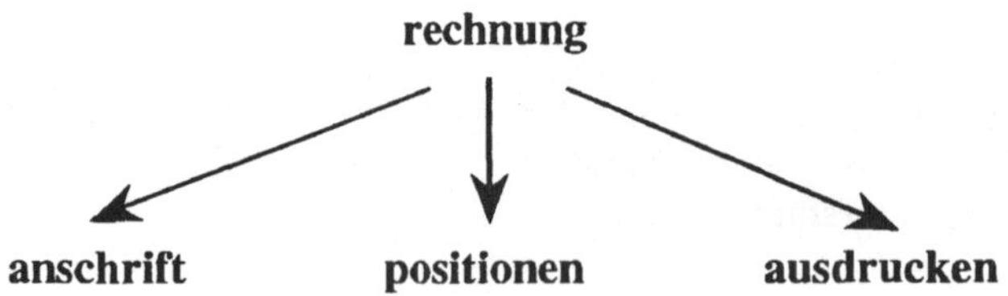

- Das ebenfalls hierarchisch ausgerichtete Prozeßkonzept kann auch
  dynamisch, das heißt in sich verändernden Prozessen, diese hierarchische
  Struktur wiedergeben.

  Im obigen Beispiel könnte ein Prozeß "rechnung" der Vater-Prozeß für
  die Prozesse "anschrift", "positionen" und "ausdrucken" sein.

- Auch bei der Programmierung unter UNIX wird die "Top-Down"-Vorgehensweise unterstützt. Ähnlich zu Pascal bietet C Funktionsprozeduren an. In Shell-Prozeduren können UNIX-Kommandos oder beliebige andere Kommandos aufgerufen werden (auch andere Shell-Prozeduren).

Die "Bottom-Up"-Vorgehensweise

Nach der "Bottom-Up"-Strategie geht man von den Eigenschaften des Computersystems, d.h. im Einzelfall von den besonderen Hardware-Eigenschaften und Charakteristiken von Programmiersprachen, Datenbanksystemen etc. aus. Durch sukzessives Hinzufügen benötigter Eigenschaften werden aus Grundkomponenten nach und nach größere Komponenten, bis man mit dem Entwurf schließlich bei der Benutzeroberfläche ankommt. Dabei muß man sich stets an den spezifischen Anforderungen an das Software-System orientieren.

In UNIX sind weder das Konzept des Dateisystems noch das Prozeß-Konzept auf eine solche Vorgehensweise ausgerichtet. Allein die Programmiersprache C und die Shell-Kommandosprache erlauben die Entwicklung kleinerer Komponenten und die spätere Integration in Komponenten höherer Ebenen. Die Verwendung von UNIX-Kommandos in Shell-Prozeduren entspricht der "Bottom-Up"-Vorgehensweise.

Modularisierung

Ein mit den schon diskutierten Grundtechniken, insbesondere mit der "Top-Down"-Vorgehensweise, eng verbundener Begriff ist der der "Modularisierung".

Typisch für die Methoden des Software Engineering ist die Zerlegung des Gesamtproblems in kleinere Teilprobleme. Da keine allgemein anerkannte Definition des Begriffs "Modul" existiert, soll hier unter einem Modul ein "Baustein eines Software-Bauwerks" verstanden werden.

Das heißt: Während der Entwurfsphasen kann ein Modul eine ganze Komponente eines zukünftigen Systems repräsentieren, wogegen später, in der Implementationsphase, meist ein Modul mit einem eigenständigen Programmteil identisch ist (einige Autoren, z.B. <GHP82> nennen die separate Übersetzbarkeit als Merkmal).

Eine Reihe von UNIX-Eigenschaften bzw. -Leistungen dienen der Modularisierung: Sowohl in der Programmiersprache C als auch in der Shell-Kommandosprache wird sie deutlich unterstützt.

Die separate Behandlung kleiner Programmstücke ist möglich und die Integration dieser Module mit anderen Modulen ist selbstverständlich. C ermöglicht, wie

Pascal, Funktionsprozeduren. Die Shell zwingt den Benutzer geradezu zur Modularisierung, da nur so die Kombinierbarkeit von Kommandos ausgenutzt werden kann. Außerdem können größere Shell-Prozeduren leicht unübersichtlich werden.

Auch die im UNIX-Prozeß-Konzept vorgesehenen Leistungen zur Prozeß-Kommunikation und -Synchronisation erleichtern die Modularisierung.

Letztlich wird eine Modularisierung auch durch eine einfach zu realisierende Gliederung im hierarchischen Dateisystem von UNIX vereinfacht.

3.2.3. Spezielle Methoden und Techniken

Um die Grundtechniken herum haben sich zahlreiche Methoden und Techniken entwickelt, die den Software-Entwicklungsprozeß genauer spezifizieren (siehe dazu auch <Hes81>).

Alle Methoden und Techniken

- decken eine oder mehrere, jedoch nie alle Entwicklungsphasen ab,
- berücksichtigen einige der allgemein anerkannten Grundtechniken und
- orientieren sich an einer bestimmten Entwicklungs-"Ideologie", d.h. sie basieren auf einer Grundidee zur Entwicklung von Software.

Die wesentlichen Ideologien sind dabei:

- die funktional orientierte, die beim Entwurf von der Definition der durch Software zu realisierenden Funktionen ausgeht,
- die datenfluß-orientierte Ideologie, die die Datenflüsse zum alles entscheidenden Kriterium macht,
- die datenstruktur-orientierte Ideologie, die den Software-Entwurf ausgehend von der Festlegung der Datenstrukturen vorschreibt,
- und die objekt-orientierte Ideologie, die einzelne Objekte, die damit verbundenen Daten und die darauf zulässigen Operationen zum Ausgangspunkt hat.

Auf einzelne Ideologien, Methoden und Techniken soll hier nicht näher eingegangen werden, denn UNIX stellt weder Werkzeuge noch allgemeinere Hilfsmittel für eine bestimmte Methode zur Verfügung.

Mitze schreibt hierzu <Mit81>: "UNIX unterstützt nicht eine einzige Software-Entwicklungs-Methode" ... "Es erscheint unwahrscheinlich, daß eine einzige ... Entwicklungs-Methode als universell genug akzeptiert werden kann, um in UNIX so integriert zu werden, daß jeder UNIX-Benutzer nach dieser Methode vorgehen muß".

Für einige Methoden werden auf UNIX laufende Software-Produkte angeboten. Auch zur Entwicklung nach der objekt-orientierten Ideologie existieren Betrachtungen aufbauend auf C und UNIX (<Cox83>).

Gemeinsam ist allen Methoden, daß sie die Problemstellung in Dokumenten darstellen, die auf verschiedene Weise miteinander zusammenhängen.

Dazu werden meist

- Graphiken,
- Tabellen oder
- Diagramme

benutzt.

Auch zur Erstellung von Graphiken sind keine Funktionen in UNIX vorhanden, insbesondere die interaktive Bearbeitung von Bildern und Graphiken ist mit UNIX allein (d.h. ohne speziell dafür vorhandene Software) nicht möglich.

Zur Darstellung von Tabellen und einfachen Bildern sind Präprozessor-Kommandos für das nroff/troff-Textformatierungskommando vorhanden. Die Definition muß jedoch nach einer vorgegebenen Syntax erfolgen und ist eher umständlich. Zur Verarbeitung von Tabellen kann auch awk eingesetzt werden.

3.2.4. Standards

Weit verbreitet ist die Anwendung von Standards oder Richtlinien in der Software-Entwicklung.

Standards können existieren für

- die Ausführung von Tätigkeiten,
- die Definition von Begriffen oder
- die Normierung der Dokumentation bzw. der verschiedenen Dokumente.

Der Schwerpunkt liegt dabei meist auf Konventionen zur Dokumentation, d.h.

- welche Dokumente zu erstellen sind,
- was in welchen Dokumenten niedergeschrieben sein soll,
- wie die einzelnen Dokumente aufgebaut sein sollen etc.

Dokumentations-Standards dienen also dazu, sicherzustellen, daß die notwendige Dokumentation erstellt wird und diese wegen der Einheitlichkeit verständlicher ist und damit leichter änderbar.

Für die Betrachtung von UNIX sind zwei Aspekte interessant:

1. Kann UNIX die Einhaltung der Standards unterstützen und damit erleichtern?

2. Kann mit UNIX die Einhaltung der Standards kontrolliert werden?

Insbesondere durch die Möglichkeit der Einbindung von Kommandos in Shell-Prozeduren kann die Einhaltung von Standards unterstützt, teilweise sogar erzwungen werden. Beispielsweise kann nach dem Editieren einer Datei eine genaue Änderungsdokumentation erzwungen werden. In ähnlicher Weise kann ein Formular für eine Modulbeschreibung beim Editieren einer neuen Programmdatei automatisch dem Quellcode vorangestellt werden.

Teile der Dokumentation, z.B. Cross-Reference-Tabellen, können mit UNIX-Tools automatisch erstellt werden. Für die Kontrolle der Einhaltung der festgelegten Standards können einfache Kommandos wie grep eingesetzt werden.

Mit Hilfe von Kommandos wie

- awk oder
- lex und yacc, den Compiler-Compiler-Kommandos

können aufwendigere Kontrollprozeduren erstellt werden.

3.2.5. Projekt-Management

Die Komplexität der Aufgabenstellungen, die Höhe der Software-Entwicklungskosten und insbesondere die Arbeit in Teams oder gar Gruppen oder Abteilungen von Teams machen ein systematisches Projekt-Management unerläßlich.

Die Aufgaben des Projekt-Managements bestehen in der Planung und Kontrolle der Entwicklung und Wartung von Software-Produkten sowie in der Führung und Anleitung von Mitarbeitern.

Dabei ist das Projekt-Management für die Erarbeitung der Zielvorgaben hinsichtlich Funktionen, Kosten, Terminen etc., für die Bildung der Teams und die Festlegung der Teilaufgaben, sowie für die Planung, Steuerung und Kontrolle des Projekt-Fortschritts zuständig. Daneben sind Aspekte wie die Motivation der Mitarbeiter und die Bereitstellung von Hilfsmitteln zu beachten. Das Projekt-Management vertritt das Projektteam gegenüber dem Auftraggeber und ist somit auch für die inhaltliche Korrektheit des entstehenden Produkts verantwortlich.

Sicherlich kann UNIX nicht bei der Führung, Motivation und Anleitung der Mitarbeiter unterstützen, es ist jedoch zu untersuchen, welche Leistungen es für Planungs- und Kontroll-Aufgaben anbietet.

Auch hier kommen eine ganze Reihe von UNIX-Kommandos zur Durchführung von Grundtätigkeiten, wie Abfragen, Analysieren und Manipulieren von UNIX-Dateien, zum Zug.

Vorhandene Dateien mit Daten zur Zeit-, Kosten- und Kapazitätsplanung können mit Kommandos wie

- grep oder
- awk

untersucht werden. Mit den gleichen Werkzeugen ist eine Gegenüberstellung von Soll- und Istdaten schnell zu bewerkstelligen. Auch können Shell-Prozeduren zur Verwaltung solcher Dokumente aus bestehenden Kommandos zusammengebaut werden.

Spezielle Verfahren, z.B. Netzplantechnik, werden von UNIX nicht unmittelbar unterstützt.

3.2.6. Rapid Prototyping

In der letzten Zeit ist die Entwicklung von Software nach einem traditionellen Phasenkonzept immer häufiger kritisiert worden. "Moderne Programmier-Umgebungen wurden zur Anwendung der neuesten Technologie in allen Bereichen der Software-Entwicklung entworfen. Da sie aber keine überzeugenden Lösungen für die chronischen Probleme anbieten, können nur geringfügige Produktivitätsverbesserungen erwartet werden" <Zav84>.

Als eine Alternative wird häufig das Erstellen von Software-Prototypen vorgeschlagen. In vielen anderen Ingenieur-Disziplinen ist das Prototyping bei der Entwicklung neuer Produkte nicht mehr wegzudenken (Beispiele: Automobil-Industrie, Hardware-Entwicklung).

Software-Prototypen werden entwickelt, indem die Benutzer-Anforderungen recht schnell in lauffähige Software transformiert werden, diese dann von den

Auftraggebern analysiert und kritisiert wird, bis schließlich ein komplettes Produkt entsteht.

Die wichtigsten Vorteile des Rapid Prototyping sind:

- Schon während der Implementation des Prototyps werden Mehrdeutigkeiten, Inkonsistenzen und andere Schwächen der Anforderungs-Definition erkannt und können noch rechtzeitig beseitigt werden.

- Benutzer können anhand eines Prototypen viel leichter die Vollständigkeit und Korrektheit eines Software-Systems überprüfen, als anhand einer schriftlichen Anforderungs-Definition oder eines Pflichtenheftes.

Zur Diskussion über die Vor- und Nachteile des Prototyping siehe <Ala84> oder <Gom83>, <SchöNe92>

Die Entwicklung von Prototypen ist natürlich nur dann sinnvoll, wenn

1. der Prototyp ein tatsächlich funktionierendes System ist;

2. die Kosten der Entwicklung im Vergleich zum Gesamtaufwand relativ gering sind (zum Beispiel 10%);

3. der Prototyp relativ schnell entwickelt werden kann (in wenigen Wochen).

Eine Vielzahl von UNIX-Leistungen begünstigt die Entwicklung von Prototypen:

Die Shell

- als Programmiersprache mit
  - ➤ Variablen und
  - ➤ Kontrollstrukturen;

- wegen der interpretativen Abarbeitung der Shell-Prozeduren, was Compile-und Binde-Vorgänge überflüssig macht;

- wegen der simplen Möglichkeiten der Einbindung von beliebigen Kommandos in die Shell-Prozeduren. Sogar rekursive Abarbeitung ist möglich;

- wegen der einfachen Modifizierbarkeit von Shell-Prozeduren - Kommandos können ohne großen Aufwand eingefügt, ersetzt oder weggelassen werden;
- weil sie die Kernel-Leistung der Pipes für die Kommandos verfügbar macht;

- weil sie mit der Umleitungsmöglichkeit von Standard-Ein- und
  -Ausgabe eine komplexe Dateiverarbeitung überflüssig macht.

Die Kommandos

- da mit ihnen schon ein großer Vorrat an nützlichen Software-Bausteinen
  vorhanden ist.

Das Dateikonzept

- das die Beachtung besonderer Regeln nicht erfordert (keine Records,
  Blocks etc.);

- das die Manipulation von Programmen mit Programmen bzw. die
  Erstellung von Programmen durch Programme wesentlich erleichtert.

Gerade die Notwendigkeit einer einfachen Änderungsmöglichkeit ist bei
Prototypen besonders groß. Shell-Prozeduren können mit anderen Kommandos
oder durch einfaches Editieren geändert werden.

Im Rahmen einer Studie zur Entwicklung eines Software-Prototypen für ein
elektronisches Formular-System unter UNIX <Geh82> wurde festgestellt, daß
insbesondere auch

- das Source Code Control System und
- das make-Kommando

besonders hilfreich waren.

Das SCCS deshalb, weil durch die stückweise Konstruktion des Prototypen viele
Versionen zu verwalten waren. Und mit Hilfe des make-Kommandos braucht der
Entwickler sich nicht jedesmal von neuem Gedanken über die notwendigen Neu-
Compilierungen etc. nach den häufigen Änderungen zu machen.

Mit Shell-Prozeduren und Kommandos erstellte Prototypen können verbessert
werden, indem "wichtigere" Komponenten, wie etwa die Benutzerschnittstelle
oder laufzeitkritische Module, durch in C oder einer anderen Programmiersprache entwickelte Programme ersetzt werden.

So kann ein Prototyp nach und nach weiterentwickelt werden, bis schließlich das
gewünschte Software-Produkt entstanden ist.

Natürlich kann nach der Entwicklung des Prototyps auch die Entwicklung des
zukünftigen Software-Systems von Grund auf neu beginnen (Zitat aus dem
"Mythical Man Month" <Bro75>: "Plan to throw one away; you will, anyhow").

Eine mögliche Vorgehensweise zur Entwicklung mit Rapid Prototyping gibt die
folgende Abbildung wieder.

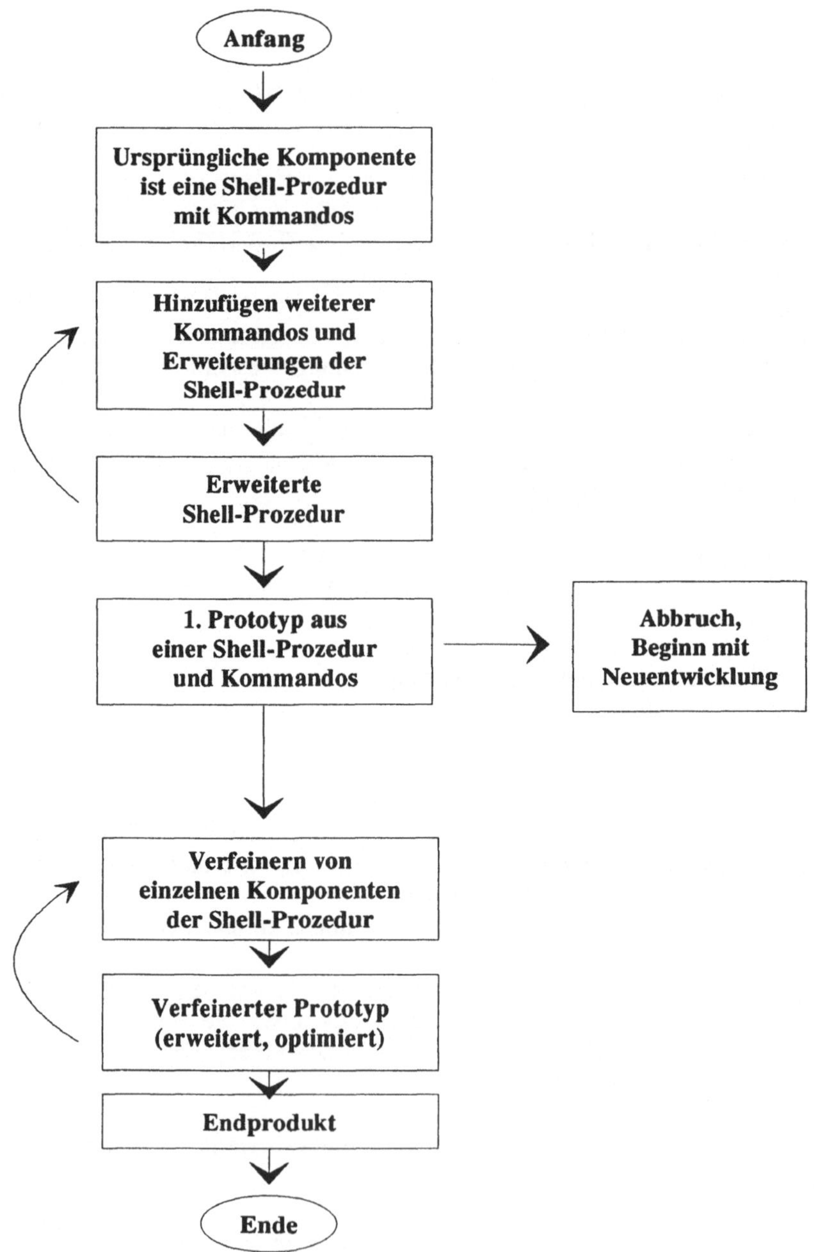

Eine Erweiterung des Rapid Prototyping ist die sogenannte einsatz-orientierte Vorgehensweise (oder auch "Operational Approach" <Zav84>). Danach wird ebenfalls ein funktionsfähiger Prototyp erstellt, der nach der Akzeptierung durch den Auftraggeber gemäß fest vorgegebenen Regeln in das Software-Produkt transformiert wird (manuell oder automatisch). Für eine solche Transformation stellt UNIX allerdings keinerlei Werkzeuge zur Verfügung.

3.2.7. Folgerungen

Aus den Untersuchungen der vorangegangenen Abschnitte lassen sich folgende Schlüsse ziehen:

1. UNIX eignet sich in besonderer Weise für das Rapid Prototyping. Das Erstellen von Software-Prototypen ist sogar typisch für die Software-Entwicklung unter UNIX.

2. UNIX unterstützt deutlich einige der allgemein anerkannten Grundtechniken des Software Engineering, insbesondere

   - die strukturierte Programmierung,
   - die "Top-Down"-Vorgehensweise und
   - die Modularisierung.

3. UNIX eignet sich als Grundsystem

   - für die Software-Entwicklung nach einem Phasenkonzept, insbesondere wegen der hierarchischen Directory-Strukturen,
   - zur Erleichterung und Kontrolle der Einhaltung von Standards, da für diesen Zweck eine Reihe von Kommandos eingesetzt und über die Shell miteinander kombiniert werden können,
   - für die Tätigkeiten des Projekt-Managements, das die Kommandos zur Analyse und Manipulation von Dateien für seine Zwecke einsetzen kann.

4. UNIX unterstützt keine speziellen Methoden und Techniken des Software Engineering, weder für die Software-Entwicklung selbst, noch für das Projekt-Management. Es widerspricht jedoch auch keiner Methode und kann als Grundsystem zur Entwicklung von methodenorientierten Werkzeugen dienen.

UNIX ist also sehr wohl mit den Vorstellungen des Software Engineering vereinbar. Überall dort, wo anerkannte Grundtechniken existieren oder Problemstellungen von allgemeiner Art sind, bietet UNIX unmittelbar

Unterstützung über die zugrundeliegenden Konzepte oder das reichhaltige Angebot an Kommandos.

Für weniger anerkannte oder verbreitete Methoden kann von UNIX nur die mittelbare Unterstützung durch die Software-Werkzeuge zur Entwicklung neuer Kommandos erwartet werden.

3.3. UNIX und typische Aufgabenstellungen aus der Praxis der Software-Entwicklung

Im folgenden sollen eine Reihe von Aufgabenstellungen aus der Praxis der Software-Entwicklung näher untersucht werden, deren Betrachtung im allgemeinen Rahmen des Software Engineering oft unberücksichtigt bleibt.

Dazu gehören so grundlegende Aufgaben wie das Erstellen und Verändern einzelner Dokumente oder die Kommunikation zwischen Software-Entwicklern. Auch komplexe Tätigkeiten, wie das Verfolgen von Beziehungen zwischen den Dokumenten, fallen in diesen Bereich.

In diesem Abschnitt wird untersucht, was UNIX für die Abwicklung dieser Aufgaben anzubieten hat, beziehungsweise wie solche Tätigkeiten unter UNIX typischerweise ablaufen können.

Natürlich kann nicht das gesamte Spektrum der denkbaren Problemstellungen abgehandelt werden, unterscheiden sich diese doch auch von Entwicklungs-Abteilung zu Entwicklungs-Abteilung. Vielmehr werden einige Aufgaben-stellungen exemplarisch herausgegriffen und erörtert.

3.3.1. Ausarbeitung von Dokumenten

Schon mehrfach klang an, daß die Ausarbeitung von Dokumenten eine der grundlegendsten Arbeiten des Software-Entwicklers ist.

In den verschiedensten Situationen sind Dokumente zu erstellen:

- Zur Darstellung des jeweiligen Entwicklungs-Standes eines zukünftigen Software-Produkts (dazu gehören Entwürfe, Programm-Quellcode etc.),
- für die Kommunikation mit dem Projekt-Management und den anderen Entwicklern,
- für die Kommunikation mit dem Auftraggeber,
- zum Protokollieren von Gesprächen, Besprechungen etc,
- für Präsentationen,
- für Bedienungsanleitungen und Handbücher,
- Zeitschätzungen, Kosten- und Kapazitätsplanungen, Soll-Ist-Vergleiche etc.,
- zur Begründung von Entscheidungen,
- beliebige Zwischenberichte,
- Änderungsanforderungen,
- Standards, Richtlinien,
- Bildschirmmasken, Meldungen/Fehlermeldungen und Bedienungshinweise (unter Umständen in verschiedenen Landessprachen),
- Data Dictionaries zur Beschreibung von Datensätzen, Dateistrukturen, Relationen von Datenbanken, Variablen und viele andere mehr.

Ein Teil der Dokumente richtet sich in Form und Inhalt nach bestimmten Methoden und Techniken beziehungsweise nach einem zugrundeliegenden Phasenkonzept. Viele Dokumente haben jedoch kein spezielles Format.

Es entstehen Dokumente in Form von

- Tabellen,
- Diagrammen,
- Graphiken und
- Texten.

Auf UNIX-Systemen steht ein umfangreiches Repertoire von Kommandos für die Erstellung von Texten zur Verfügung, eine zentrale Rolle spielt dabei das Kommando nroff (das Kommando zum Erzeugen von Input für Fotosatzgeräte heißt troff).

Im Gegensatz zu den auf Personal Computern weit verbreiteten Textverarbeitungsprogrammen, die die interaktive Erstellung von Textdokumenten ermöglichen und die den eingegeben Text sofort am Terminal-Bildschirm formatieren ("What you see is what you get"), ist nroff ein Textformatierungsprogramm.

Als solches erlaubt es nicht die interaktive Eingabe von Text, sondern kann nur den unformatiert editierten Text lesen und nach den vorgegebenen Richtlinien formatieren.

Dies ist insofern ein Nachteil, als der Bediener nicht sofort am Bildschirm das Erscheinungsbild der von ihm festgelegten Formatierung beurteilen kann. Andererseits bietet nroff jedoch Formatierungsmöglichkeiten, die am Bildschirm (d.h. bei normalen Bildschirmen; Bit-Map-Terminals bilden eine Ausnahme) nicht darstellbar wären (zum Beispiel das "Hochstellen" von Exponenten, die Darstellung von griechischen Buchstaben und anderes).

Bei der Ausarbeitung von Dokumenten muß also folgendermaßen vorgegangen werden:

1. Mit einem der Standard-Editoren von UNIX (z.B. ed oder vi, wobei vi besonders zu empfehlen ist, da für das Editieren der ganze Bildschirm des Terminals ausgenutzt wird) wird der gewünschte Text editiert.

Zusätzlich zu dem Text, der das Dokument ausmacht, können noch Befehle zur späteren Bearbeitung durch nroff eingestreut werden.

Über diese Befehle können für das Layout des Textes

- die Seitengröße (Anzahl Zeilen je Seite),
- die Zeilenlänge (Anzahl Spalten je Zeile),
- die horizontalen und vertikalen Abstände zum Blattrand,
- die Tabulation,
- die Schriftarten,
- die Schriftgrößen,
- die Formatierungsart (wie zum Beispiel Formatierung mit linkem oder/und rechtem Randausgleich oder zentrierte Formatierung etc.),
- die Einrückungen (zum Beispiel am Anfang von Kapiteln oder Abschnitten),
- die Seitennumerierung,
- die Steuerung des Seitenumbruchs (so daß z.B. ein neuer Abschnitt nicht in der untersten Zeile einer Seite beginnt),
- das Unterstreichen, Fettdrucken etc. von Textabschnitten, Worten, Zeilen etc,

und einige andere Eigenschaften definiert werden.

Natürlich können diese Dokumente in "Rohform" (da noch nicht formatiert) auch mit anderen, nicht zum Standard-Umfang von UNIX gehörigen Editoren erstellt werden.

2.   Im zweiten Schritt wird die in der beschriebenen Weise interaktiv erstellte Rohform des Dokuments formatiert. Dieser Schritt kann wiederum in Unterschritte gegliedert werden.

2.1. Mit Hilfe sogenannter Präprozessor-Kommandos wird der Rohtext vorformatiert.

Die Präprozessoren sind anwendungsorientiert und können miteinander kombiniert werden.

Die wichtigsten Präprozessoren sind:

eqn: Mittels eqn lassen sich mathematische Formeln und Ausdrücke darstellen. Die Ausgabe von Summenzeichen, Exponenten, Indizes, Grenzwerten, mathematischen Konstanten und anderer mathematischer Ausdrucksformen ist möglich (Für weitere Informationen zu eqn siehe <KeC75>).

tbl: tbl dient zum Erstellen von Tabellen mit Überschriften, Titelzeilen und Tabellenzeilen, sowie verschiedener Umrahmungen (Siehe auch <UPM78>).

pic: Einfache Figuren und Bilder können mit pic verarbeitet werden. Es lassen sich Kreise, Ellipsen, Rechtecke, Pfeile und zugehörige Texte darstellen (Siehe auch <Ker82>).

ideal: ideal ist ein Präprozessor für neuere UNIX-Versionen zur Darstellung einfacher Bilder (Siehe auch <VWy82>).

spell: Auffinden von Schreibfehlern, indem Worte im Text mit Worten aus einem Dictionary verglichen werden (nur verfügbar für die englische Sprache, siehe auch <McI82>).

style, diction: Untersuchen die Zeichensetzung, die Grammatik und den Sprachgebrauch (Siehe auch <Che81>).

Neben den schon vorhandenen Präprozessoren können auch eigene erstellt und verwendet werden, die Definition setzt allerdings viel Erfahrung mit nroff und den anderen Präprozessoren voraus.

2.2. Nach der Vorformatierung durch einen oder mehrere Präprozessoren erfolgt schließlich die Formatierung durch nroff (oder troff), indem die vom Bediener eingegebenen und die durch die Präprozessoren erzeugten Befehle auf das Dokument angewendet werden.

Das Ergebnis ist ein vollständig formatiertes Dokument.

3. Bei der Verwendung eines Fotosatzgerätes zusammen mit dem Kommando troff ist ein weiterer Schritt notwendig. Dieser besteht aus der Verarbeitung mit einem sogenannten Postprozessor-Kommando, das die Hardware-Spezifikationen des jeweiligen Gerätes kennt. In den meisten Fällen dürfte dieser Schritt für die während der Software-Entwicklung entstehenden Dokumente entfallen.

Schematisch sieht also der typische Arbeitsablauf bei der Erstellung von Dokumenten so aus:

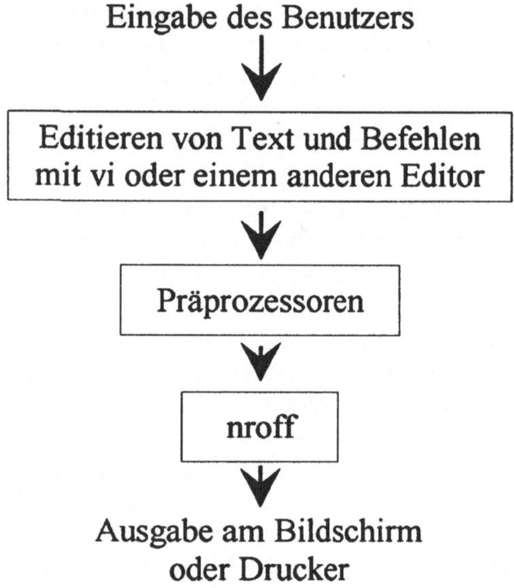

Erscheint eine Dokumenten-Erstellung nach diesem Konzept zunächst recht aufwendig und umständlich, so muß gesagt werden, daß auf diese Weise eine enorme Flexibilität für die Definition von individuellen Dokumenten-Layouts möglich wurde.

Sowohl die Präprozessoren als auch nroff/troff sind Filterprogramme und lassen sich in Pipelines einbinden.

Die Bestimmung, welche Präprozessoren notwendig sind, kann automatisiert werden (über Werkzeuge wie awk, grep, sort etc. kann der Text auf solche Formatierbefehle untersucht werden, die charakteristisch für einen bestimmten Präprozessor sind) und braucht den Benutzer nicht zu beschäftigen.

Schließlich kann der gesamte Ablauf in Shell-Prozeduren individuell festgelegt werden, so daß beispielsweise nach dem Aufrufen eines Editors automatisch eine Textformatierung durchgeführt werden kann. So können, den Anforderungen der Software-Entwicklung entsprechend, Kommandos zum Erstellen von Dokumenten eines bestimmten Typs, zum Beispiel von

- Manualseiten,
- betriebsinternen Mitteilungen,
- Protokollen,
- Zeitschätzungen etc.

vordefiniert werden. Ein Beispiel für eine solche Shell-Prozedur befindet sich am Ende des nächsten Abschnitts (3.3.2.).

Dabei wird von nroff/troff und den Präprozessoren die Erstellung von normalen Textdokumenten, von Tabellen und von einfachen Bildern unterstützt. In der Software-Entwicklung häufig vorkommende Graphiken und Diagramme können nicht erstellt werden.

3.3.2. Herstellung von Beziehungen zwischen Dokumenten

Die gesamte Dokumentation zu einem Software-Produkt beziehungsweise in einem Entwicklungs-Projekt besteht aus einer Serie von Dokumenten verschiedenen Typs.

Zwischen den Dokumenten bestehen unterschiedlichste Beziehungen.

Beispiele:

Beziehungen zwischen Dokumenten verschiedenen Typs

- Zwei oder mehr Dokumente stellen den gleichen Sachverhalt in einer anderen Form dar; z.B. ein Struktogramm und der Programm-Quellcode zu einem Modul.
- Der Inhalt des einen Dokuments ist die Grundlage für die Erstellung eines anderen Dokuments, z.B. ist der Anforderungskatalog die Grundlage für die Erstellung des Grob-Entwurfs.
- Ein Dokument verfeinert die Aussage eines anderen Dokuments. Beispiel: Der Quellcode verfeinert die Aussage einer verbalen oder formalen Modulbeschreibung.
- Ein Dokument verfeinert die Aussage eines Ausschnitts eines anderen Dokuments; so verfeinert eine Modulbeschreibung beispielsweise die des betreffenden Ausschnitts aus einem Dokument, welches die Modulstruktur des Systems wiedergibt.

Beziehungen zwischen Dokumenten gleichen Typs:

- Ein Dokument verfeinert die Aussage eines anderen; z.B. kann ein Struktogramm eine Verfeinerung eines anderen Struktogramms sein.

- Ein oder mehrere Dokument(e) verfeinert (verfeinern) die Aussage eines Ausschnitts eines oder mehrerer anderer Dokumente; z.B. ein Programm-Modul, das von einem anderen Modul aufgerufen wird.

Welche Beziehungen zwischen den verschiedenen Dokumenten bestehen, hängt stark von den eingesetzten Techniken und Methoden, sowie von der Organisationsform des Projektes ab, denn diese bestimmen, welche Typen von Dokumenten überhaupt erstellt werden sollen.

Im folgenden wird betrachtet, wie sich Beziehungen zwischen Dokumenten unter UNIX wiedergeben lassen.

Dazu gibt es folgende Möglichkeiten:

1. Über die Namen der Dokumente

Die jeweiligen Dokumentennamen bzw. Dateinamen können für eine Typisierung verwendet werden.

So existiert unter UNIX eine Art impliziter Standard für die Programmierung. Die letzten Zeichen eines Dateinamens, ein sogenannter Suffix, geben an, um welchen Typ von Datei es sich handelt.

Ende des Dateinamens Bedeutung

.c	C-Quellcode
.h	Include-Dateien für C-Programme
.f	Fortran-Quellcode
.p	Pascal-Quellcode
.s	Assembler-Code
.o	Object-Code
.y	Quellcode für das Kommando yacc
.r	Ratfor-Quellcode
.l	Quellcode für das Kommando lex

etc.

Dabei handelt es sich ausschließlich um Konventionen, nicht um von UNIX verlangte Regeln (nur einige Kommandos verlangen bestimmte Dateinamen).

Ähnliche Konventionen können individuell festgelegt werden.

Beispiel:

Ein mit einem Punkt beginnender Suffix kennzeichnet einen Dateityp. Zu jedem Quellcode-Modul sollen ein Struktogramm und eine Modulbeschreibung existieren.

Die Dateien mit den Namen

    ausgabe.c
    ausgabe.st
    ausgabe.mb

enthalten in dieser Reihenfolge den Quellcode in der Sprache C, das Struktogramm und die Modulbeschreibung.

Dabei wird neben der Typisierung auch noch eine inhaltliche Einteilung vorgenommen. Alle mit "ausgabe" beginnenden Dateinamen enthalten Dokumentation, die das gleiche Modul betreffen.

Die Festlegung der Konventionen richtet sich allein nach den Anforderungen des Unternehmens, der Entwicklungs-Abteilung oder des jeweiligen Projekts und sollte eine Unterscheidung mittels der Shell-Metazeichen zulassen.

2. Nutzung von Directory-Strukturen

Die UNIX-Directory-Strukturen können natürlich auch zur Herstellung von Beziehungen zwischen Dokumenten verwendet werden.

Ganz besonders geeignet sind sie zur Darstellung der Zerlegung eines komplexen Dokuments nach dessen inhaltlicher Untergliederung.

Beispiel: Das vorliegende Buch

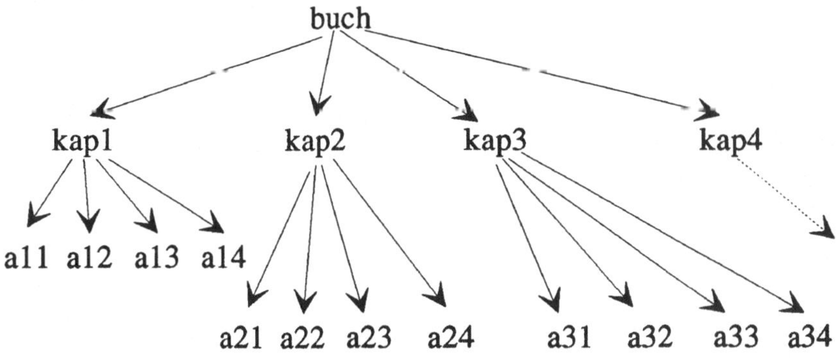

Diese Art von Beziehung ist gerade für die Software-Entwicklung typisch, wo größere Komponenten in immer kleinere zerlegt werden. Diese Zerlegung läßt sich leicht im UNIX-Directory-System widerspiegeln.

Es ist jedoch zu beachten, daß dies nichts mit der Aufrufstruktur einzelner Module in einem Software-System zu tun hat. Diese ist meist netzwerkförmig und kann im UNIX-Directory-System nur schwerlich dargestellt werden, da Links nur für Dateien, nicht jedoch für Directories erlaubt sind.

Für den Benutzer am Terminal erscheint eine tiefe hierarchische Gliederung der Directory-Struktur zunächst als lästig. Mit Shell-Prozeduren können jedoch Kommandos zum einfachen Navigieren in der Directory-Struktur geschrieben werden.

3.   Zeichenketten bzw. reguläre Ausdrücke

Waren unter 1. die Dateinamen für Einteilungen und Typisierungen verwendet worden, so können auch innerhalb der Dateien gehaltene Schlüsselworte zur Herstellung von Beziehungen dienen.

Dateien können nach diesen Schlüsselworten sehr einfach mit grep, egrep, fgrep oder awk untersucht werden.

Beispiele für solche Beziehungen wurden schon bei der Erläuterung von grep vorgestellt.

Ein weiteres Beispiel soll im folgenden dargestellt werden:

In einer Entwicklungs-Abteilung werden die Dokumententypen

- Modulbeschreibung,
- Memorandum,
- und Protokoll

immer nach einem vorgegebenen Standard angefertigt.

Die Dokumente sind über ihre Dateinamen typisiert und zu jedem Dokumententyp existiert ein Beispielformular, das den Standard wiedergibt und erklärt.

Dokumententyp	Suffix für den Dateinamen (Typisierung)	Name des Beispielformulars
Modulbeschreibung	.mb	modulbesch.std
Memorandum	.mem	memo.std
Protokoll	.pro	protokoll.std

Das Beispielformular für eine Modulbeschreibung (mit Namen "modulbesch.std") hätte dann etwa folgendes Aussehen:

```
.NH      MODULBESCHREIBUNG
.PP
.SH      MODULNAME
         Hier wird der Name des Moduls vermerkt
.PP
.SH      VERBALE BESCHREIBUNG
         In kurzen Worten wird hier beschrieben, welche Aufgaben das
         Modul hat und in welcher Weise die Aufgaben erfüllt werden
.SH      AUFRUF
         Beschreibung, wie das Modul von anderen Moduln aufgerufen
         werden kann. Alle Parameter werden erläutert

         .
         .

.SH      AUTOR
         Name des ursprünglichen Autors
.SH      ÄNDERUNGEN
         Beschreibung vorgenommener Änderungen mit Datum,
         Änderungsgrund und Angabe der Person, die die Änderung
         durchgeführt hat
.SH      SIEHE AUCH
         Hier können Verweise auf andere Dokumente, auf Literatur,
         Änderungsanforderungen etc. vermerkt werden.
```

Anmerkung: Die am Anfang einer Zeile stehenden Zeichenketten, wie ".NH" oder ".SH" sind Befehle für nroff/troff beziehungsweise Präprozessoren.

Eine Shell-Prozedur bestimmt zunächst anhand des vom Entwickler eingegebenen Dateinamens den Dokumententyp (also Modulbeschreibung, Memorandum, Protokoll oder sonstige Dokumente). Anschließend stellt sie fest, ob ein Dokument mit dem eingegebenen Namen existiert. War noch kein Dokument dieses Namens gespeichert, so wird bei Dokumenten eines bekannten Typs (also Modulbeschreibung, Memorandum oder Protokoll) ein vordefiniertes Formular zum "Ausfüllen" bereitgestellt (siehe obiges Beispielformular). Das

Bereitstellen des Beispielformulars entfällt selbstverständlich bei Änderungen von bereits existierenden Dokumenten.

Nach dem Editieren werden die für die Formatierung des Dokuments notwendigen Kommandos (d.h. Präprozessoren zu nroff/troff etc.) automatisch bestimmt und aufgerufen.

Die beschriebene Shell-Prozedur nennt sich "editiere" und hat folgenden Aufbau:

```
 1:    for i
 2:    do
 3:      if echo $i | grep -s ".mb$"
 4:          then doktyp=1
 5:          else if echo $i | grep -s ".mem$"
 6:                  then doktyp=2
 7:                  else if echo $i | grep -s ".pro$"
 8:                          then doktyp=3
 9:                          else doktyp=0
10:                       fi
11:               fi
12:      fi
13:      if test ! -f $i
14:          then case $doktyp in
15:                  1) cp modulbesch.std $i;;
16:                  2) cp memo.std $i;;
17:                  3) cp protokoll.std $i;;
18:               esac
19:      fi
20:      vi $i
21:      case $doktyp in
22:         [123]) \\Formatierung von $i mit nroff\troff \\
23:      esac
24:    done
```

Erläuterung der Shell-Prozedur:

Die for-Schleife ermöglicht den Aufruf der Shell-Prozedur zur Bearbeitung beliebig vieler Dateien. In den Zeilen 3 bis 12 wird untersucht, ob das zu bearbeitende Dokument eine Modulbeschreibung, ein Memorandum oder ein Protokoll ist.

Mit dem "if" in Zeile 13 wird bestimmt, ob die behandelte Datei schon existiert. Wenn nein, wird eines der bekannten vorbereiteten Standard-Formulare kopiert (Zeilen 14 bis 18).

Anschließend wird die Datei editiert (Zeile 20). Nach dem Editieren werden die Dokumente der drei genannten Typen automatisch formatiert. Die Shell-Prozedur "doktype" bestimmt, welche der Präprozessoren aufgerufen werden (siehe <KeP84>, Seite 307). Formatierte Dokumente werden direkt am Drucker ausgegeben.

Will ein Entwickler zum Beispiel eine neue Modulbeschreibung für das Modul "anzeige" anfertigen, so geht er folgendermaßen vor:

Er gibt

```
$ editiere anzeige.mb
```

ein, worauf die Shell-Prozedur

1. erkennt (am ".mb"), daß es sich um eine Modulbeschreibung handelt (Zeile 3),
2. das Dokument "modulbesch.std" auf die Datei mit Namen "anzeige.mb" kopiert (Zeile 15; diese Modulbeschreibung war vorher nicht gespeichert),
3. den Editor vi mit dem Dokument "anzeige.mb" aufruft (Zeile 20; der Entwickler kann also den Editiervorgang direkt mit dem Ausfüllen des ihm angezeigten Formulars beginnen!) und
4. nach Beendigung des Editierens die Formatierung des Textes veranlaßt (Zeile 22).

Eine solche Vorgehensweise bringt eine Reihe von Vorteilen:

- Der Entwickler braucht nicht zu wissen, wie der Standard für das jeweilige Dokument definiert ist, wo ein Beispielformular gespeichert ist und wie es heißt.
- Die Einhaltung der Standards ist gewährleistet.
- Der Entwickler braucht nicht die Präprozessoren zu nroff/troff aufrufen; dies geschieht automatisch.

3.3.3. Erhaltung der Konsistenz der Dokumentation

Die sich aus vielen Einzel-Dokumenten zusammensetzende Dokumentation dient also zur Kommunikation zwischen

- Software-Entwicklern,
- Projektleitern,
- End-Anwender,
- Auftraggeber

und ist ein wesentlicher Bestandteil des sich in der Entwicklung befindlichen und
später fertigen Systems. Insbesondere wegen der langjährigen Lebensdauer muß
auf die Dokumentation des Software-Projekts ständig zurückgegriffen werden.

Im Verlauf des Projekts ist die Dokumentation ständig Änderungen und
Erweiterungen unterlegen. Wesentlich dabei ist die Erhaltung der Konsistenz der
Dokumentation, d.h. daß sich die Inhalte der diversen Dokumente ergänzen und
nicht widersprechen.

Die Notwendigkeit der Konsistenzerhaltung ergibt sich grundsätzlich aus der
redundanten Speicherung von Informationen. Wird beispielsweise zu einem
Programm-Modul neben dem Quellcode auch noch ein Struktogramm gehalten,
so muß nach der Änderung eines der Dokumente auch meist das andere geändert
werden.

Zwar läßt sich die Redundanz in vielen Fällen vermeiden, für die
Verständlichkeit der Dokumentation eines Software-Produkts ist sie jedoch
häufig unerläßlich.

Um nach Änderungen von Dokumenten die Konsistenz wiederherstellen zu
können, müssen drei Bedingungen erfüllt sein:

1. Die Abhängigkeiten zwischen den Dokumenten müssen beschrieben sein.

2. Kriterien zur Bestimmung, wann Inkonsistenzen vorliegen, müssen definiert
   sein.

3. Transformationsregeln zur Überführung der Dokumente in einen
   konsistenten Zustand sind notwendig.

Wie an Beispielen bereits gezeigt wurde, ist das Kommando make ein hilfreiches
Werkzeug zur Beseitigung von Inkonsistenzen.

Trotzdem löst es die Aufgabe nicht vollständig, denn:

- Die Abhängigkeiten werden in einem makefile beschrieben. Ein makefile
  ist aber ebenfalls eine redundante Information und birgt damit die Gefahr
  von Inkonsistenzen in sich. Dem Benutzer von make sei daher
  empfohlen, die makefiles stets neu zu generieren (mittels selbst zu
  erstellenden Shell-Prozeduren deren Kern grep- oder awk-Kommandos
  bilden könnten).

- make benutzt als Kriterium zur Bestimmung, ob Inkonsistenzen
  vorliegen, allein das Ergebnis einer Betrachtung des Änderungsdatum
  (bzw. des Datums der letzten Änderung). Dieses Kriterium ist jedoch nur

dann korrekt, wenn ein abhängiges Dokument nur aus anderen Dokumenten erzeugt werden kann (und nicht etwa unabhängig davon editiert). Besteht also die Möglichkeit einer unabhängigen Bearbeitung eines abhängigen Dokuments, so kann mit make die Konsistenz nur dann erhalten werden, wenn nach jeder Änderung ein make-Kommando ausgeführt wird.

Beispiel:

Wird der Anforderungskatalog verändert, anschließend ein Dokument aus der aktuellen Entwicklungsphase editiert, so hat bei einem make-Aufruf die Änderung des Anforderungskatalogs keinen Einfluß auf das zweite Dokument, da für dieses ein späteres Änderungsdatum vermerkt ist. Wird aber zwischen den beiden Änderungsvorgängen jeweils ein make-Aufruf durchgeführt, so wird der Einfluß der Änderung des Anforderungskatalogs auf das zweite Dokument wirksam.

Für den Einsatz von make ist also genauestens zu prüfen, ob es sich um einen der vorliegenden Fälle handelt.

Unabhängig von make können außerdem nicht für alle Typen von Änderungen eindeutige Transformationsregeln zur Überführung in einen konsistenten Zustand angegeben werden.

Im obigen Beispiel wird deutlich, daß nur in den wenigsten Fällen klar ist, wie sich eine Änderung eines Anforderungskatalogs auf später erstellte Dokumente auswirkt. Dies ist jedoch ein grundlegendes Problem der Software-Entwicklung und wird auch von UNIX nicht gelöst.

Außer dem make-Kommando können in diesem Zusammenhang noch andere UNIX-Kommandos eingesetzt werden.

Dazu zählen die Kommandos *cron* und *at*, welche eine periodische oder zu einem bestimmten Zeitpunkt einmalig erfolgende Ausführung beliebiger Kommandos ermöglichen. Beispielsweise können so nachts Programme zur Untersuchung der Dokumentation auf Inkonsistenzen gestartet werden.

Werkzeuge wie grep, awk und andere können eingesetzt werden zur Analyse der Dokumentation und zur Erstellung aktualisierter Dokumente.

Beispiel:

Es werden Cross-Reference-Dokumente zu einem gerade in Entwicklung befindlichen Software-Paket gehalten, z.B.

- eine Tabelle mit Informationen, welches Datenelement in welchem Modul vorkommt oder
- eine Tabelle, die zeigt, welches Modul welches andere Modul aufruft etc.

Wegen der voranschreitenden Entwicklung ist es wahrscheinlich, daß diese Dokumente sich dauernd ändern müssen.

Eine einfache Lösung wäre es, jede Nacht mit cron eine Shell-Prozedur zu starten, welche mit grep die Dokumente durchsucht, mit sort- und anderen Kommandos die Ergebnisse ordnet und mit awk ein neues Cross-Reference-Dokument erstellt.

Eine andere, für UNIX typische Vorgehensweise ist diese: Nach jeder durchgeführten Änderung wird eine Dokumentation dieser Änderung erzwungen (was bei der Benutzung des SCCS sowieso geschieht), daraus wird ein Änderungsprotokoll erstellt, welches nach verschiedenen Kriterien abgefragt werden kann.

Bevor ein Software-Entwickler also ein Dokument weiterbearbeitet, kann er sich informieren, welche Änderungen an diesem Dokument bereits vorgenommen wurden, welche anderen Änderungen eine Bearbeitung des Dokuments erforderlich machen usw. (Mit Shell-Prozeduren kann die Abfrage nach diesen Informationen ebenfalls automatisiert werden).

UNIX bietet also viele Möglichkeiten, die Erhaltung oder Wiederherstellung der Konsistenz zu erleichtern und unterstützt den Software-Entwickler bei dieser aufwendigen Aufgabe. Eine unmittelbare Lösung des Konsistenzproblems bietet UNIX nicht an.

3.3.4. Durchführung von Änderungen und Erweiterungen

Schon in der Implementierungsphase, aber ganz besonders in der Wartungsphase, werden dauernd Änderungen und Erweiterungen an der bestehenden Software, d.h. am Programm-Quellcode und den zugehörigen Dokumenten vorgenommen.

Die wichtigsten Gründe dafür sind:

- die Behebung von Programm-Fehlern,
- der Übergang zu anderen Compilern, anderer Hardware, Systemsoftware oder Datenbanksoftware, oder etwa von einem Einplatz- zu einem Mehrplatzsystem (also Portierungen verschiedenster Art),
- die Erweiterung der Software um neue Funktionen oder Leistungen.

3.3.4.1. Lokalisierung und Behebung von Programm-Fehlern

Wegen der engen Verbundenheit mit C ist UNIX nur mit Werkzeugen zum "Debugging" von C-Programmen ausgestattet.

Es stehen die Kommandos sdb (in älteren Versionen noch adb) und lint zur Verfügung.

Sdb ist ein sogenannter "symbolischer Debugger". Mit sdb kann ein zum Zeitpunkt seines Abbruchs vom Kernel erstellter Speicherauszug eines Prozesses analysiert werden.

Dabei kann der Benutzer unter anderem betrachten, wie die Aufruffolge der Module vor dem Absturz war und welche Werte die Variablen zu diesem Zeitpunkt gerade hatten. Sdb liefert eine kryptische und schwer verständliche Ausgabe und ist nicht einfach zu erlernen.

Mit lint können C-Programme auf potentielle Fehler, Portabilitätsprobleme und zweifelhafte Konstruktionen hin untersucht werden. Die Nutzung von lint ist in jedem Fall zu empfehlen, lint liefert jedoch auch Ausgaben, mit denen der ungeübte Benutzer schwerlich etwas anfangen kann.

Für andere Programmiersprachen bietet UNIX keinerlei Kommandos für die Fehlerlokalisierung.

Neben den Kommandos sind noch zwei weitere UNIX-Leistungen für die Fehlersuche hilfreich. Durch die Möglichkeit der Umleitung der Standard-Diagnose-Ausgabe in Protokolldateien steht nach dem Auftreten von Fehlern mit diesen Dateien ein nützliches Hilfsmittel zur Verfügung. Die umfassenden Such- und Finde-Funktionen der Editoren und der Kommandos wie grep, können ebenfalls für diese Aufgaben eingesetzt werden.

3.3.4.2. Portierung von Software

Eine andere Ursache für die Durchführung von Änderungen und Erweiterungen sind Portierungen im weitesten Sinne. Dazu gehören:

- Der Übergang von einem Compiler einer Programmiersprache zu einem anderen Compiler derselben Sprache (verschiedene "Dialekte" von Programmiersprachen),
- die Portierung auf andere Hardware,
- der Übergang zur Nutzung anderer Systemsoftware,
- der Übergang zu einem anderen Datenbanksystem,
- die Portierung von Software von einem Einplatz- zu einem Mehrplatzsystem (evtl. auch umgekehrt).

Wegen der Höhe des Aufwands sind Portierungen nur dann sinnvoll, wenn der Hauptteil der Arbeit darin besteht, eine syntaktisch fest definierte Sprache in eine ähnliche, ebenfalls syntaktisch festgelegte Sprache zu übersetzen (Beispiel: Übergang von einem COBOL-Compiler zu einem anderen - ein Großteil der Syntax bleibt gleich, der Rest ändert sich zwar, jedoch nach fest vorgegebenen Regeln).

Aufgabenstellungen dieser Art sind ein typisches Einsatzgebiet von awk. Nach einer sorgfältigen Untersuchung der Unterschiede durch einen Software-Entwickler können Shell-Prozeduren und awk-Programme erstellt werden, die die Umsetzung vornehmen. Die Erstellung eigener Programme entfällt vollständig.

3.3.4.3. Erweiterungen und Entwicklung von Zusätzen

Aufgrund veränderter Anforderungen oder Bedürfnisse der Anwender werden bestehende Software-Produkte häufig erweitert oder es werden Zusatzprodukte entwickelt.

Dabei kommt es meistens darauf an, den durch das vorhandene Produkt gesetzten Rahmenbedingungen zu genügen, um dort keine oder nur geringe Änderungen erforderlich zu machen.

Auch hier werden also wieder die UNIX-Werkzeuge zur Analyse und Manipulation von bestehenden Dateien benötigt.

Ebenfalls können grep und awk zur Erstellung von Shell-Prozeduren, beispielsweise für die Überprüfung von Schnittstellendefinitionen oder gemeinsam verwendeten Datendefinitionen, eingesetzt werden.

3.3.5. Konfigurierung der Entwicklungsumgebung

Gerade in der Software-Entwicklung, wo sich mit jedem Projekt die Aufgabenstellungen immer etwas verändert darstellen, ergibt sich die Frage nach einer Konfigurierungsmöglichkeit der Entwicklungsumgebung.

Dazu gibt es verschiedene Wege, UNIX dem eigenen Geschmack oder den Vorstellungen der jeweiligen Entwicklungsgruppe oder -abteilung anzupassen.

- UNIX-Kommandos können in Shell-Prozeduren zu neuen, der jeweiligen Aufgabenstellung bzw. dem jeweiligen Geschmack besser gerecht werdenden Kommandos kombiniert werden.

Auf diese Weise können in beliebiger Stufung projekt-, abteilungs-, gruppen- oder benutzer-spezifische Kommandos entstehen.

Viele mit UNIX erstellbare Kommandos können so individuell konfiguriert werden, z.B. Kommandos, die in den vorangegangenen Abschnitten angesprochen wurden,

> zur Untersuchung von Dokumenten auf Inkonsistenzen
> zum Generieren von makefiles
> zum Erzwingen der Dokumentation von Änderungen, für die Erstellung von Protokollen u.s.w.

- Über die Datei .profile, welche nach dem Anmelden eines Benutzers an das System von der Shell ausgeführt wird, können Variablen initialisiert und Kommandos schon vorab ausgeführt werden.

Beispiel:

Sowohl eine Gruppe als auch ein einzelner Entwickler haben zur internen Verwendung einige Kommandos in der besprochenen Weise konfiguriert. Die Directory-Struktur sieht so aus:

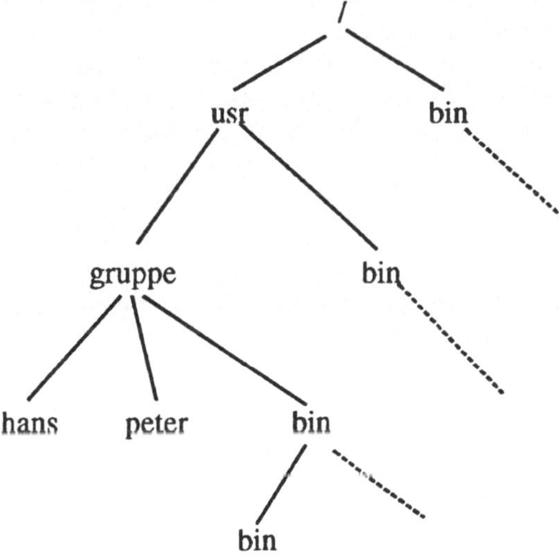

Die konfigurierten Kommandos residieren also jeweils in einer Directory mit Namen bin.

Will Entwickler Peter mit höchster Priorität seine eigenen Kommandos, dann die seiner Gruppe, dann die UNIX-Kommandos benutzen, so weist er der Shell Variablen PATH in .profile einen entsprechenden Wert zu:

```
PATH=$HOME/bin:$HOME/../bin:/bin:/usr/bin
```

Will er immer direkt nach dem Einloggen etwas zur Systemauslastung wissen, so definiert er außerdem in .profile:

```
echo "Systemauslastung/Anzahl Benutzer"
who | wc -l
```

Dann werden direkt nach der Anmeldung an das System die Kommandos echo und who ausgeführt und er erhält etwa diese Meldung:

```
login: peter
password: ________(erscheint nicht am Bildschirm)
Systemauslastung/Anzahl Benutzer
   10
$
```

Über .profile können auch konfiguriert werden:

- eine Voreinstellung für die Zugriffsberechtigungen neu zu erstellender Dateien (damit diese nicht nach jedem Editieren festgelegt werden müssen),
- der Aufruf einer anderen Benutzerschnittstelle, wie beispielsweise einer menugesteuerten Schnittstelle (bzw. Programm),
- die Definition von Variablen, die auch in von der Shell aus aufgerufenen Kommandos verfügbar sein sollen (globale Variablen),
- die Erstellung einer Protokolldatei, die festhält, wann sich wer jeweils angemeldet hat (z.B. für Abrechnungen etc),
- hardwarespezifische, zum Beispiel terminalspezifische Parameter können gesetzt werden und so fort.

➢ In Kapitel 2 wurde schon erläutert, daß der System Administrator für jeden Benutzer das Home-Directory, die Benutzerschnittstelle (d.h. das Programm, das nach der Anmeldung erscheint) und einige andere Parameter konfigurieren kann.

3.3.6. Verwaltung von verschiedenen Versionen

Aus den verschiedensten Gründen müssen meist mehrere Versionen des gleichen Software-Systems gehalten werden.

Solche Gründe sind:

1. *Hardware-Gegebenheiten*

   - Terminals verschiedener Hersteller unterscheiden sich stets (Beispiel: Die Positionierung eines Cursors am Bildschirm geht auf unterschiedliche Weise vonstatten).
   - Unterschiede bei peripheren Einheiten, z.B. bei Sekundärspeichern oder Druckern.

2. *Eigenschaften der System-Software*

   - verschiedene Betriebssysteme, bei Mikrocomputern beispielsweise MS-DOS, OS/2 und UNIX.
   - verschiedene Betriebssystem-Versionen.
   - verschiedene Compiler (z.B. Unterschiede bei verschiedenen COBOL-Compilern unter UNIX).
   - Unterschiede bei der Datenbanksoftware.

3. *Übersetzungen in andere Landessprachen*

4. *unterschiedliche Benutzerschnittstellen*

   - z.B. Maus-/Window-Schnittstelle oder eine reine Bildschirm-/Tastatur-Schnittstelle.

5. *Software-Fehler*

6. *Änderungen oder Erweiterungen wegen neuen Anforderungen*

7. *Kundenspezifische Anpassungen*

   - wegen Kundenwünschen.
   - Generierung der Software je Kunde mit Seriennummern etc. wegen Softwareschutz.

Mit den Kommandos des SCCS stehen eine Reihe von Werkzeugen zur Versionsverwaltung zur Verfügung. Wie in Kapitel 3.1 deutlich wurde, stellt das SCCS eine praktikable Lösung der Versions-Problematik für einzelne Dateien dar.

In größeren Software-Projekten besteht das Software-Produkt jedoch aus vielen Dateien, oft mehreren hundert oder tausend Dateien.

Werden diese unabhängig voneinander durch SCCS-Kommandos verwaltet, so stellt sich bald das Problem, in welcher Version ein Dokument zu welcher Version eines anderen Dokuments paßt (kompatibel ist).

Es ist also eine Unterscheidung zwischen der Version des gesamten Software-Produkts und den Versionen eines einzelnen Dokuments vorzunehmen.

Ebenfalls werden zu einem Software-Produkt unter Umständen mehrere Versionen eines Dokuments gehalten, von denen nicht eine Version die Vorgänger-Version ersetzt, sondern die stets nebeneinander existieren sollen. Beispielsweise sind Übersetzungen in andere Landessprachen von diesem Typ. Dasselbe kann auch bei Versionen für verschiedene System-Konfigurationen (Hardware, Betriebssystem, Systemsoftware...) gelten.

Aufgabenstellungen dieser Art müssen auf der Ebene von UNIX gelöst werden.

Die Verwaltung der Versionen eines komplexen Software-Produkts kann beispielsweise in zwei (oder mehr) Ebenen der Versionsverwaltung mit SCCS abgehandelt werden.

Die Entwicklung einer neuen Version hätte dann etwa folgenden Ablauf:

1. Vorbereitung

Für alle zum Software-Produkt gehörigen Dokumente wird mit get-Befehlen je ein Dokument der Version erzeugt, von der die Entwicklung der neueren Version ausgeht. Diese sind dann in ein anderes Directory beziehungsweise in eine andere Directory-Struktur zu verlegen.

Für die Dauer der Entwicklung der neuen Version des Software-Produkts werden dann diese Dateien mit admin-Befehlen in SCCS-Dateien umgewandelt.

2. Entwicklung

Diese temporären SCCS-Dateien können nun durch beliebig viele Abfolgen von get-Befehlen, Änderungsaktivitäten und delta-Befehlen solange verändert werden, bis die neue Version vollständig erstellt ist.

3. Nachbereitung

Aus den temporären SCCS-Dateien wird nun, wieder mit get-Befehlen, die endgültig neueste Version für alle Dokumente erstellt und in das ursprüngliche Directory bzw. die Directory-Struktur zurückgebracht.

Abschließend ist nur noch für alle zum Software-Produkt gehörigen Dokumente ein delta-Befehl durchzuführen und die neue Version ist komplett. Die temporären SCCS-Dateien können dann gelöscht werden.

Diese Vorgehensweise ist nur eine der möglichen, andere sind denkbar. Die geschilderten Vorgänge können wieder weitgehend automatisiert werden.

Die Verwaltung von gleichrangigen, sich jedoch gegenseitig ausschließenden Dokumenten einer Version (Beispiel: Bildschirmmasken in Landessprachen) kann beispielsweise über entsprechend ausgelegte Directory-Strukturen erfolgen.

Das SCCS alleine löst also nicht unbedingt alle Fragen der Versionsverwaltung. In Kombination mit anderen UNIX-Kommandos und unter Ausnutzung von Directory-Strukturen lassen sich jedoch Lösungsansätze finden.

3.3.7. Produktion von Software-Produkten

Unter der Produktion kann man das Verfügbarmachen eines Software-Produkts bzw. einer Version eines Software-Produkts für neue oder alte Kunden verstehen.

Dazu gehört neben der Erstellung der Software auch deren "Verpackung", zusammen mit den Handbüchern und anderen zugehörigen Materialien.

Unter UNIX sind für die Produktion folgende Tätigkeiten auszuführen:

1. Die Erstellung einer lauffähigen Version der jeweiligen Software.

2. Die Übertragung auf einen (oder mehrere) zum Transport geeignete(n) Datenträger (z.B. Disketten, Bänder). Unter Umständen kann eine Übertragung auch direkt vom Produktionsrechner zum Rechner des Kunden erfolgen.

Dabei sind möglicherweise kundenspezifische Parameter zu beachten, wie

- Versionsnummern der Software (oder andere identifizierende Daten für den Softwareschutz, wie Seriennummern etc.),
- eine Auswahl an Software-Komponenten abhängig vom Bestellumfang,
- Landessprache, Computer-Hardware etc.

Die Produktion der Software baut also auf der Versionsverwaltung auf.

Mit der Shell-Kommandosprache können Prozeduren erstellt werden, die weitgehend automatisch die Produktion von Software-Produkten durchführen können. Dazu können durchweg schon vorhandene Kommandos eingesetzt werden, allein ein Programm für die Festlegung der kundenspezifischen Parameter ist neu zu erstellen.

Ein Beispiel soll eine mögliche Vorgehensweise bei der Produktion eines Software-Produkts verdeutlichen:

1. Für die Dauer der Software-Produktion wird ein eigenes Directory geschaffen.

2. Anschließend werden die kundenspezifischen Parameter, welche die Produktion beeinflußen, spezifiziert (dazu können Menus angezeigt werden etc. - siehe Beispiel zu Shell-Prozeduren in Kapitel 2).

3. Ausgehend von den spezifizierten Parametern werden nun die Quellcode-Dateien der angesprochenen Versionen mit get-Kommandos in das Produktions-Directory kopiert.

4. Mit einem make-Kommando (zum dem das entsprechende makefile bereits definiert sein muß) wird dann eine lauffähige Version der Software erstellt (Compile- und Binde-Vorgänge etc.).

5. Schließlich kann das fertige Software-Produkt dann mit den dafür bestimmten UNIX-Kommandos übertragen werden (z.B. mit dem tar-Kommando auf Disketten oder Bänder oder mit dem uucp-Kommando zu einem anderen Rechner).

6. Zuletzt bleiben nur noch Aufräumarbeiten: Die in dem Produktions-Directory vorhandenen Daten werden nachverarbeitet (z.B. wird eine Protokolldatei aktualisiert), nicht mehr benötigte Dateien werden gelöscht.

Nachfolgend sind die wesentlichen Fragmente einer solchen Shell-Prozedur wiedergegeben:

```
1:    mkdir produktion
2:    cd produktion
3:    readparameter
      :

4:    case $sprache in
5:        engl*)sprachdir=/usr/produkt/sprachen/engl;;
6:        fra*) sprachdir=/usr/produkt/sprachen/fra;;
7:        deu*) sprachdir=/usr/produkt/sprachen/deu;;
8:        spa*) sprachdir=/usr/produkt/sprachen/spa;;
          :
```

```
 9:    get /usr/produkt/allgemein/*
10:    get $hardwaredir/*
11:    get $sprachdir/*
12:    sed ´s/seriennr/$snr/´ nummerdatei
13:    make -f ../makeprod
       :

14:    echo $snr $hardware $sprache >> ../protokoll
15:    rm *.c *.h .... # Löschen aller Zwischendateien
16:    tar xv *
17:    rm -? *
18:    cd ..
19:    rmdir produktion
```

Erläuterung: Die ersten beiden Zeilen erzeugen das temporäre Directory (mit mkdir) und erklären es zum aktuellen Directory. Die Abarbeitung von Zeile 3 bewirkt den Aufruf einer weiteren Shell-Prozedur, die die Eingabe der Parameter ermöglicht.

In den Zeilen 4 bis 8 wird, abhängig von der ausgewählten Landessprache, festgelegt, in welchem Directory die sprachabhängigen Komponenten zu suchen sind. Die drei get-Kommandos extrahieren die Dokumente aus SCCS-Dateien. Mit dem sed-Kommando wird eine Seriennummer festgelegt.

Schließlich generiert das make-Kommando der Zeile 13 das fertige Software-Produkt, angepaßt für die jeweilige Hardware, in der gewählten Landessprache und mit der richtigen Seriennummer. In Zeile 14 werden nicht mehr benötigte Dateien gelöscht, danach die Protokolldatei auf den neuesten Stand gebracht.

Mit dem tar-Kommando wird das Software-Produkt auf Diskette oder Band kopiert. Zuletzt werden alle Dateien und das temporäre Directory wieder gelöscht (Zeilen 17 und 19).

3.3.8. Kommunikation zwischen Software-Entwicklern

Neben der Erstellung verschiedenster Dokumente macht die Kommunikation zwischen Software-Entwicklern einen großen Anteil ihrer Arbeit aus.

Brooks sagt dazu <Bro75>: "Da die Software-Konstruktion eine Aufgabe mit komplexen Zusammenhängen ist, ist der Kommunikationsaufwand zwischen den beteiligten Personen riesig".
UNIX trägt der Notwendigkeit der Kommunikation Rechnung, indem es dafür besondere Kommandos anbietet.

Grundsätzliche Kommunikationsmöglichkeiten, die UNIX unterstützt, sind:

1. Die direkte Verbindung zwischen zwei am System angemeldeten Benutzern. Diese können sich über ihre Terminals "unterhalten".

2. Eine Einweg-Kommunikation über "elektronische Post", die einem anderen Benutzer eine Nachricht übermitteln kann.

Eine direkte Verbindung wird mit dem write-Kommando aufgebaut. Für eine Zwei-Wege-Kommunikation müssen dazu beide Gesprächsteilnehmer ein write-Kommando ausführen.

Beispiel:

Terminal von Anton	Terminal von Hans
$ write hans Hast Du die Datensatzbeschreibung für Kunden geändert ? o	

	Message from Anton tty07
	    Hast Du die Datensatzbeschreibung
	    für Kunden geändert ?
	o
	$ write anton
	    ja! Ein Protokoll der zu
	    überprüfenden Programme findest
	    Du in meiner Datei lesemich.dok
	    o

Message from hans tty09 :
    ja! Ein Protokoll der zu
    überprüfenden Programme findest
    Du in meiner Datei lesemich.dok
    o
Danke! Tschüs!
oo (control-D)
$	

	Message from anton tty07
	    Danke! Tschüs! oo (control-D)
	    oo (control-D)
	$

Anmerkung: Das Control-D-Zeichen erscheint nicht am Bildschirm, sondern wird zur Beendigung des Kommandos eingegeben.

Zu diesem Beispiel ist zu bemerken, daß die Unterhaltung von UNIX, beziehungsweise dem write-Kommando, in keiner Weise synchronisiert wird, so daß dafür Konventionen geschaffen werden müssen, um ein "Durcheinanderreden" zu vermeiden (Im Beispiel bedeutet ein "o" auf einer Zeile die Beendigung einer Aussage, ein "oo" bedeutet die Beendigung des Gesprächs).

Etwas unangenehm ist, daß die Nachrichten unabhängig von der gerade ausgeführten Tätigkeit am Bildschirm erscheinen. Wird beispielsweise editiert, dann erscheint die Nachricht mitten im Text, wird ein cat-Kommando ausgeführt, so verschwindet die Nachricht schnell vom Terminal. Ein Benutzer kann mit dem mesg-Kommando die Annahme von write-Meldungen abstellen.
Mit dem Kommando *mail* können Nachrichten "verschickt" werden, die dann bei einem anderen Benutzer im "Briefkasten" landen. Dieser kann die eingetroffene Post ebenfalls mit dem mail-Kommando lesen.

Beispiel mit mail:

Hans schickt Post an Anton

```
$ mail anton
   Habe Datensatzbeschreibung für Kunden geändert.
   Ein Protokoll der zu überprüfenden Programme
   findest Du in meiner Datei lesemich.dok !
   (control-D)
$
```

Meldet sich Anton dann am System an, so erhält er direkt eine Meldung, daß Post für ihn gekommen ist ("you have mail"). War Anton bereits angemeldet, so erhält er diese Meldung direkt nach Ausführung des nächsten Kommandos.

```
you have mail
$ mail
   From hans Wednesday Aug. 7th 1993
   Habe Datensatzbeschreibung für Kunden geändert.
   Ein Protokoll der zu überprüfenden Programme
   findest Du in meiner Datei lesemich.dok !
?x
$
```

Beim Lesen der eingegangenen Nachricht kann festgelegt
werden, ob

- sie erhalten bleiben,
- gelöscht werden,
- weitergeleitet werden oder
- in einer anderen Datei gespeichert werden soll.

Während des Lesens der Post können auch andere Kommandos gestartet werden.

Ist der benutzte UNIX-Rechner in ein Netzwerk mit anderen UNIX-Rechnern eingebunden, so kann mit dem mail-Kommando auch mit Benutzern kommuniziert werden, die an einem der anderen Rechner arbeiten.

3.3.9. Folgerungen (Zusammenfassung)

Die Betrachtung einiger typischer Aufgabenstellungen aus der Praxis der Software-Entwicklung macht deutlich, daß UNIX solche Aufgaben direkt, wenn auch unterschiedlich stark, unterstützt.

Weiter wird in diesem Abschnitt erkennbar, daß die Flexibilität von UNIX, die durch die individuelle Kombinierbarkeit von Kommandos in Shell-Prozeduren gegeben ist, viel Spielraum für eine den gegebenen Anforderungen genügende Lösung läßt.

Selbstverständlich gibt es praxisrelevante Aufgabenstellungen, für die auch UNIX keine Werkzeuge oder Hilfen anbietet.

Nach dem Anteil der Möglichkeiten zur Erledigung der Praxis-Aufgaben

- unmittelbar mit UNIX und den UNIX-Werkzeugen,
- mittelbar über die Kombinierbarkeit von UNIX-Kommandos und anderen Programmen in Shell-Prozeduren,
- insgesamt mit UNIX,

lassen sich die Aufgabenstellungen in fünf verschiedene Klassen (mit fließenden Übergängen) einteilen:

1. Die erste Klasse wird gebildet durch einige Aufgabenstellungen, auf die UNIX sehr stark eingeht und direkt Werkzeuge und Möglichkeiten anbietet. Dazu gehören die Kommunikation oder auch Portierungsaufgaben.

2. Eine Reihe von Aufgaben, für die UNIX komplette, grundlegende Lösungen z.B. in Form von Kommandos anbietet, jedoch spezielle Fragen und Probleme offen läßt, bilden die zweite Klasse. Für diese Aufgaben können nach den individuellen Anforderungen durch die Integration von problemspezifischen und allgemeinen Kommandos in Shell-Prozeduren Lösungen erstellt werden. Zu diesen Aufgaben zählen unter anderem die Versionsverwaltung oder die Ausarbeitung von Dokumenten.

3. Eine dritte Klasse bilden die Aufgabenstellungen, zu denen in UNIX keine oder nur wenige spezielle Kommandos existieren, aber die Lösung der Problematik direkt vorgesehen ist. In diese Klasse könnten die

Konfiguration der Entwicklungsumgebung und die Produktion von Software-Produkten fallen.

4. Aufgabenstellungen, deren Erledigung zwar von UNIX unterstützt wird, für die aber eine vollständige oder nahezu vollständige Lösung mit UNIX allein kaum möglich ist, zählen zur Klasse vier. Hierzu sind wohl Aufgaben wie die Verfolgung von Beziehungen zwischen Dokumenten zu zählen.

5. Eine fünfte und letzte Klasse setzt sich aus den Aufgabenstellungen zusammen, die von UNIX vollkommen "alleingelassen" werden. Aus den vorangegangenen Abschnitten zählen die Durchführung von Erweiterungen bzw. die Entwicklung von Zusätzen dazu. Ganz allgemein sind alle kreativen Arbeiten der Software-Entwicklung von diesem Typ. Daß es in UNIX keine Kommandos zur Unterstützung solcher Aufgaben gibt, hängt sicherlich auch mit der im Zusammenhang mit Software Engineering diskutierten Methoden-Unabhängigkeit zusammen.

Für jede dieser Klassen von Aufgabenstellungen läßt sich folgern:

> UNIX bietet für die Abwicklung eines Teils der Aufgabenstellung unmittelbare Unterstützung. Dies betrifft Problemstellungen, die sich immer wieder gleich oder in ähnlicher Form darstellen.

> Ein weiterer Anteil der anfallenden Arbeiten kann erledigt werden, indem die Flexibilität von UNIX zur Erstellung individueller Werkzeuge ausgenutzt wird. Zu diesem Anteil gehören Arbeiten, die sich von Abteilung zu Abteilung, von Projekt zu Projekt etc. unterscheiden und immer wieder in verschiedener Form auftreten.

> Sehr spezielle, auf bestimmten Methoden oder Ideen basierende Aufgaben müssen weitgehend unabhängig von UNIX gelöst werden.

Graphisch läßt sich diese Einteilung so darstellen:

Anteil, der unmittelbar mit
UNIX abgewickelt werden kann.

Anteil, der mittelbar, also über
neue Werkzeuge, mit UNIX abgewickelt
werden kann.

Anteil, der mit UNIX allein nicht oder
nur mit großem Aufwand zu erledigen ist.

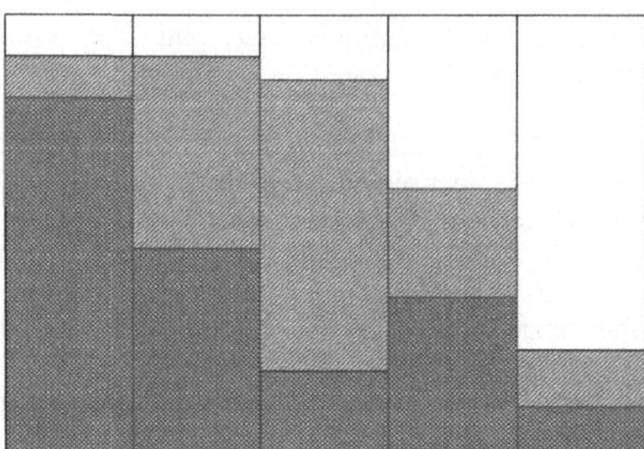

Das Schaubild soll nicht als Dokumentation einer absoluten Wertung verstanden werden, denn eine Einteilung der Aufgabenstellungen in Klassen, eine Gewichtung der Klassen oder Aufgabenstellungen und eine genaue Bestimmung der Anteile für die Abwicklung mit UNIX würde von Projekt zu Projekt, von Abteilung zu Abteilung verschieden ausfallen. Daher wurde auch auf eine Skalierung des Schaubilds mit absoluten Zahlen oder Prozentsätzen verzichtet.

Die Graphik soll lediglich als qualitative Darstellung des Sachverhalts dienen.

Die Graphik zeigt, daß UNIX den Software-Entwickler bei der Erledigung eines Großteils seiner Aufgaben unterstützen kann (doppelt plus einfach schraffierte Fläche).

Bei der ausschließlichen Nutzung der unmittelbar, d.h. ohne vorangegangene Anpassungen, anwendbaren UNIX-Leistungen wird nur etwa die Hälfte der gesamten Leistungsfähigkeit von UNIX ausgenutzt (doppelt schraffierte Fläche). Die Anpassung von UNIX an die individuellen Anforderungen (einfach schraffierte Fläche) bringt also einen enormen Produktivitätszuwachs, auf den nicht verzichtet werden sollte.

3.4. Szenarios

Die vorangegangenen Abschnitte untermauern, daß UNIX einerseits recht allgemein gehalten, damit aber andererseits hochgradig flexibel für individuelle Anpassungen ist.

Bisher konnte jedoch nur in eher globaler Weise darauf eingegangen werden, welche UNIX-Leistungen auf welche Weise für solche Anpassungen genutzt werden können und welche Aspekte dabei zu beachten sind.

Da in den meisten Fällen in der Software-Entwicklung bestimmte Methoden eingesetzt werden, vordefinierte Standards zu beachten sind etc., kann eine genauere Betrachtung nur unter Berücksichtigung der jeweiligen Gegebenheiten erfolgen. Das breite Spektrum an Programmiersprachen, Entwicklungs-Ideologien, der möglichen Standards, verschiedener Organisationsformen und nicht zuletzt der persönlichen Vorstellungen vieler Software-Entwickler macht jedoch eine vollständige Abhandlung aller Varianten der Software-Entwicklung unter UNIX unmöglich.

Weil aber die volle Leistungsfähigkeit von UNIX für die Software-Entwicklung erst nach einer solchen Anpassung zum Tragen kommt, kann auf die Darstellung dieser Möglichkeiten nicht verzichtet werden.

Szenarios bieten sich daher als geeignete Darstellungsform an. So speziell wie nötig und so allgemein wie möglich sollen sie zeigen, wie unter UNIX eine Entwicklungsumgebung geschaffen werden kann und wie ein Software-Prototyp zu entwickeln ist.

3.4.1. Szenario: Schaffung einer Entwicklungsumgebung

Dieses erste Szenario schildert eine Vorgehensweise, wie unter UNIX eine einfache Entwicklungsumgebung eingerichtet werden kann. Dabei wird zuerst ein Überblick über die behandelten Fragen, die Voraussetzungen und die Grundgedanken des Szenarios gegeben.

Dann folgt die Beschreibung der Datenorganisation, bei der, soweit nötig, auf konkrete Phasenmodelle und Dokumente eingegangen wird. Schließlich werden noch einige mit UNIX konstruierbare Werkzeuge diskutiert. Auch diese adressieren konkrete Problemstellungen.

Ziel des Szenarios ist es, die wesentlichen Prinzipien der Vorgehensweise herauszustellen; eine umfassende, generelle Entwicklungsumgebung mit allen Werkzeugen für alle möglichen Dokumente kann hier nicht beschrieben werden.

3.4.1.1. Überblick

Im Rahmen dieses Szenarios wird auf folgende Fragen eingegangen:

1. Wie können unter UNIX die vorhandenen Daten organisiert werden ?

2. Wie können für die entstandene Umgebung maßgeschneiderte Werkzeuge erstellt werden ?

Folgende Annahmen werden vorausgesetzt:

- Es ist kein fest vorgegebenes Phasenkonzept zugrundegelegt.

- Die Modularisierung beim Software-Entwurf erfolgt nach der "Top-Down"-Vorgehensweise. Dabei entsteht eine Hierarchie von Funktionen. Spezielle Methoden, wie SADT, HIPO etc. werden nicht eingesetzt.

- Zu jedem entstandenen Modul existieren die folgenden Dokumente
  - ➢ eine Modulbeschreibung,
  - ➢ ein Struktogramm (Nassi-Shneiderman-Diagramm),
  - ➢ der Quellcode.

- Die beschriebene Entwicklungsumgebung soll so ausgelegt sein, daß sie noch weiterentwickelt werden kann. Das heißt, die Flexibilität zur Integration neuer Dokumente und zur Schaffung neuer Werkzeuge, welche die vorhandenen ersetzen bzw. ergänzen sollen, muß erhalten bleiben. Somit ist diese Umgebung auch offen für die Einführung von Entwicklungsmethoden.

Die Grundidee des Szenarios ist, daß alle für die Software-Entwicklung relevanten Dokumente in einer Entwicklungs-Datenbank gehalten werden. Zur Bearbeitung, Manipulation und Analyse der dort gespeicherten Dokumente steht dem Software-Entwickler ein Set von Werkzeugen zur Verfügung.

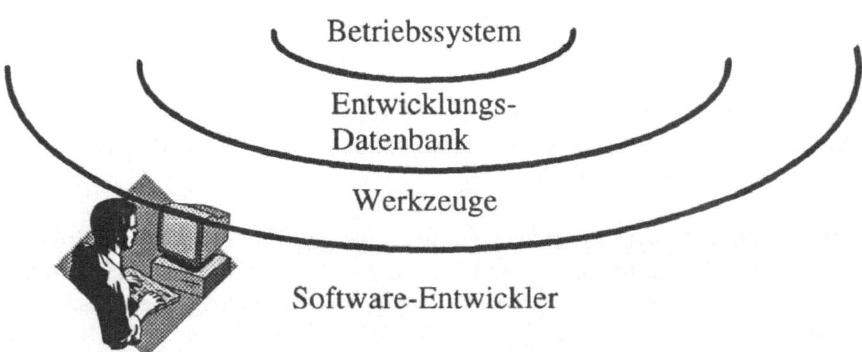

Diese zunächst von UNIX unabhängige Grundidee kann relativ leicht in die Konzeption einer Entwicklungsumgebung unter UNIX umgesetzt werden.

Dazu gehen wir davon aus, daß die Dokumente sämtlich in UNIX Directory-Strukturen abgelegt sind und zunächst über die Shell mit den UNIX-Kommandos bearbeitet werden können. Bereits vorhandene Kommandos können, ausgehend von den jeweiligen Anforderungen, in Shell-Prozeduren zu spezielleren und damit effektiveren Werkzeugen kombiniert werden (eine ähnliche Vorgehensweise wird in <EHT79> beschrieben).

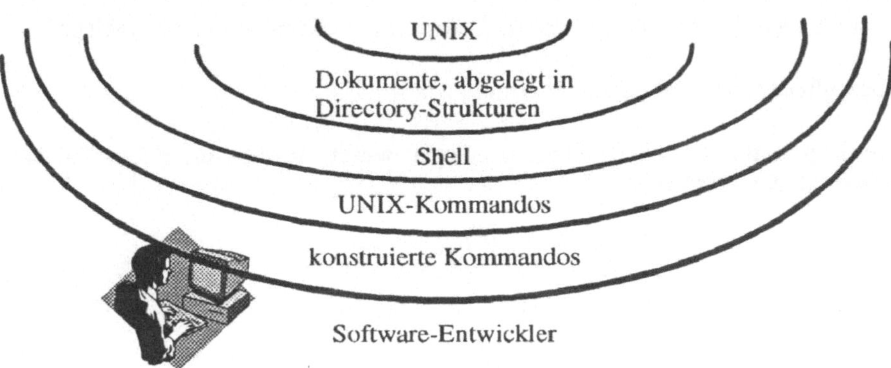

Die Anordnung der Dokumente in UNIX Directory-Strukturen richtet sich nach abteilungs-, projekt- oder entwicklerbezogenen Kriterien. Je genauer diese Anordung spezifiziert ist, desto effektiver können die konstruierten Werkzeuge eingesetzt werden.

Diese recht allgemein gehaltene, aber dennoch auf UNIX basierende Konzeption erlaubt Erweiterungen aller Komponenten.

Beispielsweise könnte an die Stelle einer Anordung aller Dokumente in einer hierarchischen Directory-Struktur die Speicherung und Verwaltung der Dokumente mittels eines Datenbankmanagementsystems treten. Auch können UNIX-Kommandos und die daraus konstruierten Werkzeuge ersetzt oder ergänzt werden durch zusätzlich entwickelte Programme, die auf spezielle Methoden des Software Engineering ausgerichtet sind.

Auf diese Erweiterungsmöglichkeit sei allerdings nur hingewiesen, denn mit dem Szenario soll die Ausnutzung von UNIX-Leistungen zum Ausdruck kommen, nicht die Verwendung von Software-Engineering-Methoden oder zusätzlicher Software.

3.4.1.2. Datenorganisation

Die Organisation der Dokumente in einer Directory-Struktur geht in drei Schritten vor sich:

1. Zuerst wird die Directory-Struktur nach einem Phasenkonzept ausgelegt.

2. Darauf folgt eine weitere Untergliederung der Directory-Struktur nach den jeweiligen Projektinhalten.

3. Zuletzt werden für häufig erstellte Dokumente Dokumenttypen festgelegt.

Untergliederung nach einem Phasenkonzept

Die Repräsentation eines Phasenkonzepts wurde bereits in einem früheren Abschnitt angesprochen.

Im Prinzip bieten sich folgende Möglichkeiten an:

- Eine Phaseneinteilung nach einem herkömmlichen, starren Phasenkonzept.

- Eine Phaseneinteilung, die die Entwicklung eines Prototypen vorsieht. Dieser dient jedoch nach seiner Abnahme nicht als Basis zur Weiterentwicklung. Eine solche Einteilung orientiert sich noch weitgehend am herkömmlichen Phasenkonzept.

- Eine Phaseneinteilung, die ebenfalls die Entwicklung eines Prototypen, aber auch dessen Weiterentwicklung zum späteren Endprodukt vorsieht.

Wird nach einem herkömmlichen Phasenkonzept entwickelt, dann sieht die Directory-Struktur so aus:

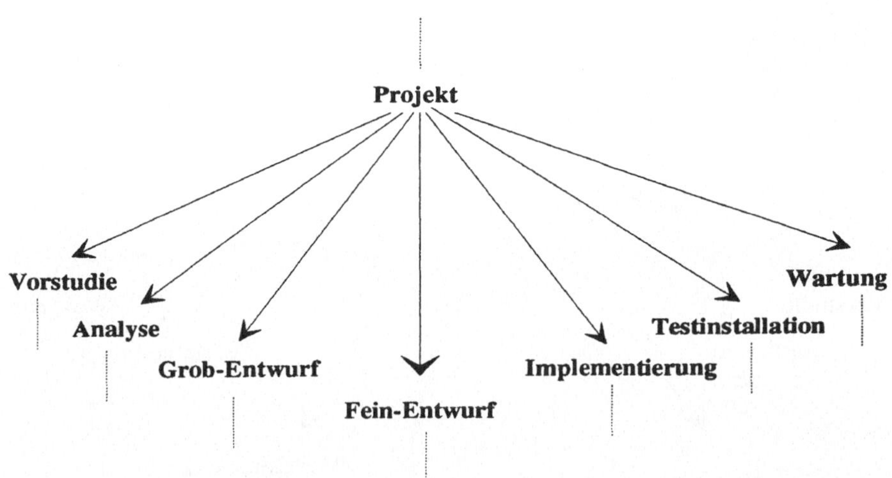

Bei der Entwicklung eines "Wegwerf"-Prototypen, nach dessen Abnahme von Grund auf mit der Entwicklung des Software-Produkts begonnen wird, erscheint eine ähnliche Directory-Struktur empfehlenswert.

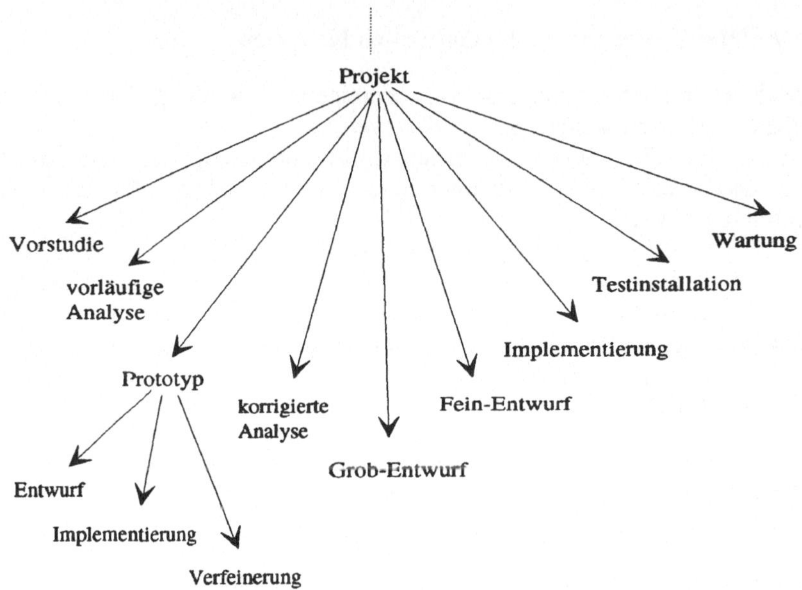

Dieses Layout lehnt sich an einen Vorschlag von H. Gomaa <Gom83> für ein unter Berücksichtigung des Rapid Prototyping korrigiertes Phasenkonzept an.

Wird das Software-Endprodukt nicht von Neuem entworfen, sondern entsteht es durch das Weiterentwickeln eines Prototypen, so bietet sich die folgende Repräsentation in einer Directory-Struktur an:

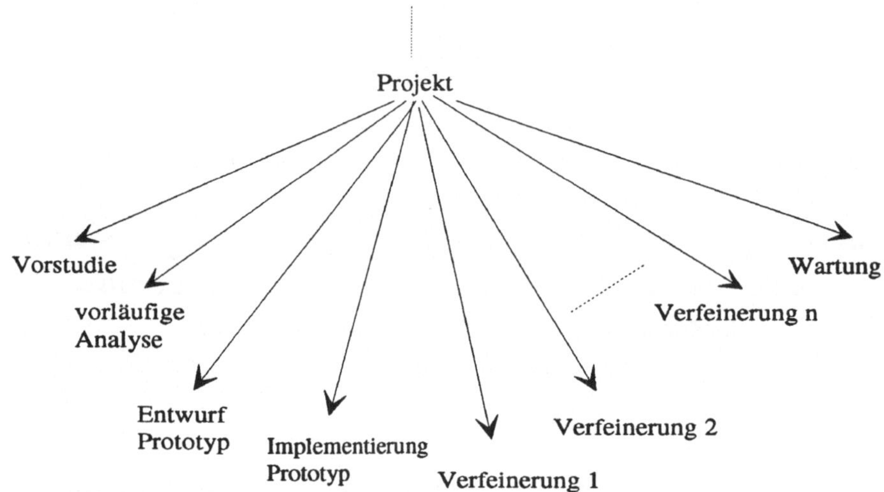

Diese Struktur lehnt sich an das von Alavi <Ala84> aufgestellte Phasenkonzept
für Prototyping an.

Weitere Untergliederung nach inhaltlichen Kriterien

Die nach einem Phasenkonzept vorgenommene Einteilung kann nun nach
inhaltlichen Kriterien weiter untergliedert werden.
Wird nach der "Top-Down"-Vorgehensweise entwickelt, so kann die dabei
entstehende Hierarchie von Funktionen in einer hierarchischen Directory-Struktur
repräsentiert werden.

Beim Entwurf bzw. der Entwicklung nach anderen Ideologien lassen sich
ähnliche Kriterien finden (Für objekt-orientiertes Design unter UNIX wird in
<BrG84> eine solche Einteilung vorgeschlagen und diskutiert).

Typisierung der Dokumente

Neben der Organisation der Entwicklungs-Dokumente in Directory-Strukturen
kann über Namenskonventionen eine Typisierung der Dokumente vorgenommen
werden.

Unter UNIX haben diese Namenskonventionen üblicherweise den folgenden
Aufbau:

        Teil1.Teil2

wobei "Teil1" über den Inhalt und "Teil2" über den Typ des Dokuments
Auskunft gibt.

Innerhalb des Szenarios kann dies so aussehen:

Teil2 des Dateinamens	Bedeutung
.sp	Shell-Prozedur
.awk	awk-Prozedur
.sa	Dokument aus der Systemanalyse
.afk	Anforderungskatalog
.nsd	Nassi-Shneidermann-Diagramm (Struktogramm)
.cob	COBOL-Quellcode
.c	C-Quellcode
.p	Pascal-Quellcode
.rel	verschieblicher Objektcode (d.h. schon übersetzter, aber noch nicht gebundener Code)
.o	lauffähiger Code (Objektcode)
.ds	Beschreibung einer Datenstruktur
.dd	Data Dictionary
.bsm	Bildschirmmaske
usw.	

Die Typisierung der Dokumente bringt folgende Vorteile:

1. Aus dem Dateinamen ist der Dokumenttyp direkt ersichtlich.
2. Es können spezialisierte Werkzeuge geschaffen werden, die bestimmte Typen von Dokumenten bearbeiten.

Die obige Tabelle von Dokumenttypen kann natürlich jederzeit verändert oder erweitert werden.

Für andere Beispiele zur Typisierung von Dokumenten unter UNIX kann auf <EHT79> und <Glu84> verwiesen werden.

3.4.1.3. Werkzeuge

Das Wissen über die Organisation der Daten und die Typisierung der Dokumente erlaubt sowohl den effektiven Einsatz der UNIX-Kommandos, als auch die Konstruktion von neuen, problemspezifischeren Werkzeugen aus den bestehenden Kommandos.

Mit der Konstruktion dieser neuen Werkzeuge können nicht nur effektiver arbeitende, sondern auch leichter benutzbare Tools entstehen.

Der vorliegende Abschnitt beschreibt die Erstellung von Werkzeugen zum Bearbeiten, Analysieren und Manipulieren der in der beschriebenen Form organisierten Dokumentation. Der Schwerpunkt der Beschreibung liegt dabei auf der Erläuterung der Werkzeuge, deren Arbeitsweise und der Nutzung von UNIX-

Kommandos zu ihrer Konstruktion, nicht jedoch auf der genauen Implementation in Shell-Prozeduren.

Die Anwendungsgebiete der vorgestellten Werkzeuge ergeben sich aus Aufgabenstellungen, die in dieser oder ähnlicher Form in jeder Software-Entwicklungsumgebung auftreten.

Die Werkzeuge können als eine Art Grundausstattung einer Entwicklungsumgebung angesehen werden. Diese kann und sollte um weitere Werkzeuge ergänzt werden.

Zu jedem der beschriebenen Werkzeuge wird zunächst die Aufgabe erläutert, dann die Arbeitsweise erklärt. Dabei wird darauf eingegangen, welche UNIX-Kommandos verwendet werden. Schließlich werden die mit dem Werkzeug erzielten Vorteile aufgezählt und einige Erweiterungsmöglichkeiten vorgestellt.

1. Bearbeitung von einzelnen Dokumenten

Aufgabe:

Das Werkzeug dient zum Erstellen oder Ändern von Dokumenten. Es erkennt den Dokumententyp und übernimmt Routineaufgaben, die bei der Bearbeitung der Dokumente auftreten (siehe auch Abschnitt 3.3.1.).

Arbeitsweise:

Zunächst wird der Dateiname auf eine bekannte Typisierung hin untersucht. Wird kein definierter Dokumententyp gefunden, so wirkt der Aufruf des Werkzeuges wie der Aufruf eines UNIX-Editors. Ist der Dokumententyp bekannt, so wird geprüft, ob das Dokument bereits existiert. Falls ja, wird die neueste Version des Dokuments aus einer SCCS-Datei erstellt. Daraufhin wird der Editor mit dem entsprechenden Dokument aufgerufen und der Benutzer kann mit seiner Arbeit beginnen. War das Dokument noch nicht vorhanden, so kopiert das Werkzeug zunächst ein Leer- oder Beispielformular des entsprechenden Dokumententyps und ruft ebenfalls den Editor auf. Beendet der Bediener das Editieren des Dokuments, so übernimmt das Werkzeug wiederum die Ausführung der notwendigen SCCS-Befehle.

Modulbeschreibung		CASE	
Dokument existiert		and. Typen	sonst
J	N		
aus SCCS-Datei extrahieren	Leer- oder Beispielformular kopieren		
Editieren	Editieren	....	Editor aufrufen
In SCCS-Datei integrieren	Zu SCCS-Datei machen		

Verwendete UNIX-Leistungen:

Neben Shell-Kontrollstrukturen und Variablen verwendet dieses Werkzeug einen UNIX-Editor (vi), verschiedene SCCS Kommandos (get, admin, delta), das Kopier-Kommando (cp), sowie ein Kommando zum Prüfen, ob eine Datei schon existiert (test).

Vorteile:

Dieses recht einfache Werkzeug bringt eine Reihe von Vorteilen:

- Die Einhaltung von Standards wird durch die automatische Verwendung der Leer- und Beispielformulare erleichtert.
- Der Benutzer braucht die Namen der Leer- oder Beispielformulare für die Dokumenttypen nicht zu wissen.
- Für alle häufig bearbeiteten Dokumente entfällt der Aufwand, der durch die Verwendung des SCCS entsteht.

Erweiterungsmöglichkeiten:

Diese einfache Version des Werkzeuges kann noch erweitert und verbessert werden

- durch Einbau eines Befehls, der nach allen Änderungen jeweils eine Änderungslogdatei auf den neuesten Stand bringt;

- durch die Verwendung anderer Bearbeitungskommandos anstelle des Editors, beispielsweise eines Struktogramm-Editors zum Bearbeiten von Nassi-Shneidermann-Diagrammen (existiert im UNIX-Umfang nicht);
- durch die Überprüfung der Einhaltung von Standards direkt nach dem Abschluß einer Änderung;
- durch das Integrieren von make-Kommandos zum Überprüfen und/oder Wiederherstellen der Konsistenz (kann im Hintergrund laufen);
- durch eine bessere Aufbereitung der Ausgabe mit awk; und so weiter.

2. Überprüfung von Standards

Aufgabe:

Das Werkzeug überprüft ein Dokument auf die Einhaltung von Standards.

Arbeitsweise:

Auch dieses Werkzeug bestimmt zunächst den Typ des zu untersuchenden Dokuments. Für die Überprüfung der Standards bieten sich awk-Programme an, die Testdateien nach Schlüsselworten, ausgefüllten Leerformularen etc. oder Programm-Quellcode-Dateien nach dafür definierten Regeln (Längen und Aufbau von Variablennamen, Nutzung von bestimmten Kontrollstrukturen etc.) überprüfen können. Auch dieses Werkzeug übernimmt die Ausführung der erforderlichen SCCS-Kommandos.

CASE

COBOL-Quellcode | and. Typen | sonst

Dokument existiert?

J | N

aus SCCS-Datei extrahieren

.... | Editor aufrufen

Untersuchung auf Einhaltung der Standards

Ergebnis ausgeben

Verwendete UNIX-Leistungen:

Außer Shell-Eigenschaften werden für dieses Werkzeug wieder SCCS-Kommandos (get) und das Kommando zum Prüfen auf die Existenz einer Datei (test) verwendet. Zur Überprüfung der Standards können awk-Programme und andere Kommandos (comm, diff,...) verwendet werden. Die Compiler-Compiler-Kommandos yacc und lex eignen sich ebenfalls für diesen Zweck.

Vorteile:

- Der große Aufwand zur Überprüfung der Standards ohne maschinelle Hilfsmittel entfällt.
- Der Software-Entwickler kann selbst die Einhaltung der Standards in seinen Dokumenten überprüfen lassen und die gefundenen Abweichungen umgehend korrigieren.

Erweiterungsmöglichkeiten:

- es können Untersuchungen durchgeführt werden, die feststellen, welche Standards besonders häufig nicht eingehalten werden;
- die Ausgabe kann mit awk aufbereitet werden; und so weiter.

3. Suche übergeordneter Programm-Moduln

Aufgabe:

Das Werkzeug sucht aus einer Menge von in einer Directory-Struktur angeordneten Quellcode-Dateien diejenigen heraus, die das vorgegebene Modul aufrufen. Eine ähnliche Problemstellung ist das Auffinden aller Programme, welche bestimmte Include- oder Copy-Dateien für Compile-Vorgänge benötigen.

Arbeitsweise:

In dem Wurzel-Directory der Directory-Struktur werden alle Dateien betrachtet. Sind die Dateien vom vorgegebenen Typ, so werden sie nach dem jeweiligen Kriterium untersucht. Andernfalls werden sie nicht weiter betrachtet. Für alle in dem Wurzel-Directory eingetragenen Directories wird dieselbe Untersuchung weiter fortgeführt (d.h. für alle Dateien, die in einem der Unter-Directories eingetragen sind usw.). So werden rekursiv alle Dateien des Directories untersucht.

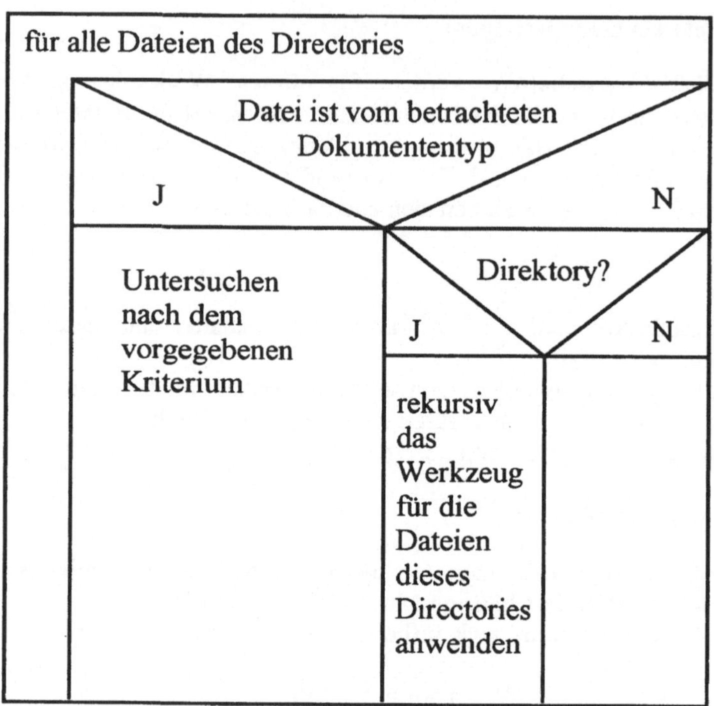

Verwendete UNIX-Leistungen:

Selbstverständlich werden auch hier wieder Shell-Kontrollstrukturen und -Variablen verwendet. Auch empfiehlt sich der Einsatz des test-Kommandos, wobei jetzt zu unterscheiden ist zwischen normalen Dateien und Directories. Mit dem grep-Kommando werden die Dateien analysiert.

Vorteile:

- Diese insbesondere für Wartungs- und Debugging-Tätigkeiten hilfreiche Information kann jederzeit abgefragt werden und ist daher auch immer auf dem neuesten Stand.

Erweiterungsmöglichkeiten:

- Rekursiv angewendet und aufbauend auf diesem Werkzeug läßt sich ein komplexeres Werkzeug erstellen, das die Aufrufstrukturen bis zur "obersten" Ebene ausgibt.
- Die Ausgabe kann mit awk aufbereitet werden;

und so weiter.

4. Suche untergeordneter Programm-Moduln

Aufgabe:

Das Werkzeug sucht aus einer Quellcode-Datei alle Moduln heraus, die von diesem Programm aus aufgerufen werden. Auch hier besteht die vergleichbare Problemstellung, alle Include- oder Copy-Dateien, die für einen Compile-Vorgang benötigt werden, zu bestimmen.

Arbeitsweise:

Die vorgegebene Programm-Datei wird nach dem jeweiligen Kriterium untersucht. Im einfachsten Fall ist hier noch nicht einmal das Erstellen einer Shell-Prozedur nötig, da das grep-Kommando die Aufgabe erfüllt. Wegen der etwas komplizierten Syntax der regulären Ausdrücke empfiehlt es sich dennoch, ein so häufig verwendetes Werkzeug benutzerfreundlich zu definieren.

Verwendete UNIX-Leistungen:

Shell-Prozedur mit einem grep-Kommando.

Vorteile:

- Analog zum vorangegangenen Werkzeug hat auch dieses den Vorteil, daß es die Abfrage der Information zu jedem Zeitpunkt erlaubt und also immer dem neuesten Stand entspricht.

Erweiterungsmöglichkeiten:

- Rekursiv angewendet und aufbauend auf diesem Werkzeug läßt sich ein weiteres Werkzeug erstellen, das die Aufrufstrukturen bis zur "untersten" Ebene ausgibt.
- Die Ausgabe kann mit awk aufbereitet werden; und so weiter.

5. Fortschreibung einer Änderungslogdatei

Aufgabe:

Zu den Dokumenten eines Entwicklungs-Projekts soll eine Änderungslogdatei gehalten und fortgeschrieben werden. Die Datei enthält zu jeder Änderung eines Dokuments änderungsrelevante Informationen, die nach verschiedenen Kriterien abgefragt werden können.

Arbeitsweise:

Immer dann, wenn ein Dokument geändert wird, werden folgende Informationen ans Ende der Logdatei geschrieben:

- Name der geänderten Datei,
- Datum und Uhrzeit,
- Name des Ändernden,
- Änderungsgrund.

Änderungsgrund vom Benutzer erfragen
Datei in SCCS-Datei integieren
Name der Datei, Datum und Uhrzeit, Benutzername und Grund der Änderung ans Ende der Logdatei schreiben

Verwendete UNIX-Leistungen:

Kernstück dieses Shell-Programms ist das SCCS-delta-Kommando. Die Daten
werden mit dem Shell-Mechanismus zur Umleitung der Standard-Ausgabe ans
Ende der Logdatei geschrieben. Der Name der Datei wird vorher in einer Shell-
Variablen festgehalten. Datum und Uhrzeit kommen vom date-Kommando und
der Benutzername kann der Shell-Variablen $USER entnommen werden. Der
Änderungsgrund wird vom delta-Kommando verlangt und kann ebenfalls in die
Logdatei geschrieben werden.

Vorteile:

- Alle Änderungen sind in einer einzigen Datei festgehalten. Damit können
  verschiedenste Abfragen durchgeführt werden.

Erweiterungsmöglichkeiten:

- Als Zusätze können mit grep und/oder awk-Programmen noch Abfrage-
  routinen erstellt werden.
- Nach der Durchführung von Änderungen können mit dem mail-
  Kommando Meldungen an andere Benutzer geschickt werden.
- Eine benutzerfreundliche Ausgabe kann mit awk erzeugt werden; und so
  weiter.

Neben diesen etwas ausführlicher erläuterten Werkzeugen sind eine Vielzahl
anderer Werkzeuge denkbar und mit UNIX-Kommandos in Shell-Prozeduren
konstruierbar.

Zum Beispiel:

- Ein Werkzeug, welches abhängig vom jeweiligen Zusammenhang Auswahlmenus generiert und dem Bediener zur Selektion anbietet. Wurde beispielsweise eine Quellcode-Datei zu einem Modul bearbeitet, so kann ein Menu (oder ein Menu-System) folgende Auswahl bieten:

  - ➤ das Struktogramm zum aktuellen Modul,
  - ➤ die entsprechende Modulbeschreibung,
  - ➤ alle übergeordneten Module (die "aufrufenden"),
  - ➤ alle untergeordneten Module (die "aufgerufenen"),
  - ➤ alle das aktuelle Modul verwendenden (für Compile-Vorgänge),
  - ➤ alle vom aktuellen Modul verwendeten Module (ebenfalls für Compile-Vorgänge) etc.

  Ein solches Menu kann dem jeweiligen aktuellen Stand entsprechend automatisch generiert werden und erlaubt dem Software-Entwickler eine Auswahl aus den zu vorangegangenen Aktivitäten in Beziehung stehenden Dokumenten. Komponenten eines solchen Werkzeugs wurden auf den letzten Seiten schon beschrieben.

- Zur Modifikation der die Funktionenhierarchie repräsentierenden Directory-Strukturen ist ein besonderes Werkzeug vonnöten. Mit nur wenig Aufwand kann dazu eine Shell-Prozedur erstellt werden, die eine durch ein Wurzel-Directory repräsentierte Teilhierarchie "unter" ein anderes Wurzel-Directory kopiert oder transformiert.

- Bei "tiefen" Directory-Strukturen werden sowohl die relativen wie auch die absoluten Pfadnamen zur Spezifikation einer Datei sehr lang. Einem Benutzer kann deshalb die Navigation in der Directory-Struktur lästig erscheinen. Die Konstruktion eines Werkzeuges, welches die in dem aktuellen Directory eingetragenen anderen Directories (also alle Unter-Directories und das übergeordnete Directory) zur Selektion anbietet, ist nur mit wenig Aufwand verbunden. Mit dem test-Kommando können alle Directories von normalen und speziellen Dateien unterschieden werden und dem Benutzer in einem Menu oder einer anderen Form zur Auswahl präsentiert werden. Der Wechsel des aktuellen Directories ist dann für den Benutzer nicht mehr mit der Eingabe eines Pfadnamens verbunden.

- Natürlich können insgesamt alle Werkzeuge in Menus zusammengefasst werden.

- Eine Reihe weiterer Werkzeuge wurden in den Abschnitten 3.2 und 3.3 vorgeschlagen.

Mit der Anordnung der Dokumente in einer Directory-Struktur und der Festlegung von Dokumenttypen können also Werkzeuge speziell für die dabei entstandene Entwicklungsumgebung geschaffen werden. Dabei kann der Grad der Spezialisierung individuell bestimmt werden und muß nicht die Flexibilität der Verwendung von UNIX-Kommandos beschneiden.

Die Erstellung und Nutzung solcher umgebungsspezifischer Werkzeuge bringt daher wesentliche Vorteile mit sich:

- Mit der automatischen Vorgabe von Leer- oder Beispielformularen bei häufig erstellten Dokumenttypen wird die Einhaltung von Standards nachhaltig erleichtert.
- Immer wiederkehrende Kommandofolgen können zu einem einzigen oder zu wenigen Werkzeugen zusammengefaßt werden und beseitigen die durch die Routineaufgaben entstehende Monotonie.
- Die Eingabe von kryptischen, fehlerträchtigen Kommandos entfällt für alle Standard-Aufgaben.
- Als Nebeneffekt können wertvolle Informationen gewonnen und abrufbar gespeichert werden.

Es sind also die Werkzeuge der in der beschriebenen Weise eingerichteten Entwicklungsumgebung, die eine erhöhte Produktivität, eine verbesserte Effizienz und eine größere Transparenz bewirken.

Eine angemessene und durchdachte Organisation der Daten beziehungsweise der Dokumente ist die notwendige Voraussetzung zur Konstruktion dieser Werkzeuge.

Das beschriebene Szenario schildert allerdings nur eine der möglichen Strategien. Wegen der Flexibilität von UNIX ist die Einrichtung einer Entwicklungsumgebung jedoch nicht auf diese Strategie beschränkt.

3.4.2. Szenario: Rapid Prototyping

Die Vorgehensweise bei der Entwicklung eines Software-Prototypen mit Hilfe der Shell-Programmiersprache, der besonderen Shell-Leistungen und der vorhandenen UNIX-Kommandos wird in diesem Abschnitt demonstriert.

Zunächst wird die aus dem Bereich der Netzplantechnik stammende Aufgabe kurz erläutert, dann ein grober Entwurf erstellt. Darauf folgt die Vorbereitung der Realisierung des Prototypen und dann dessen Realisierung in Shell-Prozeduren.

3.4.2.1. Die Aufgabe

Zur Zeit- und Terminplanung von Projekten soll ein Prototyp erstellt werden, der die Berechnung der minimalen Projektdauer, sowie die Bestimmung der zeitkritischen Vorgänge ermöglicht.

Der Prototyp soll dabei nach den Algorithmen der CPM-Methode ("Critical Path Method") der Netzplantechnik konstruiert werden.

Die CPM-Methode wird an dieser Stelle nicht näher erläutert, da der Schwerpunkt dieses Abschnitts auf der Konstruktion des Prototypen mit UNIX liegt. Als Literatur zur "Critical Path Method" sei auf <Neu75> oder <Run78> verwiesen.

3.4.2.2. Analyse und Grob-Entwurf

Die Gesamtdauer eines Projekts ist durch den "zeitlich gesehen längsten Weg durch den Netzplan bestimmt" <Run78>. Zur Vereinfachung der Bestimmung der Gesamtdauer berechnet das CPM-Verfahren zu jedem einzelnen Vorgang den frühestmöglichen Anfang (FA), das frühestmögliche Ende (FE), den spätestmöglichen Anfang (SA) und das spätestzulässige Ende (SE).

Die Vorgehensweise ist die folgende:

1. Vorbereitung:

Zu jedem Vorgang müssen eine Vorgangsnummer, die Dauer des Vorgangs, eine Bezeichnung und die Nummern aller diesem Vorgang unmittelbar vorangehenden anderen Vorgänge ("Vorgänger") festgelegt werden.

Meist werden noch die Vorgänge "Start" und "Ende" mit Dauer Null eingeführt. Die Vorgänge werden systematisch geordnet.

2. Berechnungen

2.1. Zunächst wird zu jedem Vorgang der frühestmögliche Anfangszeitpunkt bestimmt. Er ergibt sich aus dem Maximalwert der frühesten Endzeitpunkte seiner Vorgänger. Diese werden berechnet, indem deren frühester Anfangszeitpunkt und deren Vorgangsdauer addiert werden.
2.2. In ähnlicher Weise werden dann die spätesten Anfangszeitpunkte bestimmt.
2.3. Zuletzt können eine Reihe verschieden definierter Pufferzeiten aus den vorhandenen Angaben berechnet werden. Dabei ergibt sich auch, welcher der Vorgänge zeitkritisch ist.

3. Ausgabe

Die berechneten Ergebnisse sollen schließlich in der vom Benutzer gewünschten
Form ausgegeben werden.

Aus dieser Vorgehensweise kann direkt ein grober Entwurf der funktionalen
Struktur vorgenommen werden.

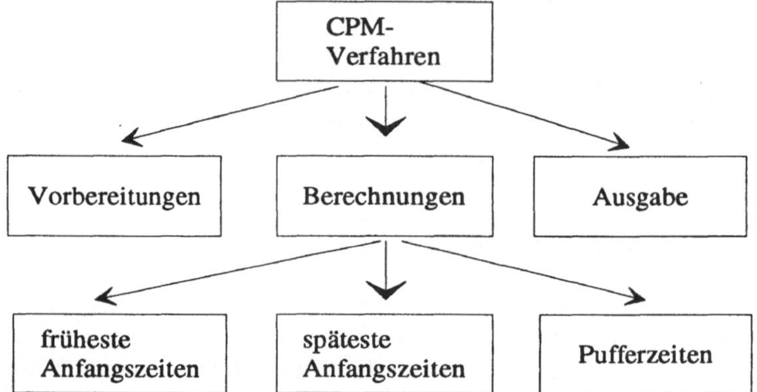

Exemplarisch sei für die Berechnung der frühesten Anfangszeiten der
Kontrollfluß in einem Struktogramm dargestellt.

Daten des ersten Vorgangs lesen
die früheste Anfangszeit des (der) ersten Vorgangs (Vorgänge) sei Null
Daten zum ersten Vorgang schreiben
für alle weiteren Vorgänge

für alle weiteren Vorgänge:

- Vorgangsdaten lesen
- Bestimmung aller Vorgänger
  - für alle Vorgänger:
    - FE(Vorgang)=FA(Vorgang)+Vorgangsdauer
- FA(Vorgang)=max FE (Vorgänger) über Vorgänger
- Vorgangsdaten ausgeben (Speichern)

3.4.2.3. Vorbereitung der Realisierung

Vor Beginn der Implementierung des Prototypen ist es notwendig, festzulegen, mit welchen UNIX-Leistungen welche Komponenten des Prototypen erstellt werden sollen.

Außerdem muß definiert werden, in welchem Format die vorgegebenen und berechneten Daten abgelegt werden sollen.

Beispielsweise kann zu jedem Vorgang ein variabel langer logischer Datensatz mit dem Format

```
Nummer des Vorgangs:Bezeichnung des Vorgangs:
   Dauer des Vorgangs:Nummer Vorgänger 1:....
      Nummer Vorgänger n:frühestmöglicher Anfang:
         spätestmöglicher Anfang:...
```

definiert werden. Ein solcher Aufbau erleichtert die Bearbeitung der Daten mit beliebigen UNIX-Software-Tools.

Für die einzelnen Software-Komponenten lassen sich etwa folgende Überlegungen anstellen:

Komponente "Vorbereitung":

> Hierfür kann zunächst ein einfacher UNIX-Editor verwendet werden. In einem Verfeinerungsschritt bietet sich die Erstellung einer Shell-Prozedur an, die am Bildschirm die notwendigen Daten abfragt, die Eingaben auf Plausibilität überprüft und im definierten Format abspeichert.

Komponente "Berechnung":

Früheste Anfangszeiten:

> Zunächst wird mit der read-Funktion der Shell der Datensatz des ersten Vorgangs gelesen, die früheste Anfangszeit mit Null initialisiert und der entstandene Datensatz in eine Ausgabedatei geschrieben (mit dem echo-Kommando; bevorzugt auf die Standard-Ausgabe).

> Innerhalb einer Shell-while-Schleife wird dann jeweils der Datensatz eines Vorgangs gelesen. Mit einem awk-Programm in einer Pipeline werden die jeweiligen Vorgänger bestimmt und ein regulärer Ausdruck für ein egrep-Kommando zur Selektion der Vorgängerdaten konstruiert. Die Ausgabe dieser Pipeline wird einer Shell-Variablen zugewiesen.

In einer weiteren Pipeline werden zunächst mit dem egrep-Kommando die Vorgängerdaten aus der bisher erstellten Ausgabedatei herausgefiltert, dann für diese Vorgänge der früheste Endzeitpunkt bestimmt (mit einem awk-Programm) und zuletzt der Maximalwert berechnet (ebenfalls mit awk).

Auch die Ausgabe dieser Pipeline wird einer Shell-Variablen zugewiesen. Die so bestimmte früheste Anfangszeit wird schließlich mit den bereits vorhandenen Daten in die Ausgabedatei geschrieben.

Die anderen Berechnungen können in ähnlicher Weise durchgeführt werden.

Komponente "Ausgabe":

Mit einer Shell-Prozedur kann dem Bediener eine Auswahl der verschiedenen Ausgaben angeboten werden. Abhängig von der von ihm getroffenen Wahl kann mit echo-Kommandos, deren Ausgabe in eine Datei umgeleitet wird, ein awk-Programm generiert werden, dessen anschließende Ausführung die gewünschte Ausgabe liefert.

3.4.2.4. Realisierung

Exemplarisch für alle Komponenten wird zunächst die Realisierung der Berechnung der frühesten Anfangszeiten vorgestellt und erläutert.

Ausgehend von den Vorüberlegungen können zunächst die einzelnen Komponenten unabhängig voneinander erstellt und getestet werden.

Die awk-Programme

- zur Konstruktion eines regulären Ausdrucks für das egrep-Kommando,
- zur Berechnung des frühesten Endzeitpunktes der Vorgänge,
- zur Bestimmung des Maximums aus einer Menge von Zahlen

werden zuerst erstellt.

Anschließend können die beiden Pipelines, die

- den regulären Ausdruck und
- den frühesten Anfangszeitpunkt

berechnen, interaktiv mit der Shell getestet werden.

Der letzte Schritt ist dann die Erstellung einer Shell-Prozedur, die die
Eingabedaten bereitstellt und die bereits getesteten Pipelines und awk-
Programme integriert.

So entstehen die nachfolgenden awk-Programme und die Shell-Prozedur:

awk-Programm zur Konstruktion eines regulären Ausdrucks für ein egrep-
Kommando (grep.awk):

```
BEGIN {FS=":"}
      {i = 5
       a = $4
       while (i <= NF){
              a = a ":|" $i
              i++
              }
       print "^(" a ")"
      }
```

awk-Programm zur Berechnung des frühesten Endzeitpunktes (fe.awk):

```
BEGIN {FS=":"}
      {FE = $3 + $NF
       print FE}
```

awk-Programm zur Berechnung des Maximums aus einer Menge von Zahlen
(max.awk):

```
BEGIN {max = 0}
      { if ($1 > max) max = $1}
END   {print max}
```

Shell-Prozedur zur Berechnung der frühesten Anfangszeiten:

```
read line
echo $linc":0" > netzplan
echo $line":0"
while read line
do
  GREPPARAMETER=`echo $line | awk -f grep.awk`
  FA=`egrep $GREPPARAMETER netzplan |
      awk -f fe.awk | awk -f max.awk`
  echo $line":"$FA >> netzplan
  echo $line":"$FA
done
```

Soll später der Prototyp zum Software-Endprodukt weiterentwickelt werden, wird etwa so vorgegangen:

Nach und nach werden einzelne Komponenten, die im Prototyp aus UNIX-Kommandos, awk-Programmen oder aus anderen Shell-Prozeduren bestehen, durch effizienter arbeitende, speziell für diese Anwendung erstellte und mehr benutzerfreundliche Software-Komponenten ersetzt.

Diese können in jeder beliebigen Programmiersprache geschrieben sein, solange sie sich mit den restlichen Komponenten kombinieren lassen. Schritt für Schritt entsteht so ein die gegebene Aufgabe bearbeitendes Software-Endprodukt.

Zur Demonstration, wie mit Shell-Prozeduren andere Programme generiert und anschließend auch gleich ausgeführt werden können, wird hier noch die Implementierung der Ausgabe-Komponente beschrieben. Es wird hierbei davon ausgegangen, daß mittlerweile sämtliche für den Netzplan relevante Daten in der vorher erzeugten Datei *netzplan* gespeichert sind.

Der erste Teil der Shell-Prozedur bietet nach dem aus dem zweiten Kapitel bekannten Muster ein Auswahlmenu an und prüft die Eingabe des Benutzers.

```
while true
do
   echo "Heutiges Datum ist: " `date`
   echo "Benutzername: " $USER
   cat <<MENU
   +------------------------------------------....-+
   : 1 Zu jedem Vorgang sollen                     :
   :    - Vorgangsnummer,                          :
   :    - Bezeichnung,                             :
   :    - Dauer,                                   :
   :    - früheste Anfangszeiten und               :
   :    - alle Pufferzeiten                        :
   :    ausgegeben werden.                         :
   :                                               :
   : 2 Zu jedem Vorgang sollen                     :
   :    - Vorgangsnummer,                          :
   :    - Bezeichnung,                             :
   :    - Dauer,                                   :
   :    - früheste Anfangszeiten und               :
   :    - "kritisch" oder "nichtkritisch"          :
   :    ausgegeben werden.                         :
   :                                               :
   : E Ende                                        :
   +------------------------------------------....--+
   Bitte treffen Sie eine Auswahl
V
```

```
MENU
    read auswahl
    case $auswahl in
     [12]) break;;
     [eE]) exit 0;;
        *) echo "Bitte wählen Sie 1, 2 oder E";;
    esac
done
:
```

Anschließend wird mit echo-Kommandos eine Titelzeile ausgegeben.

```
:
echo -n "Nummer Vorgang .... Dauer FA "
case $auswahl in
    1) echo "GP   FP   UP   BP ";;
    2) echo "kritisch ja/nein ";;
esac
echo -n "------ -------------....--- ----- -----"
echo "--------------------"
:
```

Dann folgen eine Serie von echo-Kommandos, deren Ausgabe in eine Datei
umgeleitet wird. Abhängig von der Selektion des Benutzers wird damit ein awk-
Programm generiert, das die gewünschte Ausgabe erzeugt.

```
:
echo 'BEGIN {FS=":"}' > x.awk
echo '{FA=NF-5' >> x.awk
echo ' SA=NF-4' >> x.awk
echo ' GP=NF-3' >> x.awk
echo ' FP=NF-2' >> x.awk
echo ' UP=NF-1' >> x.awk
echo ' BP=NF'   >> x.awk
echo 'printf "%6d %-30s %-5d %-5d", $1, $2, $3, $FA'
                                     >> x.awk
case $auswahl in
1) (echo 'printf " %-4d %-4d %-4d %-4d", $GP,
                  $FP, $UP, $BP' >> x.awk
     echo 'print ""'                >> x.awk);;
2) (echo 'if ($GP == 0)'       >> x.awk
     echo '      print " ja"' >> x.awk
     echo 'else'                >> x.awk
     echo '      print " nein"'>> x.awk);;
esac
echo 'merk=$FA}' >> x.awk
echo 'END {print "Kürzeste Projektdauer: " merk}'
                                     >> x.awk
:
```

Zum Abschluß wird dann nur noch das generierte awk-Programm ausgeführt und zuletzt gelöscht.

```
:
awk -f x.awk netzplan
rm x.awk
```

Ein mit dieser Shell-Prozedur generiertes awk-Programm sieht dann so aus (Selektion 2):

```
BEGIN {FS=":"}
{FA=NF-5
 SA=NF-4
 GP=NF-3
 FP=NF-2
 UP=NF-1
 BP=NF
printf "%6d %-30s %-5d %-5d", $1, $2, $3, $FA
if ($GP == 0)
     print " ja"
else
     print " nein"
merk=$FA}
END {print "Kürzeste Projektdauer: " merk}
```

Mit dieser Shell-Prozedur beziehungsweise mit dem damit generierten awk-Programm kann beispielsweise diese Ausgabe erzeugt werden (Selektion 2):

```
Nummer Vorgang           Dauer FA    kritisch ja/nein
------ ----------...-- ----- ----- ---------------------
     1 start             0     0     ja
     2 Vorgang 2        10     0     ja
     3 Vorgang 3        25    10     ja
     4 Vorgang 4        15    10     nein
     5 Vorgang 5         3    25     nein
     6 Vorgang 6         5    35     nein
     7 ende              0    40     ja
Kürzeste Projektdauer: 40
```

3.4.3. Weitere Aspekte

In diesem Abschnitt wird nun noch auf einige Aspekte eingegangen, die sowohl bei der Konstruktion einer Entwicklungsumgebung mit UNIX, als auch bei der Entwicklung von Prototypen von Bedeutung sind, deren Wichtigkeit aber mit den Szenarien nicht abgehandelt werden konnte.

"Filterbare Ausgabe"

Die UNIX-Leistung der Pipes macht die Kombination von Filter-Programmen zu Pipelines möglich. Eine sinnvolle Anwendung dieser Leistung setzt jedoch einige Anforderungen an die von Filtern zu verarbeitenden, beziehungsweise durch die Pipelines zu schickenden Daten.

Dazu gibt es keine festgelegten Regeln, Kernighan <KeP84> liefert jedoch einige Richtlinien:

> Filterbare Dateien enthalten Textzeilen;

> Sie enthalten keine Kopfzeilen, Fuß- oder Summenzeilen;

> Sie enthalten ebenfalls keine Leerzeilen;

> Der inhaltliche Zusammenhang bestimmt den Informationsgehalt einer Zeile: Jede Zeile soll für sich ein Objekt von Interesse sein (Faustregel: Die Datei kann mit dem grep-Kommando analysiert werden);

> Enthält eine Zeile mehrere Informationen, dann ist sie in von Leerzeichen oder Tabulatorzeichen oder anderen geeigneten Zeichen voneinander getrennte "Felder" gegliedert (Faustregel: Mit awk kann eine Zeile verarbeitet werden);

Erläuterung am Beispiel des Prototypen aus dem vorigen Abschnitt:

Die Shell-Prozedur zur Berechnung der frühesten Anfangszeiten produziert eine Ausgabe, die genau den obigen Richtlinien entspricht.

Die von der Ausgabe-Komponente geschriebenen Daten erfüllen nicht die genannten Kriterien, denn es werden sowohl Titel-, wie auch Fußzeilen produziert. Außerdem wird kein einheitliches Trennzeichen für die verschiedenen Felder verwendet.

Filter-Programme

Kernighan und Pike nennen auch Richtlinien für Filter-Programme <KeP84>:

> Die Argumente (Parameter) für die Filter spezifizieren Eingabedaten, niemals Ausgabedaten;
> Optionen und andere Argumente, die keine Dateien spezifizieren, stehen nach dem Kommandonamen und vor Dateinamen (beim Aufruf);
> Fehlermeldungen werden immer auf die Standard-Diagnose-Ausgabe und niemals auf die Standard-Ausgabe geschrieben.

3.4.4. Zusammenfassung

In Form von Szenarien wurde beschrieben, wie unter UNIX mit den gegebenen UNIX-Leistungen eine Software-Entwicklungsumgebung geschaffen werden kann und wie ein Software-Prototyp zu entwickeln ist.

Für die Anpassung der Entwicklungsumgebung empfiehlt sich die Vorgehensweise in folgenden Schritten:

> 1. Festlegung einer angemessenen Directory-Struktur
>
> 2. Typisierung der Dokumente
>
> 3. Konstruktion von Werkzeugen.

Schon an wenigen einfachen Beispielen wird erkennbar, daß viele der Routine-Aufgaben der Software-Entwickler und auch andere, komplexere Aufgaben mit vergleichsweise geringem Aufwand automatisiert werden können.

Dabei kann die Flexibilität für die Nutzung der UNIX-Kommandos durchaus erhalten bleiben. Es wird auch deutlich, daß die gesamte Leistungsfähigkeit von UNIX nur dann ausgeschöpft werden kann, wenn die Eignung von UNIX zur Anpassung an die Gegebenheiten ausgenutzt wird.

Die Brauchbarkeit von UNIX für das Prototyping zeigt sich im zweiten Szenario. Die Leistungsstärke des UNIX-Systems liegt auch da in der Kombinierbarkeit einzelner Kommandos und aller Shell- und Kernel-Leistungen. Einzelne Programme sind nur die Voraussetzung dazu.

Anhand beider Szenarien kann die typische Vorgehensweise der Software-Entwicklung mit UNIX verfolgt werden:

1. Zunächst ist zu untersuchen, inwieweit die anstehende Arbeit mit vorhandenen Werkzeugen erledigt werden kann. Dieser wichtige Schritt setzt ein hohes Maß an Vertrautheit mit UNIX und seinen Kommandos voraus. In vielen Fällen ist die Aufgabe schon mit diesem Schritt erledigt.

2. Für etwas komplexere Problemstellungen werden ebenfalls die existierenden Programme als Bausteine verwendet, um sie mit der Shell und Filtern zu einem neuen Programm zu kombinieren. Oft können komplexe Aufgaben mit Shell-Prozeduren in wenigen Zeilen gelöst werden. Da die Änderung eines Shell-Programms wenig Aufwand verursacht, sollte zunächst das einfachst mögliche Programm erstellt werden.

3. Genügt die so entstandene Shell-Prozedur noch nicht allen Anforderungen, so kann sie schrittweise immer weiter verfeinert werden. Auch Erweiterungen sind dann leicht durchzuführen. In vielen Fällen erübrigt sich das Einbauen neuer Funktionen wegen der Kombinierbarkeit der existierenden Kommandos. Ist dennoch eine neue Funktion vonnöten, dann empfiehlt sich fast immer eine Implementation als eigenständiges Kommando, das dann beliebig mit den bereits vorhandenen Kommandos kombiniert werden kann.

4. Zuletzt können zur Optimierung, beispielsweise der Benutzerschnittstelle oder des Laufzeitverhaltens, einzelne Komponenten der Shell-Prozedur in C oder eine andere Programmiersprache umcodiert werden, ohne die Architektur der Software zu zerstören. Auch hier können beliebig viele Verfeinerungsschritte vorgenommen werden.

4. Zusammenfassung, Versuch einer Wertung und Ausblick

Die verschiedenen Fragestellungen der Software-Entwicklung unter UNIX waren zentrales Thema dieses Buchs. So wurden die Software-Werkzeuge von UNIX auf ihre Einsatzmöglichkeiten hin untersucht und UNIX aus dem Blickwinkel des Software Engineering analysiert. Die Leistungen zur Erledigung von Aufgaben aus der Praxis der Software-Entwicklung wurden überprüft. In Form von Szenarien wurde abschließend demonstriert, wie unter UNIX eine einfache Entwicklungsumgebung eingerichtet werden kann und wie die Entwicklung eines Software-Prototypen vor sich gehen könnte.

Dieses abschließende Kapitel faßt nun noch einmal die wichtigsten Erkenntnisse aus den vorangegangenen Kapiteln zusammen und unternimmt den Versuch einer Wertung. Das Thema "Erweiterungen zu UNIX" wird in einem ergänzenden Abschnitt diskutiert. Zuletzt werden noch einige Schlußfolgerungen gezogen und ein Ausblick auf die Zukunft gegeben.

4.1. Zusammenfassung der bisherigen Ergebnisse

Die wesentlichsten Ergebnisse der vorangegangenen Kapitel sind zu den nachfolgenden Punkten zusammengefaßt.

Die Leistungen von UNIX

- *Multi-Tasking- und Multi-User-Betrieb*

Mehrere Prozesse können gleichzeitig laufen und mehrere Benutzer können zur gleichen Zeit am System arbeiten. Gerade die Multiuserfähigkeit ist ein entscheidenter Vorteil gegenüber allen anderen gängigen PC-Betriebssystemen.

- *Prozess-Konzept*

Ein einfaches, hierarchisches Prozess-Konzept ist in UNIX realisiert.

- *Inter-Prozess-Kommunikation*

Es gibt eine Reihe von Möglichkeiten zur Kommunikation zwischen Prozessen. Das Pipe-Konzept ist besonders zu erwähnen.

- *Hierarchisches Dateisystem*

Alle Dateien können in einer hierarchischen Struktur von Directories angeordnet werden. Hierarchische Dateistrukturen sind mittwerweile zwar bei PC-Betriebssystemen Standard, jedoch nicht unbedingt bei Großrechnerbetriebssystemen.

- *Behandlung von Dateien und peripheren Einheiten*

Insbesondere durch das Konzept der speziellen Dateien ist die Handhabung der Datenein- und -ausgabe für Dateien, Geräteeinheiten und Pipes durchweg konsistent.

- *Kommando-Interpreter*

Der Kommando-Interpreter "Shell" ist zugleich auch eine Programmiersprache. Die Shell ermöglicht die Nutzung von Variablen und Kontrollstrukturen. Sie kann problemlos durch Anwendungssoftware, benutzerfreundliche Menu-Shells oder grafische Benutzeroberflächen ersetzt werden.

- *Umleitung von Ein- und Ausgabe*

Durch das Konzept der Standard-Dateien können Ein- und Ausgabe vieler Programme beliebig umgeleitet werden.

- *Filter-Konzept*

Filter-Programme, die von der Standard-Eingabe lesen und auf Standard-Dateien schreiben, können mit Hilfe von Pipes zu sogenannten Pipelines kombiniert werden.

- *Set von Kommandos*

Ein Set von über 200 Kommandos steht dem Benutzer unmittelbar zur Verfügung. Unter anderem zählen dazu: Editoren, Textformatier-Kommandos, Dienstprogramme zur Analyse und zur Manipulation von Dateien, Werkzeuge für die Software-Entwicklung, Compiler und Kommunikationssoftware.

Vor- und Nachteile von UNIX

- *die wesentlichsten Vorteile:*

- Hohe Portabilität des Betriebssystems.
- Verfügbarkeit für fast alle Hardware-Plattformen.
- Hohe Softwareportabilität.
- Eine Reihe von außergewöhnlichen Konzepten sind in UNIX realisiert (Pipes, Dateisystem u.s.w.).
- Multi-User- und Multi-Tasking-Fähigkeit.
- Hoher Reifegrad des Betriebssystems (wenige Software-Fehler).
- Die Flexibilität gegenüber Anpassungen.
- Der reichhaltige Funktionsumfang (insbesondere wegen der Kommandos).
- Die vielfältigen Möglichkeiten der Shell.
- Ausgereifte und gute Entwicklungswerkzeuge sind am Markt verfügbar.

- *die wesentlichsten Nachteile:*

- Die Standard-Shell ist kryptisch und zum Teil inkonsistent, die Fehlermeldungen sind äußerst knapp, die Dokumentation oft unzureichend. Dieser Faktor ist besonders problematisch für UNIX-Neulinge.
- Die Implementation der Dateizugriffe ist bei großen Dateien ineffizient. Dies kann sich bei kommerziellen Anwendungen nachteilig auswirken.
- Eine "locking"-Eigenschaft fehlt.
- UNIX hat keine Realzeit-Eigenschaften zur besonderen Kontrolle zeitkritischer Prozesse.
- Es existiert kein Schutz gegen eine Überbeanspruchung der System-ressourcen, beispielsweise der Plattenkapazität.
- Stromausfälle oder andere Ausfälle können unter Umständen Schäden des Dateisystems mit sich bringen.

UNIX-Versionen

- Eine Vielzahl von UNIX-Versionen und Varianten wird am Markt angeboten.

- Hinsichtlich des Leistungsumfangs unterscheiden sich manche UNIX-Versionen beträchtlich; gerade bei UNIX-Versionen am untersten Ende des Hardwarespektrums - also bei PCs und manchen Workstations - lohnt sich ein Vergleich der jeweiligen Leistungsfähigkeit. Software-portierungen bzw. Anpassungen können hier u.U. problematisch werden. Bildschirmsteuerung oder die Implementation des Dateisystems sind hier oft unterschiedlich realisiert. Es lohnt sich ganz sicher, bei der Nutzung von einzelnen Leistungen im Standard zu bleiben, um Hersteller-abhängigkeiten zu vermeiden.

- Die verschiedenen Versionen können anhand der historischen Abstammung zu Gruppen zusammengefaßt werden, bei denen eine akzeptable Aufwärtskompatibilität von älteren zu jüngeren Versionen gegeben ist. Ein gewisses Maß an Kompatibilität ist zwar generell vorhanden, von einer allgemeinen Komptibilität kann jedoch immer noch nicht gesprochen werden. In Extremfällen sind die verschiedenen Versionen sogar inkompatibel. Als Hilfsmittel für den Vergleich dient die vom Hersteller angegebene Kompatibilität zum jeweiligen AT&T-Standard (z.B. "kompatibel zu System V Release 3.2") bzw. das X/Open-Gütesiegel (siehe Abschnitt 1.1).

- Portierungen zwischen verschiedenen Versionen sind generell möglich. Auch hier reicht das Spektrum von "Portierung mit wenig Aufwand möglich" bis hin zu einem "nicht vertretbaren Aufwand". In jedem Fall ist einer Portierung eine vergleichende Untersuchung der genutzten System-Ressourcen voranzustellen.

Werkzeuge für die Software-Entwicklung

- Die Software-Werkzeuge von UNIX adressieren typischerweise Aufgaben, mit denen der Software Entwickler fast täglich in Berührung kommt.

- Die Stärken der Software-Werkzeuge überwiegen in jedem Fall die vorhandenen Schwächen und machen somit den Einsatz empfehlenswert.

- An Beispielen wird deutlich, daß der UNIX-Benutzer sich mit den zu UNIX gehörenden Werkzeugen seine Arbeiten beträchtlich erleichtern kann.

- UNIX umfaßt sowohl spezielle Werkzeuge, die auf fest definierte Arbeitsgebiete abzielen, wie auch allgemeine, flexible Tools, deren Einsatzbereich fast unbegrenzt ist.

- Wegen der teilweise kryptischen Syntax, der spärlichen Fehlermeldungen und der knappen Dokumentation ist der nutzbringende Einsatz der Software-Tools teilweise mit einem beachtlichen Lernaufwand verbunden. Für einfache Problemstellungen können die Werkzeuge jedoch meist unmittelbar eingesetzt werden.

UNIX und Software Engineering

- UNIX ist für das Erstellen von Software-Prototypen besonders gut geeignet.

- UNIX eignet sich als Grundsystem für die Software-Entwicklung nach den Gesichtspunkten des Software Engineering.

- UNIX unterstützt die wesentlichsten Grundtechniken des Software Engineering, wie beispielsweise die strukturierte Programmierung oder die Top-Down-Vorgehensweise.

- UNIX unterstützt keine einzige der speziellen Methoden und Techniken des Software Engineering, es kann aber als Basis zur Entwicklung von methodenorientierten Werkzeugen dienen.

UNIX und Aufgabenstellungen aus der Praxis der Software-Entwicklung

- Die verschiedenen Aufgabenstellungen werden von UNIX unterschiedlich stark unterstützt.

- Für viele Probleme, die sich immer wieder in gleicher oder ähnlicher Form darstellen, bietet UNIX unmittelbar Werkzeuge und Lösungsmöglichkeiten an.

- Sobald sich Aufgabenstellungen immer wieder in verschiedener Form darstellen, existiert mit UNIX häufig eine Lösungsmöglichkeit über die Kombinierbarkeit von UNIX-Kommandos und anderen Programmen in Shell-Prozeduren.

- Sehr spezielle, auf bestimmten Methoden oder Ideen basierende Tätigkeiten müssen meist unabhängig von UNIX gelöst werden.

- Die Anpassung von UNIX an die individuellen Anforderungen kann zu erheblichen Produktivitätssteigerungen führen.

Schaffung einer Entwicklungsumgebung

- Eine angemessene und durchdachte Organisation der Daten ist eine notwendige Voraussetzung zur Konstruktion neuer Werkzeuge.

- Für die Datenorganisation werden im wesentlichen Directory-Strukturen ausgenutzt. Eine Typisierung der Dokumente erhöht die Transparenz.

- Die Werkzeuge einer neu eingerichteten Entwicklungsumgebung erhöhen die Produktivität und verbessern die Effizienz.

Entwicklung von Software-Prototypen

- Mit dem reichhaltigen Set an UNIX-Kommandos und den besonderen Leistungen der Shell eignet sich UNIX hervorragend für das Rapid Prototyping.

- Sowohl das Verwerfen eines solchen Prototypen nach seiner Abnahme, wie auch seine Weiterentwicklung zum Software-Endprodukt sind möglich.

- Typisch für die Vorgehensweise der Software-Entwicklung mit UNIX ist es, möglichst intensiv auf vorhandene Software-Bausteine zurückzugreifen, möglichst einfache Werkzeuge zu schaffen und neue Werkzeuge zu erstellen, anstatt neue Funktionen in bestehende Programme einzubauen.

4.2. Versuch einer Wertung

Neben den Erkenntnissen zu UNIX selbst und zur Software-Entwicklung unter UNIX wurde an vielen in den Kapiteln 2 und 3 beschriebenen Aspekten deutlich, daß eine Wertung von einer Vielzahl von Bestimmungsfaktoren abhängt.

Nicht selten implizieren miteinander unvereinbare Bestimmungsfaktoren auch gegensätzliche Aussagen. Diese Situation rührt allerdings weniger von UNIX her, sondern ergibt sich zum einen aus der Vielfalt der Aufgabenstellungen der Software-Entwicklung und zum anderen aus der Tatsache, daß nur wenige der Methoden, Techniken und Vorgehensweisen der Software-Entwicklung auf einer gesicherten wissenschaftlichen oder praktischen Basis aufbauen.

Eine endgültige Wertung ist demnach nur nach einer genauen Definition aller Voraussetzungen und Anforderungen möglich und daher auf eine spezielle Blickrichtung begrenzt.

Einige der für eine endgültige Wertung maßgeblichen Bestimmungsfaktoren werden in diesem Abschnitt betrachtet und diskutiert.

Unabhängig von einschränkenden Voraussetzungen und Bestimmungsfaktoren und unter Verzicht auf eine endgültige Wertung wird in den anschließenden Abschnitten der Versuch einer Beurteilung für die Software-Entwicklung mit UNIX unternommen.

4.2.1. Bestimmungsfaktoren

Einige der für die Software-Entwicklung wesentlichen Bestimmungsfaktoren, wie die Benutzerfreundlichkeit oder die Sicherheit des Systems, wurden bereits ausführlich diskutiert.

Um die Gegensätzlichkeit und teilweise Widersprüchlichkeit der einzelnen Bestimmungsfaktoren aufzuzeigen, werden nachfolgend die wichtigsten dieser Merkmale aufgezählt und erörtert.

Kompatibilität und Portabilität

> Wird auf einem Rechner Software ausschließlich für diesen Rechner entwickelt, so spielt die Kompatibilität zu anderen Rechnern sowie die Portabilität der Software eine unbedeutende Rolle. Soll die entwickelte Software jedoch auf möglichst vielen UNIX-Rechnern, eventuell sogar noch auf Rechnern mit anderen Betriebssystemen lauffähig sein, so muß der Portabilitätsaspekt von Beginn an mitbetrachtet werden.

Leistungsumfang

> Abhängig von individuellen Anforderungen beeinflußt der Leistungsumfang eines UNIX-Systems mehr oder weniger stark eine Wertung. So ist die Verfügbarkeit bestimmter Betriebssystem-Leistungen für die Entwicklung von Software unabdingbar. Beispielsweise ist eine "Record Locking"-Eigenschaft eine notwendige Voraussetzung der Entwicklung von kommerziellen Anwendungen für Mehrplatzsysteme. Da gerade diese Eigenschaft nicht zum Leistungsumfang jedes UNIX-Betriebssystems gehört, wird die Forderung danach eine Beurteilung stärker beeinflußen, als beispielsweise die Multi-Tasking-Eigenschaft, die zum Leistungsumfang jedes UNIX-Systems gehört.

Leistungsfähigkeit

Wie leistungsfähig ein System ist, ist ebenfalls ein maßgebliches Kriterium. Bei UNIX können unter anderem Eigenschaften, wie die Effizienz des Prozeß-Managements und der Dateizugriffe oder auch die durch die konstruierbaren Werkzeuge erzielbare Leistungsfähigkeit des Systems eine Rolle spielen.

Programmiersprachen

Die für die Software-Entwicklung verwendeten Programmiersprachen sind ein weiterer entscheidender Bestimmungsfaktor. Die Verfügbarkeit von Compilern der jeweiligen Sprache ist eine notwendige Voraussetzung, um unter UNIX Software entwickeln zu können. Auch in diesem Zusammenhang sind der vom Compiler abgehandelte Sprachumfang der Programmiersprache, die Leistungsfähigkeit der Compiler und die Portabilität der in dieser Sprache codierten Programme von Bedeutung.

Datenbanksysteme

Viele kommerzielle Anwendungssysteme werden heute auf der Basis eines (relationalen) Datenbanksystems in Verbindung mit einer 4GL-Sprache erstellt. Die Verfügbarkeit solch eines Systems (z.B. Oracle, Informix, Ingres) für das jeweilige UNIX-System ist somit entschiedendes Kriterium.

Methoden und Techniken, CASE-Tools

Sollen bestimmte Softwareentwurfsmethoden oder -techniken Einsatz finden, so ist zu prüfen, ob entsprechende Werkzeuge am Markt angeboten werden oder ob eine Eigenentwicklung unter UNIX notwendig ist. Es kann allerdings davon ausgegangen werden, daß UNIX mittlerweile das Betriebssystem mit dem größten Spektrum an CASE-Tools ist.

Praxisaufgaben

Wird die Abwicklung bestimmter Praxisaufgaben priorisiert, so ist entscheidend, inwieweit sich UNIX gerade zur Erledigung dieser Aufgabenstellungen eignet.

Prototyping

Ein weiterer wichtiger Faktor für Aussagen über UNIX ist die Frage, ob Software-Prototypen entwickelt werden sollen. Ist die Erstellung von Prototypen nicht geplant, so kann auch dieser wichtige Vorteil von UNIX nicht zum Zug kommen.

Andere Faktoren, wie die Art der Entwicklungsprojekte, die Größe der Projektteams, die geographische Entfernung zwischen verschiedenen Entwicklungsgruppen etc. dürfen ebenfalls nicht außer acht gelassen werden und sind in Einzelfällen auch von besonderer Bedeutung.

Die Widersprüchlichkeit dieser Bestimmungsfaktoren kann sich beispielsweise darin äußern, daß ein System zwar ausreichend leistungsfähig ist, den gewünschten Leistungsumfang besitzt, aber gerade deshalb nicht den Kompatibilitätskriterien genügt. Oder es kann ein System ausreichend kompatibel und leistungsfähig sein, aber die gewünschte Entwicklungsmethode in keiner Weise unterstützen. Eine große Anzahl anderer Beispiele für solche Widersprüche ist denkbar.

4.2.2. Software-Entwicklung unter UNIX

Zunächst soll eine Strategie betrachtet werden, nach der alle in einem Unternehmen bisher angewendeten Vorgehensweisen, Methoden, Techniken und Organisationsformen möglichst unverändert auf die UNIX-Umgebung übertragen werden.

Nach dieser Denkweise wird weder die Flexibilität von UNIX zur Anpassung an die jeweiligen Gegebenheiten ausgeschöpft, noch die Software-Entwicklung an die durch UNIX gebotenen Möglichkeiten angepaßt. Stattdessen werden nur die unmittelbar verfügbaren UNIX-Leistungen eingesetzt und ansonsten so vorgegangen, wie vor dem Einsatz des UNIX-Systems. Dieser Abschnitt unternimmt den Versuch, die Qualitäten von UNIX für diese Entwicklungspraxis zu werten.

Einige der UNIX-Leistungen werden sich von Beginn an als Vorteil erweisen.

Dazu gehören:

- die Multi-User- und Multi-Tasking-Fähigkeit,
- die konsistente Handhabung von Datenein- und -ausgabe,
- die Umleitung von Standardeingabe und Standardausgabe,
- die Pipelines,
- das hierarchische Dateisystem,
- eine Reihe grundlegender Kommandos, wie die Editoren, einfache Datenanalyse- und -manipulations-Werkzeuge (z.B. grep) etc. und
- die Eigenschaften der Shell.

Am Anfang werden sich jedoch

- die Problematik einer zweckmäßigen Organisation der Daten in
  Directory-Strukturen,
- die kryptische Syntax und damit die Fehleranfälligkeit beim Aufruf von
  Kommandos,
- die knappe und teilweise schwer verständliche Dokumentation und
- der hohe Aufwand zum Erlernen von komplexen Kommandos wie make,
  den SCCS-Kommandos oder awk

als nachteilig erweisen.

In jedem Fall gehen Leistungsumfang und Leistungsfähigkeit von UNIX
wesentlich über die von PC-Betriebssystemen hinaus.

Die Portabilität von Software zwischen UNIX-Systemen ist im Vergleich zu MS-
DOS-Systemen in geringerem Maße gegeben. Ist die Wahrung der Portabilität
wichtig, dann sollte möglichst frühzeitig ein eingeschränkter Funktionsumfang
von UNIX definiert werden, dessen Einhaltung die Portabilität gewährleistet.
Hierdurch kann sich allerdings auch der nutzbare Funktionsumfang bedeutend
verringern.

Die Nutzung von Besonderheiten kann sehr leicht zu Bindungen an eine
bestimmte Hardware oder an eine begrenzte Auswahl an Computersystemen
führen.

Nach einer durch die kryptische Syntax und den Lernaufwand bedingten
"Anwärmphase" kann der Software-Entwickler die Software-Werkzeuge von
UNIX bei der Abwicklung seiner Routine-Aufgaben einsetzen.

Insbesondere

- *make*,
- *das Source Code Control System und*
- *awk*

sind dabei zu erwähnen.

Wie gezeigt wurde, erfüllt UNIX nicht nur die notwendige Voraussetzung der
Eignung als Grundsystem für die Software-Entwicklung nach den
Gesichtspunkten des Software Engineering, sondern es unterstützt auch die
wesentlichen Grundtechniken des Software Engineering und erleichtert somit die
Arbeit des Entwicklers.

Wird jedoch nach speziellen Software-Engineering-Methoden oder -Ideologien entwickelt, so macht sich das Fehlen von methodenorientierten Werkzeugen bemerkbar.

Viele der Aufgabenstellungen der Software-Entwicklung werden schon ohne die Nutzung der Flexibilität von UNIX für Anpassungen erleichtert.

Dazu gehören unter anderem:

- Die Kommunikation zwischen den Entwicklern,
- die Portierung von Software,
- die Erstellung von Dokumenten,
- die Versionsverwaltung,
- die Produktion von Software-Paketen etc.

Für die Strategie der Software-Entwicklung ohne die Nutzung der Flexibilität von UNIX kann daher gefolgert werden, daß der Einsatz von UNIX demnach eine Erleichterung der Entwicklungsarbeit bringt. In jedem Fall ist eine Steigerung der Produktivität der Software-Entwickler, wie auch von Entwicklungsteams zu erwarten.

Typischerweise wird eine solche Strategie dann verfolgt werden, wenn eine Entwicklungsabteilung bzw. ein Projektteam noch nicht oder nur wenig mit UNIX vertraut ist.

Der einzige Nachteil gegenüber anderen Betriebssystemen ist die für den Einzelfall zu beantwortende Frage der Portabilität. Diese Problematik verliert allerdings dann an Bedeutung, wenn sie frühzeitig erkannt wird und sich die Software-Entwicklung darauf einstellt.

4.2.3. Software-Entwicklung abgestimmt mit UNIX

Betrachten wir nun eine Strategie, die einerseits die Anpassungsfähigkeit von UNIX ausnutzt und andererseits auch die Software-Entwicklung an UNIX anpaßt. Die unbedingte Voraussetzung zur Verfolgung einer solchen Strategie ist allerdings eine angemessene Vertrautheit der Entwickler mit UNIX.

Zunächst gelten die bereits festgestellten Vorzüge des UNIX-Systems für die Software-Entwicklung, wie

- die beschriebenen Funktionen und Leistungen von UNIX
- die Software-Werkzeuge,
- die Erleichterung von Routineaufgaben und

- die Unterstützung von Grundtechniken des Software Engineering

gleichermaßen.

Mit der Nutzung der Shell, des vorhandenen Sets von Kommandos und der Filter-
und Pipe-Konzepte zusammen mit anderen UNIX-Leistungen wird

- die Konstruktion von neuen, an die gegebenen Aufgabenstellungen
  angepaßten Software-Werkzeugen,
- die Entwicklung von Software-Prototypen, die sogar zu einem Software-
  Endprodukt ausgebaut werden können,
- die Einrichtung ganzer Software-Entwicklungsumgebungen mit einer
  sinnvollen Organisation der Daten und dazu passenden Software-Tools

erst möglich.

Neben der Erstellung von neuen, zusätzlichen Programmen, Funktionen und
Leistungen können aber auch bestehende Schwachstellen des UNIX-Systems
behoben oder verbessert werden, indem z.B.

- Werkzeuge zur Prüfung auf Portabilität von Programmen entwickelt,
- eine verbesserte, mehr benutzerfreundliche Schnittstelle zu den
  Kommandos mit schwer verständlicher, kryptischer Syntax geschaffen,
- die vorhandenen Werkzeuge an besondere Ausprägungen einer
  Problemstellung angepaßt und
- Komponenten für die Konstruktion von methodenorientierten
  Werkzeugen entwickelt

werden.

Insbesondere die Beispiele aus der Praxis der Software-Entwicklung (vgl. Kapitel
3.3.) und die Szenarios haben gezeigt, daß eine Anpassung von UNIX an die
individuellen Anforderungen einen deutlichen Produktivitätszuwachs bringen
kann.

Diese Beobachtung wird auch durch eine Reihe von Erfahrungsberichten belegt:

- "Die erfolgreichsten Entwicklungsprojekte unter UNIX waren diejenigen,
  die vor Beginn der eigentlichen Software-Entwicklung zunächst
  Entscheidungen über den Grad der Formalisierung und die
  einzusetzenden Methoden trafen und sich dann die benötigten Werkzeuge
  beschafften oder selbst entwickelten" <Mit81>.

- "Eine ungewöhnliche Programmier-Methodik entstand aus der Kombination

    - eines guten 'Werkzeugkastens', dessen verläßliche Programme zusammenarbeiten können,
    - einer Kommandosprache (Shell) mit besonderer Eignung zum Programmieren,
    - der Notwendigkeit der Handhabung ständiger Veränderungen,

  alles bei vernünftigen Kosten" <KeM81>.

- Ivie stellt fest, daß "die Programmier-Profession eine Methodologie für die Software-Entwicklung braucht, die ausreichend allgemein ist, um von einem Projekt auf andere Projekte ... übertragen werden zu können" <Ivi77> und nennt UNIX als einen geeigneten Kandidaten für die Implementierung einer solchen Methode.

Die volle Leistungsfähigkeit von UNIX kommt also erst dann zum Tragen, wenn die Software-Entwicklung auf UNIX abgestimmt ist.

Durch problemspezifische Werkzeuge und die Einrichtung einer angemessenen Entwicklungsumgebung können sich die Software-Entwickler verstärkt ihren eigentlichen Aufgaben zuwenden.

Die eingangs erwähnte, zur Ausnutzung der Flexibilität notwendige Vertrautheit schließt die Beherrschung der UNIX-eigenen Entwicklungsmethodik ein.

Diese Methodik besteht aus den vier Schritten:

1. Vermeidung des Programmierens durch Nutzung bereits vorhandener Software-Werkzeuge.

2. Falls nötig, Erstellung einer einfachstmöglichen Shell-Prozedur aus existierenden Kommandos mit den passenden Shell-Leistungen.

3. Verfeinerung der Shell-Prozedur zum fertigen Programm in beliebig vielen Schritten.

4. Falls nötig, Optimierung der entstandenen Software durch Umcodierung einzelner Komponenten in andere Programmiersprachen.

Dabei ist soweit als möglich darauf zu achten, daß Programme und Daten dem Filter-Konzept und der UNIX-Philosophie entsprechen.

Bianchi und Wood schreiben hierzu: "Es dauert eine Weile, bis man sich an die Idee gewöhnt hat, daß ein großer Teil der Arbeit zur Erfüllung einer anstehenden Aufgabe schon getan ist und daß die verbliebene Arbeit im wesentlichen darin besteht, die verschiedenen Programme und Leistungen zusammenzufügen" <BiW76>.

Es muß also ein gewisser Aufwand betrieben werden, um sich die Leistungsfähigkeit von UNIX für die Software-Entwicklung voll und ganz zunutze zu machen. Verglichen mit den erzielbaren Vorteilen ist dieser Aufwand allerdings tragbar.

Dem Software-Entwickler bietet UNIX somit ein solch breites Spektrum an Möglichkeiten zur Erleichterung und Rationalisierung seiner Arbeit, daß neben seiner Produktivität mit Sicherheit auch die Qualität der entstehenden Software-Produkte und nicht zuletzt auch die Motivation des Einzelnen für sich und in der Gruppe steigen.

4.3. Erweiterungen zu UNIX

Auf den ersten Blick scheint eine Erweiterung von UNIX durch die Entwicklung zusätzlicher Programme oftmals notwendig.

Als Ursachen hierfür sind anzusehen:

- die in UNIX oft strenge Einhaltung der Regel, daß ein Programm genau eine Aufgabe gut erfüllen soll,
- die manchmal kryptische Syntax für die Kommandos,
- die Hinwendung von UNIX zur Lösung von eher allgemeinen Aufgabenstellungen und
- die Distanzierung von UNIX gegenüber allen speziellen, nicht allgemein anerkannten Methoden und Techniken.

Nach den erzielten Erkenntnissen ist die Beschränkung auf allgemeine, universell einsetzbare Kommandos allerdings als Vorteil zu werten, weil aufbauend auf diesen Kommandos, der Shell und anderen Leistungen von UNIX speziellere oder methodenorientierte Werkzeuge konstruiert werden können.

Erweiterungen zu UNIX sind tatsächlich nur in wenigen Fällen nötig, da die Möglichkeit zur Durchführung von Anpassungen als ein wesentlicher Bestandteil des Leistungsangebots von UNIX angesehen werden kann und solche Anpassungen geradezu charakteristisch für die Arbeit mit UNIX sind.

Vor der Entwicklung von Software zur Erweiterung von UNIX ist daher in jedem Fall zu prüfen, ob ein vergleichbares Ergebnis durch die Kombination existierender Werkzeuge erzielbar ist.

4.4. Schlußfolgerungen

Das UNIX-System bringt dem Software-Entwickler eine Fülle von auf Personal Computern und Workstations sonst nicht verfügbaren Leistungen.

Die Realisierung einer Reihe von einfachen Konzepten, wie das Konzept der Pipes, das Konzept der Filter, das hierarchische Dateisystem oder die konsistente Behandlung aller Ein- und Ausgabeoperationen ist charakteristisch für UNIX. Gerade ihre Einfachheit, die sich aus einer der menschlichen Denkweise entsprechenden Natürlichkeit ergibt, macht die Nutzung dieser Konzepte so wirkungsvoll.

Das reichhaltige Set von Kommandos enthält einige spezielle Werkzeuge für die Abwicklung von Standard-Aufgaben eines Software-Entwicklers.

Die Shell dient nicht nur als Kommando-Interpreter zum Aufrufen und Abarbeiten von Programmen, sondern sie ist eine eigene Programmiersprache, mit deren Hilfe Lösungen für zahlreiche Problemstellungen strukturiert programmiert werden können.

Trotz der vorhandenen Nachteile, wie der Unüberschaubarkeit des Software-Marktes, der Anzahl verschiedener UNIX-Versionen oder der teilweise geringen Benutzerfreundlichkeit, macht die Gesamtheit aller dieser Leistungen UNIX zu einem System, das sich gut für die Software-Entwicklung eignet.

Das äußert sich in den Möglichkeiten zur Schaffung neuer Werkzeuge, zur Entwicklung von Software-Prototypen oder für die Einrichtung von individuellen Entwicklungsumgebungen.

Die Stärke von UNIX liegt also nicht in der isolierten Verwendung einzelner Konzepte oder einzelner Programme, sondern in der Kombinierbarkeit aller vorhandenen Leistungen.

Auf dieser Basis entstand eine UNIX-eigene Methodologie für die Software-Entwicklung.

4.5. Ausblick

Wurde UNIX, dessen Eignung für die Software-Entwicklung im Rahmen dieses Buches betrachtet wurde, in den Jahren seines Bestehens vornehmlich für eben diesen Zweck eingesetzt, so orientiert sich die Zukunft von UNIX an anderen Maßstäben.

Im "Kampf der Betriebssysteme" hat sich UNIX unzweifelhaft als eine sehr gute Alternative behauptet. Dies gilt nach dem technisch-wissenschaftlichen Bereich mittlerweile auch für den kommerziellen Bereich, wo eine Fülle bewährter, ausgereifter Standard-Softwareprodukte für UNIX-Systeme am Markt sind. In vielen Einrichtungen der öffentlichen Hand ist UNIX als Standard gewählt worden.

Die rasante Entwicklung auf dem Hardwaresektor, welche vor allem durch einen rapiden Preisverfall hochwertiger Hardware bei gleichzeitig immenser Leistungssteigerung gekennzeichnet ist, begründet, daß UNIX als Standardbetriebssystem im PC-, Workstation- und Serverbereich eine wichtige Rolle spielt. Gründe hierfür sind unter anderem, daß UNIX

- bisher als einziges Multi-Tasking- **und** Multi-User-Betriebssystem auf PCs und Workstations Verbreitung gefunden hat und auf vielen Rechner schon zur Verfügung steht;
- bei Software-Entwicklern einen hohen Bekanntheitsgrad und einen guten Ruf besitzt;
- besonders portabel ist (als einziges Betriebssystem überhaupt läuft es auf der ganzen Palette von Computern: Vom PC und der Workstation über den Minicomputer bis hin zum Mainframe).

Viele *bisher* im Zusammenhang mit UNIX diskutierten Schwächen, wie das fehlende Softwareangebot, teure Hardware oder hoher Systemressourcenverbrauch haben heute keine Gültigkeit mehr. Für die Klasse der Workstations und Minirechner ist derzeit keine Alternative zu UNIX erkennbar.

UNIX konkurriert daher mit völlig anderen System-Konzeptionen:

- PC-Netzwerke auf MS-DOS/Windows- oder OS/2-Basis (Novell-Netware, LAN-Manager, LAN-Server);

- Proprietäre Betriebssysteme im Großrechnerbereich, zum Teil auch im Minirechnerbereich (VM, MVS von IBM, VMS von DEC);

- Software zur Integration von PCs und Workstations mit Großcomputern.

Dabei ist zu beachten, daß UNIX schon heute einen enormen Verbreitungsgrad erreicht hat, daß fast alle Workstations und Minirechner mit dem UNIX-Betriebssystem angeboten werden und daß bereits Software zur Kopplung von UNIX-Rechnern mit Großcomputern verfügbar ist.

In den 90er Jahren ist der Trend zu vernetzten Rechnern mit verteilten Anwendungen dominierend. Personal Computer, Workstations und zentrale Server-Systeme kommunizieren intensiv miteinander, weshalb "offene" und standardisierte Systeme zum Muß geworden sind. UNIX ist deshalb klar den nur aufwendig integrierbaren proprietären Systemen überlegen.

Da andere "offene" Systeme, wie MS-DOS und MS-Windows hier vergleichbare Voraussetzungen haben, steht zu erwarten, daß die typische Systemumgebung in den kommenden Jahren eine heterogene Zusammenstellung von hauptsächlich UNIX-Systemen und MS-DOS/Windows-Systemen sein wird.

Eine zentrale Rolle am Markt für Informationstechnik ist daher dem Betriebssystem UNIX und der Software-Entwicklung mit UNIX gesichert.

5. Appendix A: Anbieterverzeichnis

ALTOS Computer Systems GmbH
Würmstr. 55
✉ 15 40
8032 Gräfelfing

Apple Computer GmbH
Gutenbergstr. 1
8045 Ismaning

AT&T Deutschland GmbH
Eschersheimer Landstr. 14
✉ 10 01 52
6000 Frankfurt 1

AT&T Network Systems Deutschland GmbH
In der Raste 18
5300 Bonn

Bull AG
Theodor-Heuss-Str. 60-66
✉ 88 79
5000 Köln 90

Digital Equipment GmbH
Freischützstr. 91
8000 München 1

Digital-Kienzle Computersysteme GmbH & Co. KG
Prinz-Eugen-Str.
7730 VS-Villingen

Fujitsu Deutschland GmbH
   Frankfurter Ring 211
   8000 München 1

Hewlett-Packard GmbH Vertriebszentrale Deutschland
   Hewlett-Packard-Str.
   ✉ 16 41
   6380 Bad Homburg

IBM-Deutschland GmbH
   Pascalstr. 100
   7000 Stuttgart 80

Informix Software GmbH
   Oskar-Messter-Str. 25
   ✉ 11 24
   8045 Ismaning

Ingres GmbH
   Lyoner Str. 15
   6000 Frankfurt 71

INTEL GmbH
   Dornacher Str. 1
   8016 Feldkirchen bei München

Intel International Ltd.
   Pipers Way, Wiltshire
   GB-Swindon SN3 1RJ

Microsoft GmbH
   Edisonstr. 1
   8044 Unterschleißheim

Motorola GmbH GB Computersysteme
   Nagelsweg 39
   2000 Hamburg 1

NCR GmbH
   Ulmer Str. 160
   ✉ 10 00 90
   8900 Augsburg 1

nova data Computersysteme AG
  Becker-Göring-Str. 26
  7516 Karlsbad Ittersbach

Novell GmbH
  Willstätter Str. 13
  4000 Düsseldorf 11

Olivetti Systems & Networks GmbH
  Lyoner Str. 34
  ✉ 71 02 64
  6000 Frankfurt am Main 71

ORACLE Deutschland GmbH
  Hanauer Str. 87
  8000 München 50

PCS Computer Systeme GmbH
  Pfälzer-Wald-Str. 36
  8000 München 90

SANTA CRUZ OPERATION LTD.
  Croxley Business Center
  Hatters Lane
  GB-Watford WD1 8YN

Santa Cruz Operation, The GmbH
  Berner Str. 107
  6000 Frankfurt 50

Siemens Nixdorf Informationssysteme AG
  Fürstenallee 7
  ✉ 21 60
  4790 Paderborn

Sun Microsystems GmbH
  Bretonischer Ring 3
  8011 Grasbrunn 1

Toshiba Informationssysteme GmbH
  Toshiba Platz 1
  ✉ 10 14 64
  4040 Neuss 1

Unisys Deutschland GmbH
  Am Unisys-Park 1
  ⊠ 11 10
  6231 Sulzbach/Taunus

USL Europe (AT&T Europe) Intern. House
  Ealing Brodway
  GB-London W5 5DB

6. Appendix B: Literaturverzeichnis

<AKW79 > Aho, A. V.; Kernighan, B. W.; Weinberger, P. J., Awk - A Pattern
Scanning and Processing Language, Software - Practice and
Experience, Vol. 9/ 1979, Seiten 267 - 279

<Ala84 > Alavi, M., An Assessment of the Prototyping Approach to
Information Systems Development, Communications of the ACM,
June 1984

<ATT84 > AT&T, UNIX-Installationen Europa, unix/mail 2/84

<AuI83 > Austermühl, B.; Illik, J. A., Das Betriebssystem UNIX - Ein
portables Mehrbenutzer-Betriebssystem, Zeitschrift Computer-
Magazin 12/83, Seiten 48 ff.

<BaR82 > Banahan, M.; Rutter, A., UNIX - The Book, Sigma Technical Press
1982

<Bel78 > Bell Laboratories, 7th Edition UNIX - Summary, Murray Hill, N.J.
07974, September 1978

<BGM84 > Bernhard, L. W.; Geldmacher, W. J.; Müller, C. M., Das
Betriebssystem UNIX - Die Kommandosprache, Zeitschrift
Computer-Magazin 1/2 1984, Seiten 46-49

<Bit88> Bitburger, W.-D., Ist UNIX sicher?, in: PIK 11, Seite 3 ff., Carl
Hanser Verlag, 1988

<BiW76 > Bianchi, M. H.; Wood, D. L., A User's Viewpoint on the
Programmer's Workbench, Proceedings of the 2nd International
Conference on Software Engineering, 1976

<BoRe88> Boes, R.; Reimann, B., Workshop UNIX, BHV-Verlag 1988

<Bou78 >   Bourne, S. R., The UNIX-Shell, Bell System Technical Journal
              July/August 1978, Seiten 1971 - 1990

<Bou79 >   Bourne, S. R., An Introduction to the UNIX shell, UNIX
              Programmer's Manual, UNIX Version 7, 1979

<Bou82 >   Bourne, S. R., The UNIX System, Addison-Wesley 1982

<Bou83 >   Bourne, S. R., The UNIX shell, Zeitschrift Byte, Oct. 83, Seiten
              187 - 204

<Bou87>   Bourne, S. R., Das UNIX System V, Addison-Wesley 1987

<Boy84 >   Boyle, B., Software Performance Evaluation, Zeitschrift Byte,
              Februar 1984, Seiten 175-188

<BrG84 >   Brylka, E.; Gefrörer, S., Tailoring für ein Softwareentwicklungs-
              system, unix/mail 2/84

<Bro75 >   Brooks, F. P., The Mythical Man-Month, Addison-Wesley 1975

<CBN80 >   UNIX starts its ride to the top, Computer Business News, October
              1980, Seite 1

<Che81 >   Cherry, L., Computer Aids for Writers, SIGPLAN Symposium on
              Text Manipulation, June 1981

<Cla75 >   Claus, V., Einführung in die Informatik, B.G.Teubner 1975

<CoD80 >   Correll, C. H; Debest, X., Untersuchungen über Maßnahmen zur
              Verbesserung der Software-Produktion Teil 3, Einsatz von
              Methoden der Software-Produktion, Berichte der Gesellschaft für
              Mathematik und Datenverarbeitung, R. Oldenbourg Verlag 1980

<Com84 >   Computerwoche, Mikro-Favorit UNIX verliert an Boden,
              Computerwoche vom 4. Mai 1984

<Cox83 >   Cox, B. J., The object-oriented Precompiler, Programming
              Smalltalk-80 Methods in C Language, SIGPLAN Notices Vol. 18
              No.1 Januar 1983

<Cri65 >   Crisman, P. A., The Compatible Time-Sharing System, Cambridge,
              Massachusetts M.I.T. Press 1965

<Dav83 >   Davis, D. B., Supermicros Muscle Into Mini Markets, Zeitschrift
              High Technology, Vol.3, No. 12, Seiten 36 - 47

<DoM79 >   Dolotta, T. A; Mashey, J. R., Using a Command Language as the
              Primary, Programming Tool, Proceedings of the IFIP Working
              Conference, on Command Languages, Herausgeber: D. Beech,
              North-Holland 1979

<Eck84 >   Eckbauer, D., Tu' nix mit UNIX, Computerwoche vom 4. Mai 1984

<EHT79 >   Eanes, R. S.; Hitchon, C. K.; Thall, R. M., Brackett, J.W., An
              Environment for Producing Well-Engineered Microcomputer
              Software, Proceedings of the 4th International, Conference on
              Software Engineering, 1979

<Eip84 >   Eipper, P., Die Implementierung der Sprache COBOL auf
              Mikrocomputern, Studienarbeit am Institut für Angewandte
              Informatik und Formale Beschreibungsverfahren (Universität
              Karlsruhe) 1984

<Fel78 >   Feldman, S. I., Make - A Program for Maintaining Computer
              Programs, Bell Laboratories, Murray Hill, New Jersey 07974,
              August 1978

<Fie83 >   Fiedler, D., The UNIX-Tutorial, Part 1: An Introduction to Features
              and Facilities, Zeitschrift Byte Aug. 83, Seiten 186 - 219

<GeB83 >   Geldmacher, W.J; Bernhard, L.W., Die Benutzeroberfläche von
              UNIX, Zeitschrift unix/mail 3/83

<Geh82 >   Gehani, N. H., A Study in Prototyping, ACM SIGSOFT Software
              Engineering Notes, Vol. 7, No. 5 December 1982

<GeL83 >   Geller, V. J; Lesk, M. E., User Interfaces to Information Systems,
              Choices versus Commands, Proceedings of the 6th Annual
              International ACM SIGIR Conference on Research and
              Development in Information Retrieval, ACM 1983

<GHP82 >   Gewald, H; Haake, G; Pfadler, W., Software Engineering -
              Grundlagen und Techniken rationeller Programmentwicklung,
              R. Oldenbourg Verlag 1982

<Gla77 >   Glasser, A. L., The Evolution of a Source Code Control System,
              Bell Laboratories, Holundel, N.J. 07733, 1977

<Gla82 >   Glass, R. L., Recommended: A Minimum Standard Software
              Toolset, ACM SIGSOFT, Software Engineering Notes, Vol. 7,
              No. 4, October 1982

<Glu84 >   Glushko, R. J., Text Development and Management in UNIX-based
              Projects, Intellectual Leverage - The Driving Techniques, IEEE
              Digest of Papers 1984

<Gom83 >   Gomaa, H., The Impact of Rapid Prototyping on Specifying User
              Requirements, ACM SIGSOFT Software Engineering Notes, Vol. 8
              No.2 April 1983

<Gul84 >   Gulbins J., UNIX, Springer-Verlag, April 1984

<Hes81 >   Hesse, W., Methoden und Werkzeuge zur Software-Entwicklung -
              Ein Marsch durch die Technologie-Landschaft, Informatik-
              Spektrum Nr. 4, 1981

<HKF83 >   Hanson, S. J; Kraut, R. E; Farber, J. M., Implications for Interface
              Design from Analyses of the UNIX Command Usage, Proceedings
              of the Conference on Human Factors, in Computer Systems, 1983
              Seiten 530-543

<Hou84 >   Houston, J., Don't bench me in - Benchmarks are a popular way to
              compare both hardware and software. - But how meaningful are
              they?, Zeitschrift Byte, Februar 1984, Seiten 160-164

<Ill83 >   Illik, J. A., Die Programmiersprache C, Computer-Magazin 12/83,
              Seiten 53-63

<Isa84 >   Isaak, J., Designing Systems for Real-Time Applications,
              Zeitschrift Byte, April 1984, Seiten 127-132

<Ivi77 >   Ivie, E. L., The Programmer's Workbench - A Machine for Software
              Development, Communications of the ACM, October 1977

<Joh81 >   Johnson, C., Major Firms join the UNIX Parade, Electronics, April
              1981, Seiten 108 ff.

<Jon91>   Jones, O., Einführung in das X Windows System, Coedition Carl
              Hanser, München, Wien und Prentice-Hall, London, 1991

<Joy83 >   Joy, B., Berkeley 4.2. gives UNIX Operating System Network
              Support, Electronics, July, 28th 1983

<JSU84 >   Jordan, W.; Sahlmann, D.; Urban, H., Strukturierte
             Programmierung, 2. Auflage, Springer-Verlag 1984

<KeC75 >   Kernighan, B. W.; Cherry, L., A System for Typesetting
             Mathematics, Communications of the ACM, March 1975

<KeM81 >   Kernighan, B. W.; Mashey, J. R., The UNIX Programming
             Environment, Zeitschrift Computer, April 1981

<KeP76 >   Kernighan, B. W.; Plauger, P. J., Software-Tools, Addison-Wesley
             1976

<KeP84 >   Kernighan, B. W.; Pike, R., The UNIX Programming Environment,
             Prentice Hall 1984

<KeR78 >   Kernighan, B. W.; Ritchie, D. M., The C Programming Language,
             Prentice Hall Software Series 1978

<Ker82 >   Kernighan, B. W., PIC - A Language for Typesetting Graphics
             Software - Practice & Experience, Jan. 1982

<KKS79 >   Kimm, Koch, Siemonsmeier, Tontsch, Einführung in Software
             Engineering, Verlag Walter deGruyter 1979

<Lec92>   Leclerc, M., Wie sicher ist UNIX?, in: Diebold Management Report
             Nr. 8/9 - 9 1992, Seiten 7 - 8.

<Lev83 >   Levy, L. S., A Walk through AWK, SIGPLAN Notices Vol. 18
             Nummer 12, Dezember 1983

<Lio79 >   Lions, John, Experiences with the UNIX Time-sharing System,
             Software - Practice & Experience Vol. 9 1979, Seiten 701 - 709

<LPS83 >   Ludwigs, Poppensieker, Surowieki, UNIX für Einsteiger und
             Umsteiger, Verlagsgesellschaft Rudolf Müller GmbH, 1983

<LST83 >   Lockemann, Schreiner, Trauboth, Klopprogge, Systemanalyse,
             Springer-Verlag 1983

<Mar83 >   Marty, R., UNIX - Eine Einführung für den professionellen
             Software-Entwickler, Informatik-Spektrum Nr. 6 1983

<Mas76 >   Mashey, J. R., Using a Command Language as a High-Level,
             Programming Language, Proceedings of the Second International
             Conference on Software Engineering Oct. 1976, Seiten 169 - 176

<McI82 >   McIlroy, D., Development of a Spelling List, IEEE Transactions on
                Communications, Jan. 1982

<McM83 >   McGilton, H.; Morgan, R., Introducing the UNIX System, McGraw
                Hill, 1983

<McO85 >   MS-DOS contra UNIX/XENIX - Schlacht um Betriebssysteme geht
                weiter, Zeitschrift Micro 2/85

<Mer83 >   Mergler, B., Troff, unix/mail 4/83

<Mic82 >   Microsoft Corporation, The Xenix Operating System - Abstract,
                1982

<Mic83 >   Microsoft Corporation, Xenix Operating System Version 3.0,
                Preliminary Release Summary, 1983

<Mit81 >   Mitze, R. W., The UNIX System as a Software Engineering
                Environment aus: Software Engineering Environments,
                Herausgeber H.Hünke, North-Holland 1981

<Mor84 >   Morris, D., How not to worry about UNIX, Datamation, August 1st,
                1984

<MoT78 >   Morris, R; Thompson, K., Password Security: A Case History,
                UNIX Version 7 Programmer's Manual, Part 2B, Bell Laboratories
                1978

<MPT78 >   McIlroy, M. D.; Pinson, E. N.; Tague, B. A., UNIX Time-Sharing
                Sytem: Foreword, Bell System Technical Journal July/August 1978,
                Seiten 1899 - 1904

<MZ92>   Müller-Zantop, S., OS/2-Welt: Spekulationen ohne rechtes Wissen
                über Hardwarebasen, in: Computerwoche 16, 17. April 1992

<Neh80 >   Nehmer, J., Skriptum zur Vorlesung Betriebssysteme, Universität
                Karlsruhe/Universität Kaiserslautern 1980

<Neu75 >   Neumann, K., Operations Research Verfahren, Band III
                Graphentheorie und Netzplantechnik, Carl Hanser Verlag 1975

<Nor81 >   Norman, D. A., The Trouble with UNIX - the system design is
                elegant but the user interface is not, Datamation November 1981,
                Seiten 139 ff.

<Org72 >   Organick, E. I., The MULTICS System, Cambridge, Massachusetts,
              M.I.T. Press 1972

<Osb78 >   Osborne, A., Mikrocomputer - Grundwissen, te-wi Verlag GmbH
              1978

<Osz91>   Ozsvath, J., Sieben Mythen über UNIX durch die Erfahrung
              evaluiert, in: Computerwoche Nr. 25, Juni 1991

<OtW80 >   Ottmann, T.; Widmayer, P., Programmierung in PASCAL, B.G.
              Teubner 1980

<Pes83 >   Pesch, H., SCCS, unix/mail 3/83

<Phr84 >   Phraner, R. A., The Future of UNIX on the IBM PC, Byte Guide to
              the IBM PC, Special Issue, Fall 1984

<Rei83 >   Reilly, P., Tailoring UNIX for the supermicro business
              environment, Mini-Micro Systems, November 1983, Seiten 255 ff.

<Rit78 >   Ritchie, D. M., A Retrospective, Bell System Technical Journal
              July/August 1978, Seiten 1947-1969

<Rit78a >   Ritchie, D. M., On the Security of UNIX, UNIX Version 7
              Programmer's Manual, Part 2B, Bell Laboratories 1978

<Roc75 >   Rochkind, M. J., The Source Code Control System, IEEE
              Transactions on Software Engineering, Vol. SE1, No. 4, Dezember
              1975

<Rod83 >   Rodiek, I., CP/M contra MS-DOS - und wo bleibt UNIX ?,
              Zeitschrift Mikro-Computerwelt, Nov./Dez 1983

<RTh78 >   Ritchie, D. M.; Thompson, K., The UNIX Time-Sharing System,
              Bell System Technical Journal July/August 1978, Seiten 1905 -
              1929

<Run78 >   Runzheimer, B., Operations Research I, Lineare Optimierung und
              Netzplantechnik, Betriebswirtschaftlicher Verlag Gabler 1978

<Sch78 >   Scheer, August-Wilhelm, Wirtschafts- und Betriebsinformatik,
              Verlag Moderne Industrie 1978

<SchöNe92> Schönthaler, F.; Németh, T., Softwareentwicklungswerkzeuge:
              Methodische Grundlagen, Verlag B. G. Teubner, 1992

<Sne80 >   Sneed, H., Software-Entwicklungsmethodik, Rudolf Müller GmbH
                1980

<Som83 >   Somers P., The User View of File Management: Recommendations
                for a User Interface based on Analysis of UNIX File System Use,
                ACM Conference Record: Information Retrieval, Systems, ACM
                1983

<SSt77 >   Schlageter, G.; Stucky, W., Datenbanksysteme: Konzepte und
                Modelle, B.G.Teubner 1977

<Str83 >   Streppel, H., Make, unix/mail 2/83

<Tho78 >   Thompson, K., UNIX Implementation, Bell System Technical
                Journal July/August 1978, Seiten 1931 - 1946

<Tho83 >   Thomas, R., What is a Software-Tool ?, Zeitschrift Byte,
                August 1983 Seiten 222f.

<ThY82 >   Thomas, R.; Yates, J., A User Guide to the UNIX System, McGraw
                Hill 1982

<Tic82 >   Tichy, W. A., Design, Implementation and Evaluation of a Revision
                Control System, Proceedings of the 6th International Conference on
                Software Engineering, 1982

<Ull83 >   Ullrich, G., Datenbanken auf dem Prüfstand, Zeitschrift unix/mail
                3/83, Seiten 16-25

<Uni84 >   Unique, Collected Benchmarks, Zeitschrift Unique 3/84

<UPM78 >   UNIX Programmer's Manual, UNIX Version 7, Bell Laboratories,
                Murray Hill, New Jersey, U.S.A.

<VWy82 >   VanWyk, C., A high-level Language for describing Pictures, ACM
                Transactions on Graphics, April 1982

<WeB83 >   Weng-Beckmann, U., Interne Struktur des UNIX-Systems, aus
                UNIX Konzepte und Anwendungen, Kreifelts, Th.; Schnupp, P.
                (Herausgeber), B.G. Teubner 1983

<WeB83a >   Weng-Beckmann, U., Der Stammbaum der Familie UNIX,
                Zeitschrift unix/mail 4/83

<Wei84 >   Weitzel, M., UNIX System V - Neuer Anlauf zum Standard,
            Zeitschrift Micro 2/84, Seiten 65-67

<Wes81 >   Western Electric, UNIX System III System Program, Western
            Electric Company Inc., Greensboro, North Carolina 1981

<Wes83 >   Western Electric, UNIX Systems, Eine Informationssammlung zu
            UNIX System V, Western Electric Company Inc., Greensboro,
            North Carolina 1983

<Wit84 >   Witt, J., awk - Spielzeug oder Werkzeug, Zeitschrift Computer
            Magazin, 4/84 Seiten 80 - 83

<Yat83 >   Yates, J. L., UNIX and the Standardization of Small Computer
            Systems, Zeitschrift Byte, October 1983, Seiten 160 ff.

<Zav84 >   Zave, P., The Operational versus the Conventional Approach, to
            Software Development, Communications of the ACM, February
            1984

7. Appendix C: UNIX-Glossar

Die im Text immer wieder verwendeten UNIX-spezifischen Begriffe sind in diesem Glossar alphabetisch geordnet und erklärt.

Bei typischen Begriffen aus dem englischen bzw. amerikanischen Sprachgebrauch ist ein Verweis auf den in diesem Buch verwendeten Begriff zu finden ("→"). Auch bei synonym verwendbaren Ausdrücken wird auf den erläuterten Ausdruck mit einem "→"-Pfeil verwiesen.

Absoluter Pfadname

> Absolute Pfadnamen beginnen stets mit dem Namen der → Root, "/". Sie ermöglichen die Suche nach einer Datei ausgehend von der Root, also zum gesamten Dateisystem.

AIX

> UNIX-Variante der Firma IBM

Aktuelles Directory

> Jedem Benutzer ist während einer Arbeitssitzung mit dem Computer genau ein aktuelles Directory zugeordnet. Der Benutzer kann das aktuelle Directory wechseln und somit innerhalb des Dateisystems navigieren. Meist wird dasjenige Directory zum aktuellen Directory erklärt, mit dessen Dateien gerade gearbeitet werden soll. Daher wird anstelle vom aktuellen Directory auch der Begriff Arbeits-Directory verwendet.

Anmeldung → Login

AT&T

American Telephone & Telegraph Company (AT&T). Zusammen mit
Western Electric Muttergesellschaft der Bell Laboratories in Murray Hill,
New Jersey/U.S.A., in welchen UNIX entwickelt wurde.

Background-Processing → *Hintergrund-Verarbeitung*

Berkeley-UNIX

Unter Berkeley-UNIX werden die von der University of California at
Berkeley entwickelten UNIX-Portierungen verstanden. In den weitaus
meisten Fällen werden die Versionen ab 3.0 BSD (BSD = Berkeley
Software Distribution) bis 4.2 BSD mit Berkeley-UNIX bezeichnet.

Besitzer

Der Besitzer einer Datei ist normalerweise derjenige Benutzer, der diese
Datei einmal geschaffen hat. Mit Kommandos kann eine Datei einem
anderen Benutzer zugeordnet werden. Der Besitzer einer Datei hat alle
Zugriffsrechte bezüglich dieser Datei.

Block → *Datenblock*

BSD-UNIX → *Berkeley UNIX*

C

C ist eine höhere Programmiersprache, die im Funktionsumfang der Sprache
Pascal ähnelt, aber auch in besonderer Weise für systemnahe
Programmierung geeignet ist. UNIX verdankt seine Portabilität
hauptsächlich der Tatsache, daß es zum weitaus größten Teil in C
geschrieben wurde. Zum Umfang von UNIX gehören auch ein C-Compiler
und einige Software-Tools speziell für die Programmierung in C.

Child Process → *Sohn-Prozeß*

CISC-Prozessoren

CISC steht für "Complex Instruction Set Computing". CISC-Prozessoren
sind Prozessoren, die über einen relativ umfangreichen Satz an
Maschinenbefehlen verfügen. (Vgl. → RISC-Processor).

Command → Kommando

Current Directory → Aktuelles Directory

Datei

Eine Datei unter UNIX ist eine Folge von Bytes (einzelne ASCII-Zeichen).

Dateisystem

Ein UNIX-Dateisystem ist eine vollständige Directory-Struktur mit genau
einer Root, die alle unterhalb der Root organisierten Directories und
Dateien mit einschließt.

Datenblock

Die UNIX-Implementation des Dateisystem unterteilt Dateien in gleich
große Blöcke. In älteren Versionen sind diese Datenblöcke 512 Bytes groß,
in den neueren Versionen 1024 Bytes. Berkeley-UNIX arbeitet mit 4
Kilobytes großen Blöcken.

Directory

Ein Directory ist ein Inhaltsverzeichnis für Dateien. Es enthält Dateinamen
und Verweise auf diese Dateien. Unter UNIX haben Directories die
gleichen Eigenschaften wie alle Dateien. Daher können Directories als
Dateien in anderen Directories eingetragen sein. Im deutschen Sprachgebrauch werden oft die Begriffe Inhaltsverzeichnis, Verzeichnis und
Katalog synonym zu Directory verwendet.

Directory-Struktur

Directories stehen in Beziehung miteinander, weil in UNIX jedes Directory
(mit Ausnahme der Root) in genau einem anderen Directory eingetragen ist.
Die sich aus den Beziehungen zwischen Directories, Unter-Directories etc.
ergebende Struktur wird als Directory-Struktur bezeichnet. UNIX
Directory-Strukturen haben die Form eines Baums. Oft wird auch das
Attribut "hierarchisch" für diese Art von Struktur verwandt.

File → Datei

File System → Dateisystem

Filter

Ein Filter ist ein Kommando, das von der Standard-Eingabe liest, die Daten verarbeitet ("filtert") und das Ergebnis auf die Standard-Ausgabe schreibt.

Foreground-Processing → Vordergrund-Verarbeitung

Fork

Fork ist die System-Primitive zur Erzeugung neuer Prozesse.

Gabelung → Fork

Gruppe

Beliebig viele Benutzer, denen die gleichen Zugriffsrechte zu einer Menge von Dateien zugeordnet werden, werden zu einer Gruppe zusammengefaßt.

Hier-Dokument

Mit Hier-Dokumenten können innerhalb von Shell-Prozeduren Daten (z.B. Tabellen, Menus etc.) definiert sein.

Hintergrund-Verarbeitung

Mit der Hintergrund-Verarbeitung wird die Multi-Tasking-Eigenschaft von UNIX ausgenutzt. Weil ein Benutzer nur eingeschränkt mit Hintergrund-Prozessen kommunizieren kann, werden nur nicht-interaktiv arbeitende Prozesse im Hintergrund gestartet (z.B. Compile-Vorgänge, Sortierungen, Binde-Läufe oder eine Ausgabe auf einem Drucker). Ein Benutzer kann mehrere Hintergrund-Prozesse gleichzeitig laufen lassen und zudem noch mit einem im Vordergrund laufenden Prozeß kommunizieren.

Home-Directory

Jedem Benutzer ist genau ein Home-Directory zugeordnet. Von diesem ausgehend kann er seine eigene Directory-Struktur aufbauen. Direkt nach dem Anmelden des Benutzers ist sein aktuelles Directory immer das Home-Directory.

HP-UX

UNIX der Firma Hewlett Packard

Inhaltsverzeichnis → Directory

Init

Init ist der Initialisierungsprozeß des UNIX-Betriebssystems. Init ist der Ur-Vorfahr aller weiteren Prozesse.

Integrierbares Dateisystem

Neben dem auf der System-Festplatte gehaltenen Root-Dateisystem können noch andere Dateisysteme, beispielsweise auf weiteren Festplatten oder auf Disketten, verwendet werden. Sie werden durch die Anbindung an ein Directory des bereits zugänglichen Dateisystems integriert.

Katalog → Directory

Kernel

Der Kernel bildet den Kern des UNIX-Betriebssystems. Er umfaßt die Schnittstellen zur Hardware und ist für das Dateisystem und für das Prozeß-Management zuständig.

Kommando

Die in UNIX verfügbaren Dienstprogramme heißen Kommandos.

Kommando-Interpreter

Die Shell interpretiert die ankommenden Kommandos und veranlaßt deren Ausführung durch den Kernel. Daher wird die Shell auch Kommando-Interpreter genannt.

Kommandozeile

Eine vom Benutzer zur Abarbeitung durch die Shell eingegebene Zeile wird Kommandozeile genannt. Sie kann Kommandonamen, Optionen und Parameter für die Kommandos, Shell-Metazeichen und Trennzeichen (wie Leerzeichen oder Tabulator-Zeichen) enthalten.

Link

Ein Link ist der Eintrag eines Namens einer Datei in einem Directory. Links
zu einer Datei können in verschiedenen Directories mit möglicherweise
verschiedenen Namen vorhanden sein.

Login

Die Anmeldung eines Benutzers an das System wird Login genannt. Zum
Login gehört die Eingabe des Benutzernamens und eines Passworts.

Login-Directory

Das Login-Directory ist das aktuelle Directory direkt nach der Anmeldung
an das System. Das Login-Directory ist mit dem → Home-Directory eines
Benutzers indentisch.

Mehrbenutzersystem → Mehrplatzsystem

Mehrplatzsystem

UNIX ist ein Mehrplatzsystem, weil mehrere Benutzer gleichzeitig am
System arbeiten können.

Metazeichen

Die von der Shell in besonderer Weise interpretierten Zeichen werden
Metazeichen genannt. Dazu zählen u.a. *,?,&,<,>.

Mountable File System → Integrierbares Dateisystem

MS-DOS

"Microsoft Disk Operation System". Ursprünglich für 16bit-Intel-
Prozessoren vom Typ 80x86 entwickeltes single-user- und single-tasking-
Betriebssystem der Firma Microsoft. (Noch-)Industriestandard im PC-
Bereich. Kann mit → MS-Windows um eine benutzerfreundliche, grafische
Benutzeroberfläche erweitert werden.

MS-Windows

Grafische, mausbedienbare Benutzeroberfläche zu → MS-DOS, welche
viele der MS-DOS-typischen Schwächen und Mängel behebt.

Multi-Tasking

UNIX ist ein Multi-Tasking-System, weil *gleichzeitig* mehr als ein
Programm (bzw. Prozeß) laufen können. Jeder einzelne Benutzer kann
mehrere Prozesse zur gleichen Zeit laufen lassen.

MVS

"Multiple Virtual Storage (operating system)": IBM-Großrechnerbetriebssystem.

Novell

Hersteller und Lieferant von Netzwerk-Software (Novell-Netware)

Open Look

Open Look ist eine über → X-Windows realisierte grafische Benutzeroberfläche. Ähnelt im Gegensatz zu → OSF/Motif eher der Apple
MacIntosh-Benutzeroberfläche.

Open Software Foundation (OSF)

Die 1988 gegründete *Open Software Foundation (OSF)* hat sich zum Ziel
gesetzt, eine von AT&T unabhängige offene Software-Umgebung zu
entwickeln. Gründungsmitglieder dieser Vereinigung waren die Firmen
IBM, DEC, Apollo (heute HP), Bull und Nixdorf (heute SNI). Die UNIX-
Produkte der OSF sind das Betriebssystem → *OSF/1* und die grafische
Benutzeroberfläche → *OSF-Motif.*

OS/2

"Operating System 2": Von Microsoft und IBM als Nachfolgeprodukt zu →
MS-DOS entwickeltes Betriebssystem. Verfügt über die grafische
Benutzeroberfläche → Presentation Manager, Netzwerkdienste und das
Dateisystem HPFS (High Performance File System). Ab Version 2.0 echtes
32bit-Betriebssystem mit der Möglichkeit, → MS-DOS-, → MS-Windows-
und OS/2-Applikationen parallel ablaufen zu lassen.

OSF→ Open Software Foundation

OSF/Motif

OSF/Motif ist eine über → X-Windows realisierte grafische Benutzeroberfläche der → OSF. OSF/Motif präsentiert sich ähnlich wie → MS-
Windows, was darauf zurückzuführen ist, daß die Firmen HP und Microsoft
maßgeblich an der Entwicklung beteiligt waren.

Owner → Besitzer

Parent Process → Vater-Prozeß

Passwort

Ein Passwort ist eine Zeichenkette, die zur Identifikation eines Benutzers
verwendet wird. Ein Benutzer muß sein Passwort bei jeder Anmeldung an
das System angeben.

Pfadname

Ein Pfadname spezifiziert eine im Dateisystem gespeicherte Datei. Der
Pfadname besteht aus einer Folge von Directory-Namen und dem Namen
der gewünschten Datei.

PID

Die PID ist die Prozeß-Identifikationsnummer, die von UNIX für einen
laufenden Prozeß vergeben wurde. Über die PID kann ein Prozeß eindeutig
identifiziert werden (UNIX vergibt jede PID nur einmal).

Pipe

Eine Pipe ist eine Art Verbindungskanal zwischen zwei oder mehr
Prozessen, durch den Informationen und Daten transferiert werden können
(die Besonderheit liegt darin, daß die dazu notwendige Verbindung im
Hauptspeicher aufgebaut wird). Meist werden Pipes verwendet, um die
Ausgabe eines Prozesses direkt zur Eingabe für einen weiteren Prozeß
werden zu lassen.

Pipeline

Eine Reihe von Filter-Kommandos können hintereinandergehängt werden,
indem die von einem Kommando auf die Standard-Ausgabe geschriebenen
Daten direkt als Standard-Eingabe für das nächste Kommando verwendet
werden. Eine solche Konstruktion nennt man Pipeline.

Presentation Manager

Grafische Benutzeroberfläche zu → OS/2. Präsentiert sich ähnlich wie →
MS-Windows.

Programm-Bibliotheken

UNIX umfaßt umfangreiche Archive mit Programm-Routinen für die Ein-
und Ausgabe und zur Berechnung mathematischer Funktionen. Diese
Archive werden Programm-Bibliotheken genannt.

Programmer's Workbench

Durch die Erweiterung einer älteren UNIX-Version (Version 6) um eine
Reihe von Software-Werkzeugen (u.a. dem Source Code Control System),
um Kommunikations-Software für die Verbindung zum Großcomputer und
einige weitere Zusätze, entstand die sogenannte Programmer's Workbench
(PWB). Die besonderen Leistungen der PWB wurden später in UNIX
System III integriert.

Prompt

Ein Prompt ist eine spezielle Zeichenkette, die von einem Programm
ausgegeben wird, um einem Benutzer die Bereitschaft zur Entgegennahme
von Befehlen zu signalisieren. Die UNIX-Shell hat meist ein "$"-Zeichen
als Prompt.

Prozeß

Ein Prozeß unter UNIX ist ein gerade vom Betriebssystem ausgeführtes
Programm zusammen mit der für dieses Programm wesentlichen Umgebung
in Form von Variablen, Dateien, peripheren Einheiten etc.

Prozeß-Identifikationsnummer → PID

Rapid Prototyping

Unter dem Rapid Prototyping wird das schnelle Erstellen von Software-
Prototypen verstanden.

Redirection → Umleitung

Relativer Pfadname

Ein relativer Pfadname beginnt nicht mit dem "/"-Zeichen (dem Namen der
Root). Bei der Angabe eines relativen Pfadnamens beginnt die Suche nach
einer Datei ausgehend von dem aktuellen Directory.

RISC-Prozessoren

RISC steht für Reduced Instruction Set Computing. RISC-Prozessoren
verfügen im Gegensatz zu → CISC-Prozessoren über einen vereinfachten
Befehlssatz. Diese neuere Entwicklung basiert auf der Erkenntnis, daß die
reale Rechenleistung eines Computers dadurch gesteigert werden kann, daß
nur noch wenige, elementare Maschinenbefehle im Prozessor "fest
verdrahtet" werden und komplexere Operationen softwaretechnisch auf
höherer Ebene realisiert werden.

Root

Die Root ist die Wurzel eines UNIX-Dateisystems. Sie ist das einzige
Directory, das nicht in einem anderen Directory eingetragen ist und wird
vom Betriebssystem selbst verwaltet. Die Root heißt in allen UNIX-
Systemen "/".

SCCS → Source Code Control System

SCO-UNIX

UNIX der Santa Cruz Operation, für Personalcomputer und Workstations mit Intel 80x86-Prozessoren.

Shell

Shell ist der Name des Kommando-Interpreters von UNIX. Die Shell ist die Standard-Benutzerschnittstelle von UNIX.

Shell-Programm → Shell-Skript

Shell-Prozedur → Shell-Skript

Shell-Skript

Ein Shell-Skript ist ein sich aus Shell-Variablen, Shell-Kontrollstrukturen, Shell-Kommandos, Hier-Dokumenten und UNIX-Kommandos zusammensetzendes Programm. Ein Shell-Skript kann von der Shell interpretativ ausgeführt werden.

Shell-Variable

Eine Reihe von Shell-Variablen, z.B. für den Benutzernamen, für das Home-Directory etc., sind von UNIX vordefiniert. Zur Erleichterung der Arbeit oder zur Verwendung in Shell-Prozeduren kann sich der Benutzer ebenfalls Variablen definieren.

Signal

Mit Signalen kann ein Prozeß, das Betriebssystem oder ein Benutzer einem beliebigen Prozeß den Eintritt eines bestimmten Ereignisses signalisieren, bzw. den Prozeß zur Durchführung festgelegter Arbeiten auffordern. Signale werden zur Kommunikation zwischen Prozessen und zur Synchronisation von Prozessen verwendet.

Sinix

UNIX-Variante der Firma Siemens.

Sohn-Prozeß

Sohn-Prozeß wird der durch die System-Primitive fork entstehende neue
Prozeß genannt.

Source Code Control System

Das Source Code Control System (SCCS) ist ein Set von UNIX-
Kommandos speziell zur Verwaltung von verschiedenen Versionen eines
Dokuments.

Spezielle Datei

Eine spezielle Datei repräsentiert genau eine zum System gehörige
Hardware-Einheit. Es existieren beispielsweise spezielle Dateien für ein
Plattenlaufwerk, für den Hauptspeicher, für eine Terminal-Schnittstelle etc..

Standard-Ausgabe

Die Standard-Ausgabe ist eine der drei Standard-Dateien. Die meisten
UNIX-Programme schreiben ihre Resultate auf die Standard-Ausgabe
(insbesondere die Filter-Kommandos). Auf die Standard-Ausgabe gegebene
Daten können über die Shell auf beliebige Dateien oder auf periphere
Einheiten umgeleitet werden, bzw. innerhalb einer Pipeline direkt in das
nächste Kommando geleitet werden.

Standard-Diagnose-Ausgabe

Die Standard-Diagnose-Ausgabe ist ebenfalls eine der Standard-Dateien.
UNIX-Programme schreiben ihre Fehlermeldungen auf die Standard-
Diagnose-Ausgabe. Analog zur Standard-Ausgabe können die Daten über
die Shell umgeleitet werden.

Standard-Eingabe

Die Standard-Eingabe ist die dritte der Standard-Dateien. Die meisten
UNIX-Kommandos lesen Daten von der Standard-Eingabe (insbesondere
die Filter-Kommandos). Von der Standard-Eingabe gelesene Daten können
mit Hilfe der Shell auch aus beliebigen anderen Dateien oder von
peripheren Einheiten bezogen werden, bzw. innerhalb einer Pipeline direkt
aus dem vorangegangenen Kommando erhalten werden.

Standard-Dateien

Die drei Dateien Standard-Eingabe, Standard-Ausgabe und Standard-Diagnose-Ausgabe sind für alle Prozesse verfügbar und meist mit Tastatur bzw. Bildschirm des jeweiligen Terminals identisch.

Subdirectory → *Unter-Directory*

Super-Benutzer

Der Super-Benutzer ist für die Verwaltung des Computersystems zuständig. Beispielsweise werden die Daten des Systems über Benutzer oder Gruppen von ihm aktualisiert. Auch wird das UNIX-System vom Super-Benutzer nach den gegebenen Anforderungen konfiguriert. Daher ist er von allen Zugriffsrestriktionen befreit.

Superuser → *Super-Benutzer*

System III

UNIX System III ist die 1981 von den Bell Labs/ Western Electric/AT&T veröffentlichte UNIX-Version. System III ist eine Vereinigung der Version 7 und PWB/UNIX mit einigen zusätzlichen Erweiterungen.

System V

UNIX System V ist die aus System III hervorgegangene aktuellste UNIX-Version von AT&T. Auch für System V wurden Teile verschiedener UNIX-Versionen und - Portierungen zu einer neuen Version integriert, die außerdem noch Zusätze enthält. System V wurde 1983 freigegeben. Die aktuelle Version ist System V Release 4.

System Administrator → *Super-Benutzer*

System-Aufruf → *System-Primitive*

System-Call → *System-Primitive*

System-Primitive

Über die System-Primitiven sind die Betriebssystem-Leistungen des Kernels direkt ansprechbar. Zur Kontrolle von Prozessen und Pipes und zur Manipulation von Directories, Dateien etc. und für einige andere Zwecke können System-Primitiven von C-Programmen aus aufgerufen werden.

UI → UNIX International

Umleitung

Über die Shell kann die Ein- und/oder Ausgabe von oder zu den Standard-Dateien auf andere Dateien oder auf Hardware-Einheiten umgeleitet werden.

UNIX International

Vereinigung von Firmen (Amdahl, Control Data, Fujitsu, Motorola, NCR, Olivetti, SUN, Toshiba, Unisys und andere) mit dem Ziel der Fortschreibung der AT&T-UNIX-Schiene. Hierzu wurden die → UNIX System Laboratories (USL) als eigenständige Firma gegründet.

Unix System Laboratories

Von der → *UNIX International (UI)* gegründete Firma, an welche von AT&T die Rechte zur Weiterentwicklung von System V vergeben wurden. Die Vorgaben zur Weiterentwicklung von UNIX werden von den Mitgliedern der UI im sog. UI-Atlas (Roadmap) festgeschrieben, welcher für die USL bindend für die zukünftige Entwicklung ist. Die UI vertritt neben der aktuellen Version *SVR4* als grafische Benutzeroberfläche *Open Look*. Mittlerweile mehrheitlich von der Firma → Novell übernommen.

UNIX-ähnliches Betriebssystem

Bei UNIX-ähnlichen Betriebssystemen handelt es sich um Betriebssysteme, die nicht von einer UNIX-Version oder -Portierung abstammen, sondern unabhängig davon entwickelt wurden. Sie sind dem UNIX-System nachempfunden.

UNIX-Portierung

UNIX-Portierungen sind alle Versionen, die von einer Original-UNIX-Version abstammen, aber von einer anderen Organisation als von Bell Labs/ Western Electric/ AT&T vertrieben werden. Universitäten, Computer-Hersteller und Software-Firmen bieten UNIX-Portierungen an.

UNIX-Version

UNIX-Versionen sind all jene Versionen, die von den Bell Laboratories/ Western Electric/ AT&T selbst angeboten wurden und werden. Produkte anderer Firmen dürfen sich nicht UNIX nennen.

Unter-Directory

Ein Directory ist dann ein Unter-Directory zu einem anderen Directory, wenn es in diesem eingetragen ist.

USL → *Unix System Laboratories*

Vater-Prozeß

Ein Prozeß, der durch die fork-System-Primitive einen neuen Prozeß (Sohn-Prozeß) erzeugt, wird als dessen Vater-Prozeß bezeichnet.

Version 7

Die 1978/79 publizierte UNIX-Version 7 kann im wesentlichen als der Ausgangspunkt der verschiedenen Entwicklungen von UNIX-Versionen und -Portierungen angesehen werden.

Verzeichnis → *Directory*

VM

"Virtual Machine (operating system)": IBM-Großrechnerbetriebssystem, welches die Aufteilung eines realen Rechners in mehrere, unabhängige virtuelle Maschinen erlaubt.

Vordergrund-Verarbeitung

Interaktive Programme werden mit UNIX als Vordergrund-Prozesse
ausgeführt. Mit Vordergrund-Prozessen kann der Benutzer über sein
Terminal kommunizieren. Beispielsweise müssen Editiervorgänge oder
Selektionen aus Menus im Vordergrund laufen, Sortierläufe oder
Druckausgaben können im Hintergrund laufen. UNIX kann je Terminal
genau einen Prozeß im Vordergrund ausführen, jedoch mehrere im
Hintergrund.

Windows NT

"Windows New Technology". Von Microsoft als Nachfolgeprodukt zu
→ MS-Windows angekündigtes echtes 32bit-Betriebssystem mit grafischer
Benutzeroberfläche. Im Gegensatz zu MS-DOS/Windows ist Windows NT
ähnlich wie UNIX zum Großteil in C und C++ programmiert, was zur Folge
hat, daß auch Portierungen auf andere Prozessortypen (etwa RISC-
Prozessoren) relativ leicht zu bewerkstelligen sind.

Working Directory → Aktuelles Directory

X-Windows

Am M.I.T. gemeinsam mit den Firmen IBM und DEC entwickelte, portable
Schnittstelle, welche zur Programmierung von grafischen Benutzeroberflächen dient. Die Programmierung mit X-Windows garantiert Geräte-
und Herstellerunabhängigkeit, da X-Windows mittlerweile von den meisten
Hardware-Herstellern als Standard-Schnittstelle anerkannt ist. X-Windows
besteht aus dem sog. Basis-Window-System, welches über das X-Netzprotokoll (X11) als Schnittstelle die jeweils konkrete Hardware sowie deren
Eigenarten verbirgt. In der Regel wird jedoch bei der Entwicklung von
Anwendungssoftware nicht auf das X-Protokoll direkt zugegriffen, sondern
über eine C-Programmbibliothek, die *Xlib*, welche von den jeweiligen
Hardwareherstellern in compilierter Version geliefert wird.

X/Open

Zusammenschluß von Hard- und Softwareherstellern mit dem Ziel, "Offene
Systeme" in die Realität umzusetzten. Dies geschieht durch einen Konsens
über die Standardisierung schon existierender Produkte. Diese erhalten das
X/Open Gütesiegel und werden in den X/Open-Portability-Guide
aufgenommen.

X11 → siehe unter X-Windows

Xenix

Die von der Microsoft Corp. weiterentwickelte und vertriebene UNIX-Portierung Xenix war lange neben den Original-UNIX-Versionen am weitesten verbreitet.

Xlib → siehe unter X-Windows

Zugriffsschutz

Der Zugriffsschutzmechanismus von UNIX ermöglicht einen geregelten Zugriff von zusammenarbeitenden Benutzern auf gemeinsame Daten bzw. das Schützen von Daten gegen ungewollte und nicht autorisierte Manipulationen.

8. Index